CiteSpace:

Text Mining and
Visualization in Scientific Literature

(Third Edition)

K 科学计量与知识图谱系列丛书

CiteSpace：

科技文本挖掘及可视化

（第三版）

李 杰　陈超美◎著

首都经济贸易大学出版社

Capital University of Economics and Business Press

·北 京·

图书在版编目（CIP）数据

CiteSpace:科技文本挖掘及可视化 / 李杰,陈超美著.
-- 3版. -- 北京 : 首都经济贸易大学出版社,2022.3
　　ISBN 978-7-5638-3216-3

　　Ⅰ. ①C… Ⅱ. ①李… ②陈… Ⅲ. ①可视化软件
Ⅳ. ①TP31

　　中国版本图书馆CIP数据核字（2021）第065065号

CiteSpace：科技文本挖掘及可视化（第三版）
CiteSpace：Keji Wenben Wajue Ji Keshihua
李杰　陈超美　著

责任编辑	薛晓红
封面设计	李煜
出版发行	首都经济贸易大学出版社
地　　址	北京市朝阳区红庙（邮编100026）
电　　话	（010）65976483　65065761　65071505（传真）
网　　址	http://www.sjmcb.com
E - mail	publish@cueb.edu.cn
经　　销	全国新华书店
照　　排	北京砚祥志远激光照排技术有限公司
印　　刷	唐山玺诚印务有限公司
成品尺寸	170毫米 × 240毫米　1/16
字　　数	339千字
印　　张	19.5
版　　次	2016年1月第1版　2017年8月第2版　**2022年3月第3版**
	2023年11月总第18次印刷
书　　号	ISBN 978-7-5638-3216-3
定　　价	120.00元

科学计量与知识图谱系列丛书

丛书顾问

邱均平　蒋国华　Nees Jan van Eck　Ludo Waltman

丛书编委会

主　编 李　杰

编　委（按姓氏首字母排序）

白如江	步　一	陈凯华	陈　悦	陈云伟	陈祖刚	杜　建
付慧真	侯剑华	胡志刚	黄海瑛	黄　颖	贾　韬	李际超
李　睿	梁国强	刘桂锋	刘俊婉	刘维树	刘晓娟	毛　进
欧阳昭连	冉从敬	任　珩	舒　非	宋艳辉	唐　莉	魏瑞斌
吴登生	许海云	杨冠灿	杨立英	杨思洛	余德建	余厚强
余云龙	俞立平	袁军鹏	曾　利	张　琳	张　薇	章成志
赵丹群	赵　星	赵　勇	周春雷			

科学计量与知识图谱系列丛书

◎ BibExcel 科学计量与知识网络分析（第三版）

◎ CiteSpace：科技文本挖掘及可视化（第三版）

◎ Gephi 网络可视化导论

◎ MuxViz 多层网络分析与可视化（译）

◎ Python 科学计量数据可视化

◎ R 科学计量数据可视化（第二版）

◎ VOSviewer 科学知识图谱原理及应用

◎ 专利计量与数据可视化（译）

◎ 引文网络分析与可视化（译）

◎ 现代文献综述指南（译）

◎ 科学学的历程

◎ 科学知识图谱导论

◎ 科学计量学手册

序一

人类文明的进展之路，就是工具不断替代和补充人力之路。一开始，人们用工具代替双手双脚，将自身从繁重的体力劳动中解放出来；近年来，随着人工智能研究、大数据情报学研究、认知科学研究等方面的进展，人的脑力劳动也有望被广义的工具（包括计算机软件）部分地代替或增效。

千百年来，人类的学习以记诵方式为主，听觉器官发挥着很大的作用。随着信息技术的飞速进步，可视化应用越来越普及，今后的学习将越来越多地借助各种可视化手段，视觉器官将发挥前所未有的作用。由于视觉器官在单位时间内的信息吸收能力大大强于听觉器官，可视化方式成为主流学习方式后，人类的学习效率将大大提高，有可能带来一场认知革命。为了适应这样的进程，知识组织方式也必将走向可视化之路，图书情报研究人员在知识可视化征程中将发挥非常重要的作用。在这样的大背景下，应该承认，美国德雷塞尔大学计算机与情报学学院陈超美教授开发的广受欢迎的信息可视化软件 CiteSpace，是符合时代潮流的一项重要成就。

在人类发展的任何阶段，人类的技术水平主要表现在两个方面：一是不断出现的、体现着最新技术成果的新工具，二是对已有工具的熟悉程度和掌握利用程度。这两方面都非常重要。对于中国的古人来说，能锻冶出干将、莫邪这样的宝剑，是了不起的；能像庖丁解牛那样熟练地用刀，也是了不起的。您瞧，"今臣之刀十九年矣，所解数千牛矣，而刀刃若新发于硎"，刀用了十九年了，解牛有几千头了，刀刃仍旧不钝、不卷，像新的一样，这里面有多深的功夫啊！对于今人来说，像陈超美教授这样开发出深受用户欢迎的 CiteSpace 软件，是了不起的成就；像首都经济贸易大学李杰博士这样把 CiteSpace 钻深钻透，能够写出 CiteSpace 的使用教程，也是相当难能可贵的。

本书两位作者都是学术园地的勤奋耕耘者。在完成本书时，李杰还是一名在读博士生，但已经发表了数十篇论文和两本著作。据李杰对 CiteSpace 软件更新手记的分析，自 CiteSpace 于 2003 年问世以来，至 2015 年 6 月 6 日，软件累计更新次数达 274 次。为便于计算，我们假定以 2003 年年中作为 CiteSpace 问世的起点，则 12 年来，该软件大约每 16 天就更新一次！一方面，这表明了陈超美教授的勤奋；另一方面也可以看出，由于 CiteSpace 深受广大用户欢迎，用户对它的期望值也越来越高，从而对陈教授产生了与时俱进、精益求精的推动力。

国内不知有多少人使用过 CiteSpace 软件，并根据该软件的分析结果发表了论文，但可能没有几人读过陈教授的四本著作。我呼吁，热爱 CiteSpace 的学人都应该好好读读这四本书，从而对陈教授的学术思想有更完整的把握：

1.（2011）Turning Points: The Nature of Creativity（转折点：创造力之性质）.Springer and Higher Education Press.

2.（2004）Information Visualization: Beyond the Horizon（信息可视化：走出地平线）.（2nd Edition）.London: Springer.（Paperback: 2006）

3.（2003）Mapping Scientific Frontiers: The Quest for Knowledge Visualization.London: Springer，该书中译本《科学前沿图谱：知识可视化的探索》于 2014 年 7 月由科学出版社推出。

4.（1999）Information Visualisation and Virtual Environments（信息可视化与虚拟环境）.London: Springer-Verlag London.

笔者作为情报学领域的一名老兵，阅读、浏览过很多借助 CiteSpace 工具写出的论文。我一方面为该工具在中国的火爆而高兴；另一方面，也为其中相当一部分作者的懒惰而悲哀，因为他们的论文缺乏思想闪光点，只是通过 CiteSpace 的处理，简单地将有关数据展现得更漂亮而已。我相信，陈超美教授也不希望自己的软件只起到化妆品式的作用。今后如何杜绝这一类论文呢？首先，作者们应该知道，软件工具的设计者是有思想的，我们应该努力学习、把握他们的思想，如果自己不肯动脑筋，随便拽一个软件就用，也许论文是得以发表了，但对自己的学术进步并没有多大的助力。其次，CiteSpace 具有非常丰富的功能，而我们多数利用 CiteSpace 发表文章者，只涉猎了该软件功能的一点皮毛。因此，认真阅读此书，更全面地掌握这个软件，今后一定能使我们的研究如虎添翼。

我从 2015 年 2 月起被调到中国科学技术发展战略研究院工作，依依不舍地离开了情报学界。但本书两位作者仍然热情地邀请我作序，我感到，却之不恭，应允下来却惴惴然。草成数言，希望没有耽误读者的时间。

是为序。

中国科学技术发展战略研究院研究员

武夷山

2015 年 10 月 1 日

序二

在科学探索中，无论是对于初出茅庐的年轻学者，还是对于训练有素的行家里手，最关注的莫过于在自己所从事的知识领域，从海量的文献数据中了解到最感兴趣的主题及其科学文献，找到其中最为重要、关键的有效信息，弄清其过去与现在的发展历程，识别最活跃的研究前沿和发展趋势。

这些都是科学探索面临的首要难题。进入 21 世纪以来，一些信息可视化技术相继应运而生，为尝试解决这些难题进行了可贵的探索，提供了有益的线索。其中，由国际著名的信息可视化专家陈超美教授用 Java 语言开发的、基于引文分析理论的信息可视化软件 CiteSpace，就是可以解决上述一系列难题的一种工具与技术。其突出特征在于把一个知识领域浩如烟海的文献数据，以一种多元、分时、动态的引文分析可视化语言，通过巧妙的空间布局，将该领域的演进历程集中展现在一幅引文网络的知识图谱上；并把图谱上作为知识基础的引文节点文献和共引聚类所表征的研究前沿自动标识出来，显示出图谱本身的可解读性。这两大基本特征就是我对 CiteSpace 知识图谱形态的概括："一图展春秋，一览无余；一图胜万言，一目了然。"

因此，该软件一经问世，就以其神奇的魅力征服了科学计量学界，受到广大学术界的青睐，迅速传播到中国和世界各地，被广泛应用于各个知识领域的可视化分析。如今，基于 CiteSpace 的知识图谱，如山花浪漫，技压群芳，异彩纷呈，成为知识世界百花园中盛开的一朵朵奇葩。

现在呈现在读者面前的《CiteSpace：科技文本挖掘及可视化》一书，不仅可以引领初学者步入 CiteSpace 之门，而且可以帮助有兴趣者进一步训练，熟练地掌握它，绘制出合格、满意的知识图谱。本书作者是年轻的学者李杰和 CiteSpace 的开创者陈超美。本书在依据陈超美的 CiteSpace 英文版手册的基础上，借鉴和吸收了陈悦、陈超美等所著《引文空间分析原理与应用：CiteSpace 实用指南》（以下简称《指南》）的成果，也包含了第一作者本人使用 CiteSpace 等信息可视化软件著述《安全科学知识图谱导论》的研究经验。这里不妨对中外三部 CiteSpace 普及性读物略加比较，以阐释这本著作出版的价值与必要性。

本书的主要内容，源自陈超美的 CiteSpace 英文版手册和他在科学网博客上对上千条用户疑问的解答，以及李杰在科学网上对 CiteSpace 进展的积极响应与一系列示范。2015 年 11 月 26 日陈超美本人将手册内容和 CiteSpace101 网站的资料，整理成电子书 How to Use CiteSpace。该电子书反映了作者开发 CiteSpace 的初衷，分 10 章全面介绍了 CiteSpace 的各项功能、基本流程和操作细节，以及其他可视化软件的要点；并用 180 多幅图谱和若干经典案例，娓娓道出了如何使用 CiteSpace 来绘制满意的知识图谱。手册和该书的内容，处处体现了作者着眼于用户的特点、使用和需求。作者明确表示：这本电子书的内容将不断更新完善，并与 CiteSpace 新版软件保持同步。1 个月之后的 12 月 26 日，How To Use CiteSpace 修订版上网，新增了 4.0.R5 SE 版本的介绍与实例。这里有必要指出，CiteSpace 版本的每次更新，李杰大都迅速响应，认真学习，并小试身手，绘制的知识图谱规范而精美，不少已收入本书。我以为英语熟练的初学者可以直接阅读陈超美的电子书，并时时关注 CiteSpace 及电子书的版本更新。当然，如果对照本书阅览电子书，既可加深对此书有关操作内涵的理解，又可认识电子书有关功能扩展的意义和作用。

本书参考了《指南》一书，吸收了其中有关理论基础的论述。《指南》是陈超美作为大连理工大学长江学者讲座教授，率领 WISE 实验室团队率先在中国应用和推广 CiteSpace 知识可视化技术的经验总结。该书原先拟在 2009 年编著出版，但在著述过程中发现 CiteSpace 的传播应用非常迅速，并了解到部分期刊文献出现信息可视化工具"滥用""误用"的情况。CiteSpace 知识图谱良莠不齐，甚至不合格，严重损害了知识图谱的声誉。究其根源，主要是使用者对 CiteSpace 工具的认识不足，尤其对其方法论功能上的理解还有所欠缺和偏颇。因此，《指南》一书首先将开发和改进 CiteSpace 工具背后所坚守的宏观哲学和相关理论基础向读者坦诚地披露出来，并从 CiteSpace 使用流程阐明其方法论功能的实现，最后又特地专用一章，针对 555 篇国内运用 CiteSpace 工具的调查情况，归纳出 39 个常见问题，一一解答如何纠偏与处理。根植于软件蕴含的理论基础和运用中的问题症结来阐述其使用流程，构成了《指南》的特色。

与 CiteSpace 英文版手册、电子书或《指南》一书相比，本书即《CiteSpace：

科技文本挖掘及可视化》突出了 CiteSpace 区别于其他信息可视化软件的特色与优势，以及中国用户的特殊需求。这在很大程度上得益于第一作者李杰在其专著《安全科学知识图谱导论》（以下简称为《导论》）的撰写过程中，奠立了厚实的科学计量学及知识图谱理论基础。而这得到了合作者陈超美对《导论》的高度评价，从而使两位作者形成了共识。陈超美在《导论》一书的序言中指出："李杰在本书中详细地展示了如何巧妙地运用一组最常用的科学图谱工具，包括加菲尔德的 HistCite、印第安纳大学的 SCI2、荷兰莱顿大学的 VOSViewer 和我的 CiteSpace，以及通用网络可视化软件 Pajek 和 Gephi，通过对中外相关文献的分析来了解安全科学的各个方面，为读者展示了灵活运用现有工具的能力。"无疑，多种工具在实际运用中的比较，显露出 CiteSpace 的独特功能与优势。

正是基于上述达成的共识，本书全面系统地陈述了正确使用 CiteSpace 软件的基本流程与操作程序，从数据来源与科技文本挖掘，到软件的界面功能与功能模块，并结合实际案例，讲解了 CiteSpace 的文献共被引分析与耦合分析、科研合作网络分析、共词分析与领域共现网络分析、网络叠加与双图叠加功能拓展，以及基于 CiteSpace 的火灾科学研究。本书全书都洋溢着教程的显著特点，几乎每一个重要步骤和关键环节，都独具匠心地一一加注"小提示"，实现了整个使用流程的可操作性。全书共分为八讲，每一讲末尾都列出一系列"思考题"，供读者自己复习、回味和总结。值得赞叹的是，本书除了插入了大量统计图表和软件界面截图外，还有大量形态各异的 CiteSpace 知识图谱与之匹配，令人信服地展现出一个又一个知识领域演进的"一图展春秋"的意境，蕴含着知识图谱的可解释性与可预见性。

我相信这部著作定会在 CiteSpace 知识可视化技术的传播普及中发挥巨大的作用。当然，在我看来，中外三本 CiteSpace 普及读本各有所长，本书突出软件全流程的可操作性，《指南》强调软件蕴藏的理论性和运行的针对性，电子书体现出原创性与软件功能拓展的同步性，三者均可在传播普及 CiteSpace 的过程中发挥各自优势，彼此配合，相得益彰，升级再版，并行成长。这本书的最大公约数是共同作者陈超美，其独著的 How to Use CiteSpace，显然始终扮演着主导和引领的角色，以保持软件版本升级的原创性。

我曾经说过："视觉思维乃是 CiteSpace 系统不言而喻的主要思维方式。视觉在人类感知外部信息中起绝对主导的作用，图像又是视觉信息的第一要素。不能把视觉思维误解为传统的感性认识。视觉思维既可以是从感性视觉到抽象思维

再到理性直观的螺旋式上升过程，也可以跨越感性视觉，直接把抽象信息与数据变换为可视化的空间结构与知识图谱。" ❶

我们欣喜地看到，经过大约 14 年时间，基于知识单元的 CiteSpace 可视化软件已从 1.0 版升级到 4.0 版，知识可视化技术正以独到的视觉思维方式发展而不断更新换代。人们可以期待，随着视觉思维方式向深度和广度变革，知识可视化技术必将进一步迈向新的发展阶段。

刘则渊

大连理工大学科学学与科技管理研究所

暨 WISE 实验室教授、博士生导师

2015 年 12 月 28 日于大连新新园

❶ 刘则渊：《科学前沿图谱：知识可视化探索》序 . 北京：科学出版社，2014.

目 录

CiteSpace 总述

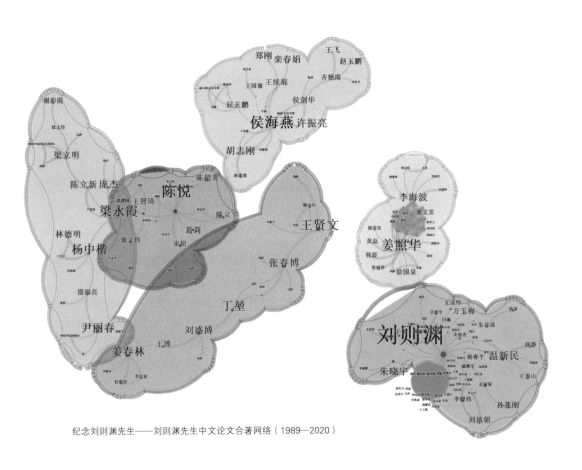

纪念刘则渊先生——刘则渊先生中文论文合著网络（1989—2020）

1.1 CiteSpace 的诞生

CiteSpace 的开发者陈超美（Chaomei Chen）教授是美国德雷塞尔大学计算机与情报学教授。他任国际信息化领域权威期刊 *Information Visualization*（信息可视化）和 *Frontiers in Research Metrics and Analytics*（科学研究分析前沿）主编。开发 CiteSpace 信息可视化软件的开发始于 2003 年 (Chen 2004[1])，自 2004 年起一直免费公开分享，并不断更新升级（Chen 2006[2]，Chen 等 2010[3]，Chen 2012[4]，Chen 2017[5]，Chen 和 Song 2019[6]）。CiteSpace 的最初灵感来自库恩（Thomas Kukn，1962）的《科学革命的结构》，其主要观点认为，"科学研究的重点随着时间变化，有些时候速度缓慢（incrementally），有些时候会比较剧烈（drastically）"，科学发展的足迹是可以从已经发表的文献中提取的。CiteSpace 的开发理念就是采用可视化的手段，对领域文献进行挖掘，以发现科学研究中的这种现象 (Chen 2018[7])。

CiteSpace 是 Citation Space 的简称，可译为 "引文空间"。CiteSpace 是一款着眼于分析科学文献中蕴含的潜在知识，并在科学计量学（scientometric）、

[1] Chen C . Searching for intellectual turning points: Progressive knowledge domain visualization[J]. Proceedings of the National Academy of ences, 2004, 101(suppl):5303–5310.

[2] Chen C . CiteSpace II: Detecting and visualizing emerging trends and transient patterns in scientific literature[J]. Journal of the American Society for Information ence and Technology, 2006, 57(3):359–377.

[3] Chen C , Ibekwe–Sanjuan F , Hou J . The structure and dynamics of cocitation clusters: A multiple–perspective cocitation analysis[J]. Journal of the Association for Information ence & Technology, 2010, 61(7):1386–1409.

[4] C . Predictive effects of structural variation on citation counts[J]. Journal of the Association for Information ence & Technology, 2012, 63(3):431–449.

[5] Chen C . Science Mapping: A Systematic Review of the Literature[J]. Journal of Data and Information ence, 2017, 2(2):1–40.

[6] CHEN C, SONG M. Visualizing a field of research: A methodology of systematic scientometric reviews [J]. PLoS One, 2019, 14(10): e0223994.

[7] 陈超美，李杰主编 . 科学知识前沿图谱理论与实践 / 陈超美 . CiteSpace 的分析原理 [C]. 高等教育出版社 . 2018. 1–4.

数据和信息可视化（data and information visualization）背景下逐渐发展起来的一款多元、分时、动态的引文可视化分析软件。CiteSpace 通过数据可视化的途径来呈现科学知识的结构、规律和分布情况，因此通常将通过此类方法分析得到的可视化图形称为 "科学知识图谱" 或 "科学地图"。将 "科学知识图谱" 研究引入我国的知名科学学学者大连理工大学刘则渊教授将科学知识图谱定义为："科学知识图谱是以知识域（knowledge domain）为对象，显示科学知识的发展进程与结构关系的一种图像"。CiteSpace 科学知识图谱软件最初专门为进行文献的共引分析而设计，用以挖掘引文空间的知识基础与研究前沿。随着 CiteSpace 的不断更新，它不仅可以进行引文空间的挖掘，而且还提供其他科技文本知识单元之间的共现分析功能，如作者、机构、国家 / 地区的合作等功能。

CiteSpace 的设计开发融汇了一系列的理论和相关概念。我们对 CiteSpace 的分析原理总结如下：

（1）哲学基础。

托马斯·库恩的《科学革命的结构》❶ 给 CiteSpace 提供了哲学基础。库恩认为，科学的推进是建立在科学革命上的一个往复无穷的过程。这个过程中会出现一个又一个的科学革命，人们通过科学革命而接纳新的观点。而新观点的重要性在于对我们所观察的对象能否做出更另人信服的解释。库恩的 "科学革命" 是新旧科学范式的交替和兴衰。科学认识中会出现危机，而危机所带来的新旧范式的转换都将在学术文献里留下印记。库恩的理论给我们提供了一个具有指导意义的框架，如果科学发展进程真像库恩所洞察的那样，那我们就应该能从科学文献中找出范式兴衰的足迹。

（2）结构洞理论。

CiteSpace 的另一个设计灵感来源于一个叫作结构洞的理论 ❷❸。这个理论原本是芝加哥大学罗纳德·博特在研究社会网络和社会价值时提出的。他研究的问题是人们在社会网络中的位置同他们的主意和创意的质量是否有什么联系。他发现 "结构洞" 概念提供了这样的证据。在一个完全连通的社交网络中，每个人和

---

❶ Kuhn, T.S., The Structure of Scientific Revolutions. 1962, Chicago: Universityof Chicago Press.

❷ Burt, R.S., Structural holes and good ideas. American Journal of Sociology,2004. 110(2): 349–399.

❸ Burt, R.S., Structural Holes: The Social Structure of Competition. 1992,Cambridge, Massachusetts: Harvard University Press.

所有的人都直接联系。因此，各种信息可以随意地从一个人传播到另一个人。在这样的网络中，不存在结构洞。在另一类也是更常见的网络——社交网络中，不是每个人和所有其他人都有直接联系，如果如此，便有了结构洞，即结构上的不完备。在这种情况下，信息在网络中的流动受到其结构上的约束。每个人在网络中所能接触到的信息内容不再相同，传递和接受的时间也会出现差别。Burt 发现，位于结构洞周围的人往往具有更大的优势。而这一优势往往又可以归结为他们所接触到的各类不同信息导致了比其他人更大的想像空间。这个问题归结为我们能接触到信息，意见或观点在多大程度上是广谱的和多样化的。

社交网络中的结构洞理论可以扩展到其他类型的网络，尤其是引文网络。Burt 的结构洞和库恩的范式转换在 CiteSpace 中得到了具体体现。库恩的范式体现为一个又一个时间段所出现的聚类。聚类的主导色彩揭示了它们兴盛的年代。伯特的结构洞连接了不同聚类。我们可以从中更深入地了解一个聚类如何连接到另一个几乎完全独立的聚类，以及哪个具体文献在范式转换中起到了关键作用。结构洞的思想在 CiteSpace 中体现为寻找具有高度中介中心性的节点。这样我们便不再拘泥于具体论文的局部贡献，而放眼于它们在学术领域整体发展中的作用。这恰恰是系统性学术综述所追求的飞跃。

（3）信息觅食理论。

节点的中介中心性能引导我们尽快地发现有潜力的工作和新颖的想法。在现实中，仅仅有好的想法往往可能还不够。人们需要做出自己的判断和决策。CiteSpace 在发展中得到的第 3 个启迪来自最优信息觅食理论。该理论最初是由 Pirolli（皮罗利）提出，用来解释信息搜索中人们是如何做出决定的。最佳信息觅食理论本身是最佳觅食理论的延伸。当我们搜索信息时，我们需要做出一系列的决定、取舍。所有这些决定都服务于一个简单的目的：我们需要付出最少的损耗来获得最大的效益，也就是广义的盈利最大化。毋庸置疑，这些考虑都应限制在道德、伦理、法律等等的约束范畴之内。根据这一理论，我们在觅食过程中的所有决定，有意识或无意识地，取决于如何将预期的增益和潜在风险之比最大化。高风险往往是相对的，新例证可能会减少我们最初对风险做出的评估。如果我们发现已经有学者在研究相同或类似的问题，对其他学者来说研究同一问题的风险将会大大降低。我们在以前的研究中确实发现了这种效应。高风险的想法出版后通常会引来更多的研究。最初的尝试导致了大家对效益／风险之比进行重新评估，从而使在新环境下更容易地做出决定。

（4）克莱因伯格的探测频率突增。

CiteSpace 借鉴的第 4 个重要概念是如何对这种效应的强度和持久性做出明确的衡量。Kleinberg（克莱因伯格）在 2002 年提出了探测频率突增的算法❶。如果一篇论文的引文频次突然呈现急速增长，那么最稳妥的解释就是这篇论文切中了学术领域这个复杂系统中的某个要害部位。知识网络中这样的节点通常会揭示出一项很有潜力或很让人感兴趣的工作。

（5）结构变异理论。

网络的模块化是对其整体结构的一个全局性量度。局部结构的变化可能会引起全局的改变，但是同样也可能不会引起任何全局上的改变。前者将成为经典，而后者将昙花一现。在 CiteSpace 的设计中，我们通过监测知识系统对新论文可能做出的反应来探测新论文潜力。科学知识本身是一个自适应复杂系统。新发现和新想法可能会改变我们的信念和行为。它的输入和输出不是线性相关。如果一篇新论文可以看作是自适应复杂系统所收到的信号，如果我们的测量系统模块化，模块化的改变或没有改变会给我们了解这篇论文的潜力提供非常有价值的信息。这是 CiteSpace 所遵循的结构变异理论的基础❷❸。

1.2　CiteSpace 的持续发展

1.2.1　CiteSpace 的研究推进

陈超美教授的 Google Scholar 主页如图 1.1 所示。截至 2020 年 9 月 18 日，陈超美的论文总被引已经达到 18 532 次，近五年来的被引频次达到了 8 515 次，H 指数达到了 57。在其所发表的论文列表中，与 CiteSpace 直接相关的几篇论文整体受到更高的关注（如表 1.1）。通过对其论文列表中与 CiteSpace 直接相关

❶ Kleinberg, J., Bursty and hierarchical structure in streams, in Proceedings of the 8th ACM SIGKDDInternational Conference on Knowledge Discovery and Data Mining. 2002, ACMPress: Edmonton, Alberta, Canada.91–101.

❷ Chen, C., Predictive effects of structural variationon citation counts. Journal of the American Society for Information Scienceand Technology, 2012. 63(3): 431–449.

❸ Chen, C., The Fitness of Information: Quantitative Assessments of CriticalEvidence. 2014: Wiley.

的 8 篇论著的被引进行统计，结果显示这些出版物的总被引次数达到了 7 380 次，占到了所有论著总被引次数的 39.8%。

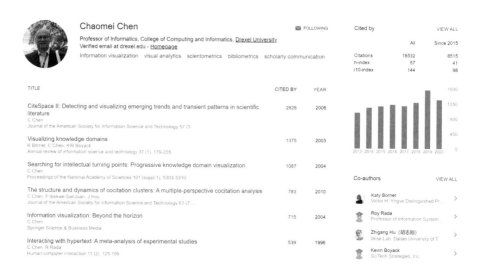

图 1.1　陈超美教授的 Google Scholar 主页
　　　　　（获取时间：2020 年 9 月 18 日）

2004 年，陈超美教授发表了《搜索知识转折点》一文，首次介绍了 CiteSpace Ⅰ 在科学知识网络分析中的应用，并提出了科学研究中转折点的含义及其测度方法。谷歌学术显示，该文迄今为止被引频次达到了 1 087 次。2006 年，陈教授在 CiteSpace Ⅰ 论文的基础上，发表了《CiteSpace Ⅱ：科学文献中新趋势与新动态的识别与可视化》，进一步对 CiteSpace 的功能进行了完善，实现了网络节点的突发性探测、中介中心性和异质网络的分析等功能。把研究领域概念化成研究前沿和知识基础之间的映射关系，来识别研究前沿的本质和变化趋势。在后期版本的 CiteSpace 中不断地根据科学计量的最新进展加入更加高级的功能。例如，在 2010 年 Citespace Ⅱ 版本中引入了新的对共被引进行聚类的方法和指标（modularity and silhouette），进一步完善和补充了共被引分析方法；在 2012 年的论文中加入了 SVA 分析（结构变化分析）；在 2014 年的论文中加入了期刊的双图叠加功能（详见表 1.1）。

若将陈超美教授发表的所有与 CiteSpace 相关的论著进行统计，CiteSpace 相关的研究成果占总被引的比例还会有所提高。这反映了 CiteSpace 的相关研究在陈超美教授整体学术研究中的重要地位，成为陈教授科学贡献和影响力的重要部分。特别是 CiteSpace Ⅱ 的经典论文被引累计达到了 2 828 次，中译本被引达到了 498 次。这两篇论文的高引证次数，直接反映了 CiteSpace 的广泛应用。

表 1.1　与 CiteSapce 关联的核心研究论文

编号	成果	标题	主题	被引次数
1	Chen，C.(2004)	Searching for Intellectual Turning Points: Progressive knowledge domain visualization	CiteSpace I	1 087
2	Chen, C.(2006)	CiteSpace Ⅱ: Detecting and Visualizing Emerging Trends and Transient Patterns in Scientific Literature.	CiteSpace Ⅱ	2 828
	Chen, C.(2006) 中译本	CiteSpace Ⅱ：科学文献中新趋势与新动态的识别与可视化	CiteSpace Ⅱ	498
3	Chen, C., Ibekwe - SanJuan, F., Hou, J. (2010)	The Structure and Dynamics of Cocitation Clusters: A Multiple - Perspective cocitation analysis	CiteSpace Ⅲ	783
4	C Chen, S Morris(2003)	Visualizing Evolving Networks: Minimum Spanning Trees Versus Pathfinder Networks	网络裁剪	227
5	Chen, C.(2012)	Predictive Effects of Structural Variation on Citation Counts	结构变化分析	145
6	Chen, C., Leydesdorff, L.(2014)	Patterns of Connections and Movements in Dual—map Overlays: A New Method of Publication Portfolio Analysis	双图叠加分析	121
7	C Chen, RJ Paul, B O' Keefe（ 2001 ）	Fitting the Jigsaw of Citation: Information Visualization in Domain Analysis	jigsaw	113
8	Chen, C.(2012)	Turning Points: The Nature of Creativity	专著	34
9	Chen, C.(2003, 2013)	Mapping Scientific Frontiers: The Quest for Knowledge Visualization	专著	490
10	Chen, C.(2014)	The Fitness of Information: Quantitative Assessments of Critical Evidence	专著	15

续表

编号	成果	标题	主题	被引次数
11	C Chen, M Song (2017)	Representing Scientific Knowledge: the Role of uncertainty	专著	33
12	J Li, C Chen（2016, 2017）	Citespace: Text mining and visualization in scientific literature	专著	57
13	Chen, C.(2016)	CiteSpace: A practical guide for mapping scientific literature	CiteSpace V	78
14	C Chen, M Song（2019）	Visualizing a Field of Research: A methodology of systematic scientometric reviews	应用案例	21
15	Chen, C.(2018)	Eugene Garfield's Scholarly Impact: A scientometric review	应用案例	16
16	Chen, C.(2017)	Science Mapping: A systematic review of the literature	应用案例	216
17	Chen, C., Hu, Z., Liu, S., Tseng, H.(2012)	Emerging Trends in Regenerative Medicine: A scientometric analysis in CiteSpace	应用案例	354
18	C Chen, R Dubin, MC Kim (2014)	Orphan Drugs and Rare Diseases: A scientometric review (2000—2014)	应用案例	82
19	Chen, C., Dubin, R., & Kim, M.C.(2014)	Emerging Trends and New Developments in Regenerative Medicine: A scientometric update (2000—2014)	应用案例	182
20	Chen, C.(2020)	A Glimpse of the First Eight Months of the COVID-19 Literature on Microsoft Academic Graph: Themes, citation contexts, and uncertaintie	应用案例	0

注：被引频次来自 Google Scholar。

1.2.2　CiteSpace 的持续更新

自 2004 年 CiteSpace 对外免费开放可免费获取以来，陈超美教授持续不断地对软件进行了更新和升级。2020 年 9 月，对 CiteSpace 版本的更新数据进行统计分析，结果见图 1.2。统计结果显示，CiteSpace 软件从对外公布以来，共计更新了 575 次（2003 年 9 月 25 日—2020 年 6 月 18 日，共计 6 121 天），平均每 10.6 天会更新一次。相比其他软件，在更新速度上是比较快的。利用 CiteSpace 提供的软件更新手记（Help→What's new），对软件更新的频次从年－月－日三个层面进行了统计，如图 1.2 所示。从年度更新的分布上来看，CiteSpace 的更新次数从 2003 年到 2009 年在急速增长。2009 年之后的更新总频次整体下降，并达到基本稳定。

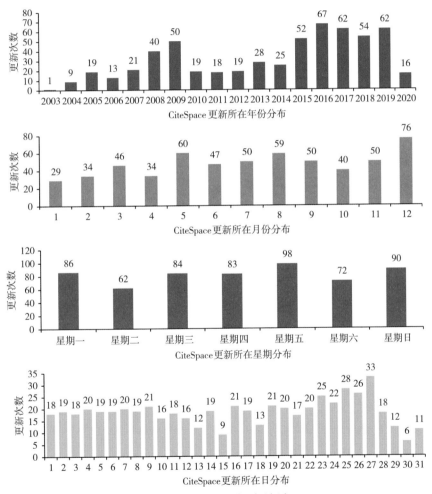

图 1.2　CiteSpace 更新的年－月－日频次统计

注：原始数据来源于 CiteSpace 功能与参数界面的 Help → What's new 中软件的更新记录。统计时的最新版本为 2020 年 6 月 18 日 5.7 R1 (64–bit)。

2014 年之后，CiteSpace 的更新又开始了第二轮的增加，并在 2016 年更新达到了 67 次。2016 年之后的更新频次仍然处在较高的水平。从更新的月份来看，CiteSpace 在所有更新时间内的每月更新次数总数差距不大。在 5 月、8 月和 12 月更新的频次略高于其他月份。从以日为单位的统计来看，下半月的软件更新频次要比上半月高。特别是在每月的 15~27 号，更新频次有增长的趋势。软件更新的时间分布显示了 CiteSpace 作为一种工具不断完善和发展的过程，凝聚了软件开发者大量的工作付出。陈超美教授在软件开发的同时，也提供了大量的软件免费教程，这也在很大程度上提升了 CiteSpace 在各个领域的知名度和学术影响力。

1.3　CiteSpace 的用户特征

通过对 CiteSpace 使用过程状态的统计，得到了 2013 年 8 月至 2015 年 5 月的全球 CiteSpace 使用状态的分布，见图 1.3。结果显示，CiteSpace 在全球的用户分布主要集中在三大区域，分别为亚洲、欧洲以及美国。在亚洲地区，来自韩国和日本的用户仅有很小的一部分，来自中国（包括两岸三地）的 CiteSpace 用户占了绝大多数。

在 CiteSpace 往期版本中，选择 3.7 和 3.8 版本的使用情况进行了统计，见

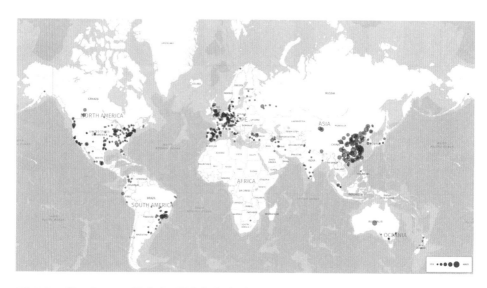

图 1.3　CiteSpace 用户全球城市分布（2013 年 8 月—2015 年 5 月）

表 1.2。结果显示，排在前列的国家或地区有中国、美国以及巴西。在世界城市使用 CiteSpace 的排名中，前 10 名的城市都来自我国，分别为北京、武汉、南京以及广州等。在这些版本中，"3.7.R8 (64-bit)"是使用热度最高的。

表 1.2　CiteSpace 3.7R1 到 3.8R6 软件的使用情况

国家 / 地区分布	Events 总和	我国城市分布	Events 总和	主要版本	Events
中国大陆	3 562 634	北京	730 684	3.7.R8 (64-bit)	1 233 000
美国	117 045	武汉	384 249	3.8.R1 (32-bit)	859 130
巴西	96 697	南京	362 723	3.7.R7 (32-bit)	628 888
西班牙	57 588	广州	222 408	3.8.R1 (64-bit)	347 941
德国	33 338	上海	193 987	3.8.R5 (64-bit)	300 210
英国	20 843	西安	138 912	3.7.R5 (64-bit)	141 650
俄罗斯	18 368	杭州	128 165	3.7.R7 (64-bit)	129 256
墨西哥	15 502	济南	110 139	3.8.R3 (64-bit)	109 108
中国台湾	10 594	沈阳	95 946	3.8.R4 (64-bit)	108 706
加拿大	10 361	天津	87 282	3.7.R6 (32-bit)	80 740
全球	4 049 650	中国大陆	3 562 634	所有版本	4 049 650

注：我国城市的排名前 10 名，也是全球城市的前 10 名。

从 2018 年 9 月 2 日开始，陈超美教授将 CiteSpace 的管理地址迁移到了 sourceforge.net。下面专门对软件迁移到 sourceforge.net 之后的数据进行统计来分析 CiteSpace 的全球用户下载的时间特征和空间分布特征（数据获取区间为 2018 年 9 月 2 日 -2020 年 9 月 12 日）。CiteSpace 在 sourceforge.net 网站上软件下载的时间分布特征见图 1.4，下载的空间分布见表 1.3。

从 CiteSpace 下载的时间分布来看，在 2019 年 9 月份前后形成了比较明显的差异。用户在该网站上的下载量，无论是以每天、每周还是每月为周期，在

2019 年 9 月份以后都呈现了明显的增长趋势。在曲线图上，2020 年 6 与 23 日和 6 月 24 日的日下载量出现了异常，23 日当天软件的下载量达到了 3 683 次，24 日更是达到了 15 231 次。在空间分布上，我国（包含两岸三地）CiteSpace 的下载量稳居全球第一，仅中国大陆在下载数量上就达到了第二位美国的 35 倍多。我国用户下载 CiteSpace 的特征也直接表现在了 CiteSpace 下载的时间分布中，从曲线中不难看出，在寒假期间（特别是接近春节）CiteSpace 的下载量比较低。

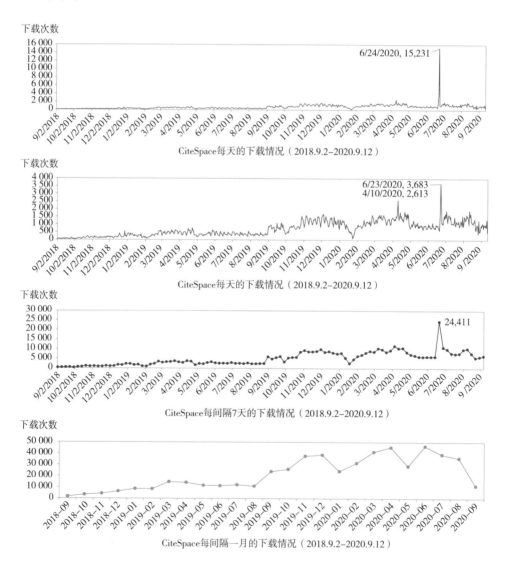

图 1.4　CiteSpace 软件在 sourceforge.net 的下载情况

表 1.3　CiteSpace 在 sourceforge.net 上下载的国家 / 地区分布（下载 >2 000 次）

国家或地区名称	Android	BSD	Linux	Macintosh	Unknown	Windows	下载总量
中国大陆	0%	0%	0%	5%	0%	95%	474 720
美国	0%	0%	1%	12%	3%	83%	13 503
中国香港	0%	0%	0%	11%	0%	89%	6 850
巴西	0%	0%	2%	4%	0%	93%	4 290
日本	1%	0%	1%	13%	0%	85%	3 085
英国	0%	0%	1%	17%	1%	81%	2 562
土耳其	0%	0%	0%	6%	0%	94%	2 509
中国台湾省	0%	0%	0%	9%	0%	90%	2 474
德国	1%	0%	3%	9%	5%	82%	2 324
新加坡	1%	0%	1%	11%	1%	87%	2 233
印度	1%	0%	2%	3%	0%	94%	2 100
韩国	0%	0%	0%	7%	0%	93%	2 028

1.4　CiteSpace 的应用实践

陈悦等在《引文空间分析原理与应用》中，对 CiteSpace 在国内的应用状况从分布领域、数据源、数据分析的时间长度以及所应用的软件功能等方面进行了系统的总结。结果显示，CiteSpace 在国内的应用领域主要集中在图书馆与档案管理、管理科学与工程以及教育学方面；分析的数据源主要为 WoS、CSSCI 以及CNKI；分析的时间长度有一半以上超过了 10 年；国内的学者使用 CiteSpace 主要是对研究热点、研究前沿和研究趋势进行探测；在研究中主要使用 CiteSpace 的文献共被引、共词网络以及作者共被引功能；在对生成的图谱的解读中，主要针对高频节点、聚类知识群、高中介中心的节点和图谱的基本图例进行说明。在此基础上，我们通过不同的数据库，进一步对 CiteSpace 在科技期刊论文、学位论文以及学术专著中的应用进行统计分析，以全面认识 CiteSpace 在科研实践中的应用概况。

1.4.1　科技论文中的应用

1.4.1.1　英文科技论文中的应用分析

在 Web of Science 核心数据集中（Timespan: All years.Indexes: SCI-EXPANDED, SSCI, A&HCI, CPCI-S, CPCI-SSH, ESCI.），以 CiteSpace 为主题进行数据检索（TOPIC: CiteSpace），共得到 590 篇与 CiteSpace 主题相关的论文。CiteSpace 主题相关论文的年度趋势如图 1.5 所示。从 2005—2019 年，在 WoS 核心数据库中使用 CiteSpace 的论文呈指数增长趋势，表明 CiteSpace 在国际论文应用中越来越活跃。从 2020 年初到 2020 年 9 月 12 日，使用 CiteSpace 的论文已经达到了 147 篇，仅仅与 2019 年的 150 篇相差 3 篇。可以预期，2020 年 CiteSpace 的主题论文数量将超过 2019 年，并达到新的数量高度。

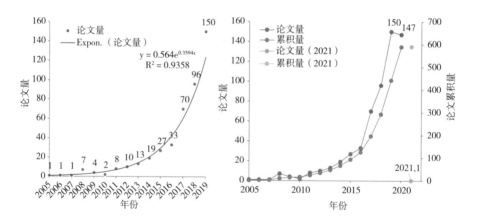

图 1.5　CiteSpace 主题相关论文的趋势

在《安全科学知识图谱导论》中，李杰借助 WoS 平台对引用 CiteSpace 经典论文的施引文献科学领域分布（Field: WoS Categories）进行了初步的研究。结果显示，CiteSpace 在国际科学研究中主要分布在计算机科学、信息科学以及医学等 60 个领域。2020 年 9 月份的分析结果显示，590 篇论文的研究领域广泛地分布在 101 个科学领域中，如图 1.6 所示。CiteSpace 主题论文主要集中在环境科学（99 篇，16.780%）、信息科学与图书馆学（62 篇，10.508%）、计算机跨学科应用（55 篇，9.322%）、教育研究（49 篇，8.305%）、计算机与信息系统（44 篇，7.458%）、管理（43 篇，7.288%）、绿色与可持续科学技术（40篇，6.780%）、环境研究（37 篇，6.271%）、社会科学跨学科（37 篇，6.271%）以及计算机理论与方法（34 篇，5.763%），如图 1.6 和图 1.7。在这些高产领域中，环境科学是近年来最为活跃的领域，年度发文量超过了信息科学与图书馆学领域。此外，CiteSpace 从 2010 年开始在教育研究领域的应用也变得活跃。CiteSpace 主题论文的分布领域反映了 CiteSpace 的应用学科范围在不断地扩展，已经呈现出了显著的跨学科特征。CiteSpace 高产领域的年度产出分布，如图 1.7。

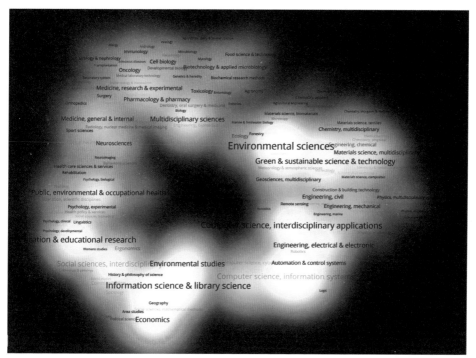

图 1.6　CiteSpace 主题论文在全科学研究领域图上的分布

在出版物维度上，*CiteSpace* 的主题论文主要发表在 408 个不同的出版物上。其中，*Sustainability* 发文 31 篇，占比 5.254 %，排在高产出版物的首位。随后依次是 *Scientometrics*（23 篇，3.898%）、*Advances in Social Science Education and Humanities Research*（22 篇，3.729%）、*International Journal of Environmental Research and Public Health*（17 篇，2.881%）以及 *Environmental Science and Pollution Research*（15 篇，2.542%）等（如表 1.4 所示）。

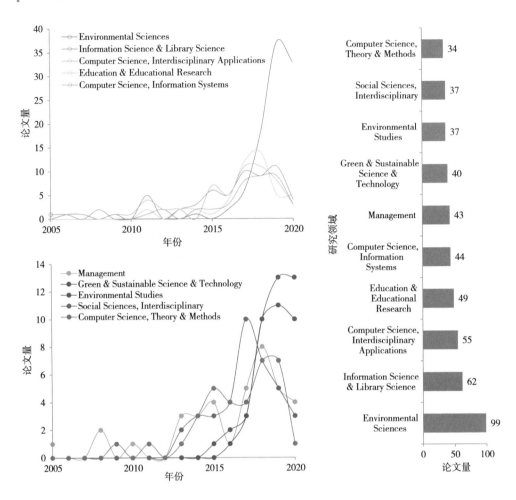

图 1.7　CiteSpace 主题论文的科学领域分布（TOP 10）

表 1.4　CiteSpace 主题论文的高产出版物

来源出版物	论文量	% of 590
Sustainability	31	5.254
Scientometrics	23	3.898
Advances in Social Science Education and Humanities Research	22	3.729
International Journal of Environmental Research and Public Health	17	2.881
Environmental Science and Pollution Research	15	2.542

来源出版物	论文量	% of 590
Medicine	9	1.525
Neural Regeneration Research	7	1.186
Peerj	7	1.186
Journal of Cleaner Production	6	1.017
Journal of Intelligent Fuzzy Systems	6	1.017

在国家或地区的产出维度上，我国以发文 498 篇（占比 84.407%），在论文数量上远远超过其他国家或地区。如图 1.8 所示。其他高产国家或地区依次是美国（46 篇，7.797%）、澳大利亚（17 篇，2.881%）、巴西（15 篇，2.542%）、英格兰（15 篇，2.542%）、西班牙（14 篇，2.373%）、加拿大（9 篇，1.525%）、巴基斯坦（7 篇，1.186%）、土耳其（7 篇，1.186%）、伊朗（6 篇，1.017%）以及罗马尼亚（6 篇，1.017%）；在机构层面上，高产机构主要有四川大学（28 篇，4.746%）、北京师范大学（20 篇，3.390%）、美国德雷赛尔大学（18 篇，3.051%）、武汉大学（17 篇，2.881%）、武汉理工大学（14 篇，2.373%）、浙江大学（14 篇，2.373%）、中国科学院（12 篇，2.034%）、大连理工大学（12 篇，2.034%）、云南财经大学（11 篇，1.864%）、中山大学（10 篇，1.695%）以及天津大学（10 篇，1.695%）。在排名前 10 的机构中，仅仅只有美国德雷塞尔大学位列第三，其他机构均来自我国。

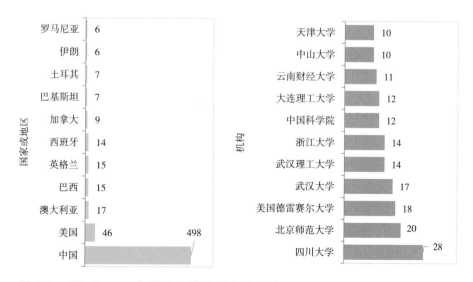

图 1.8　CiteSpace 主题论文的应用主体分布

1.4.1.2　中文科技期刊论文中的应用

CiteSpace 在国内的应用现状分析，已经在相关文献中有所涉及（侯剑华等，2013; 陈悦等，2015; Qing Ping 等，2017; 李杰等，2017）。这些学者专门对 CiteSpace 在国内外的应用从不同的角度进行了研究。此外，在利用知识图谱和文献计量等方法进行知识图谱的主题分析中，同样也都显示了 CiteSpace 应用的现状和价值。这些研究对于全面的认识、理解和使用 CiteSpace 有很好的参考价值。2020 年 9 月 13 日，通过中国知网提供的"文献"和"字段"检索功能，对 CiteSpace 软件在中文科学研究的应用进行了数据的检索和统计分析。在 CNKI 中，文献检索共集成了多个子数据库，包含中国学术期刊网络出版总库、特色期刊、中国博士学位论文全文数据库、中国优秀硕士学位论文全文数据库、中国重要会议论文全文数据库以及国际会议论文全文数据库等。对 CiteSpace 在中文科学研究中的应用情况统计如图 1.9 所示。结果显示：通过"主题"和"篇名"的检索策略得到 CiteSpace 软件在中文论文中的应用在 2006—2019 年期间都呈增长趋势，反映了 CiteSpace 的应用越来越广泛。

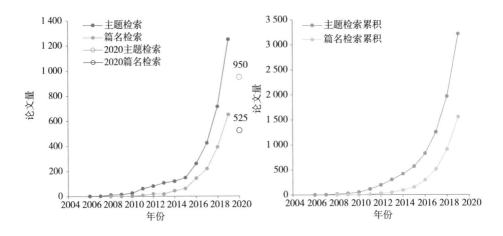

图 1.9　CiteSpace 施引文献量年度趋势

在中国知网所检索的数据中（图 1.10），主要以期刊论文为主，共有 3 738 篇论文，占比 88.85%。其他的类型还包含了硕士论文（221 篇，5.25%）、博士论文（11 篇，0.26%）、国内会议（107 篇，2.54%）、国际会议（78 篇，1.85%）以及学术辑刊（52 篇，1.24%）。CiteSpace 主题论文主要发表在科技管理和图书情报类的期刊上，其中《科技管理研究》以发文 40 篇排名第一，随后依次为《现代情报》（39 篇）、《农业图书情报学刊》（31 篇）、《情报科学》（29 篇）、《情报杂志》（28 篇）、《情报探索》（28 篇）、《科技情报开发与经济》（20篇）、《内蒙古科技与经济》（19 篇）、《医学信息学杂志》（18 篇）以及《图书馆》（17 篇）。这些论文主要分布在图书情报档案（2 120 篇）、教育（592 篇）、语言（238 篇）、体育（176 篇）、工商管理（168 篇）、农业经济（164 篇）、临床医学（147 篇）、旅游经济（133 篇）、计算机（128 篇）以及环境（125 篇）等学科。

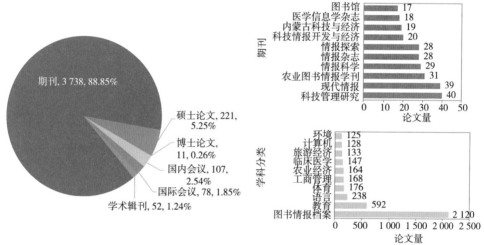

图 1.10　CiteSpace 主题论文的分布

　　2020 年 9 月 13 日使用 CNKI 对应用了 CiteSpace 的中文期刊施引文献进行主题检索，对论文按照被引频次进行排序，得到 CiteSpace 应用的 H 指数为45。应用 CiteSpace 的高被引论文见表 1.5。CiteSpace 施引文献的 H 指数大小反映了 CiteSpace 的二次影响。也就是说，使用 CiteSpace 进行的相关研究，在其应用领域得到进一步应用。

表 1.5　中国知网中 CiteSpace 应用的高被引文献

No.	标题	第一作者	期刊	发表时间	被引频次
1	CiteSpace 知识图谱的方法论功能	陈悦	科学学研究	2015	1 557
2	文献计量学发展演进与研究前沿的知识图谱探析	赵蓉英	中国图书馆学报	2010	330

续表

No.	标题	第一作者	期刊	发表时间	被引频次
3	CiteSpace 软件应用研究的回顾与展望	侯剑华	现代情报	2013	314
4	国内知识图谱应用研究综述	胡泽文	图书情报工作	2013	244
5	国内生态安全研究知识图谱——基于 Citespace 的计量分析	秦晓楠	生态学报	2014	209
6	战略管理学前沿演进可视化研究	侯剑华	科学学研究	2007	184
7	近十年来教育研究的热点领域和前沿主题——基于八种教育学期刊 2000—2009 年刊载文献关键词共现知识图谱的计量分析	潘黎	教育研究	2011	178
8	国际科技政策研究热点与前沿的可视化分析	栾春娟	科学学研究	2009	167
9	基于 CiteSpace 研究科学知识图谱的可视化分析	肖明	图书情报工作	2011	165
10	社会网络分析 (SNA) 研究热点与前沿的可视化分析	赵蓉英	图书情报知识	2011	145
11	基于 CiteSpace Ⅲ 的国外体育教育研究计量学分析	高明	体育科学	2015	130
12	知识图谱工具比较研究	肖明	图书馆杂志	2013	121
13	基于 CiteSpace 中国海洋经济研究的知识图谱分析	韩增林	地理科学	2016	119
14	基于 CiteSpace 的科学知识图谱绘制若干问题探讨	赵丹群	情报理论与实践	2012	111
15	《高等教育研究》研究热点及其知识基础图谱分析	易高峰	高等教育研究	2009	111
16	基于 CiteSpace 的教育大数据研究热点与趋势分析	王娟	现代教育技术	2016	104
17	近二十年国际翻译学研究动态的科学知识图谱分析	冯佳	外语电化教学	2014	100

续表

No.	标题	第一作者	期刊	发表时间	被引频次
18	基于知识图谱的国外太极拳运动研究热点与演化分析	王俊杰	体育科学	2012	91
19	国际翻译学研究热点与前沿的可视化分析	李红满	中国翻译	2014	87
20	基于 SCI 的基因操作技术国际前沿分析	栾春娟	技术与创新管理	2009	83
21	西方经济地理学的知识结构与研究热点——基于 CiteSpace 的图谱量化研究	李琬	经济地理	2014	81
22	基于 CiteSpace Ⅱ 的信息可视化文献的量化分析	周金侠	情报科学	2011	75
23	知识交流研究现状可视化分析	邱均平	中国图书馆学报	2012	73
24	基于 CiteSpace Ⅱ 的数字图书馆研究热点分析	卫军朝	图书馆杂志	2011	67
25	信息素养领域演进路径、研究热点与前沿的可视化分析	张士靖	大学图书馆学报	2010	67
26	2000—2011 年国际电子政务的知识图谱研究——基于 CiteSpace 和 VOSviewer 的计量分析	张璇	情报杂志	2012	66
27	基于 CiteSpace 的中国传统村落研究知识图谱分析	李伯华	经济地理	2017	63
28	知识图谱在军事心理学研究中的应用——基于 ISI Web of Science 数据库的 CiteSpace 分析	辛伟	心理科学进展	2014	63
29	科学知识图谱绘制工具 VOSviewer 与 CiteSpace 的比较研究	廖胜姣	科技情报开发与经济	2011	63
30	国际视野下胡麻研究的可视化分析	党占海	中国麻业科学	2010	63

No.	标题	第一作者	期刊	发表时间	被引频次
31	国际 MOOC 研究热点与趋势——基于 2013—2015 年文献的 CiteSpace 可视化分析	石小岑	开放教育研究	2016	61
32	国际科学技术政策关键节点文献演进的可视化分析	侯剑华	科学学与科学技术管理	2008	60
33	西方城市更新研究的知识图谱演化	严若谷	人文地理	2011	59
34	1992—2016 年中国乡村旅游研究特征与趋势——基于 CiteSpace 知识图谱分析	安传艳	地理科学进展	2018	54
35	我国体质研究状况的知识图谱分析	罗艳蕊	武汉体育学院学报	2013	54
36	不同学科间知识扩散规律研究——以图书情报学为例	邱均平	情报理论与实践	2012	54
37	CiteSpace 国内应用的传播轨迹——基于 2006—2015 年跨库数据的统计与可视化分析	刘光阳	图书情报知识	2017	53
38	1998 年以来中国高等教育研究热点及其知识可视化图谱分析——基于 CSSCI 高等教育类论文关键词的分析	张灵芝	高教探索	2012	52
39	开放式创新研究的演化路径和热点领域分析——基于科学知识图谱视角	夏恩君	科研管理	2015	51
40	纳米技术研究前沿及其演化的可视化分析	侯剑华	科学学与科学技术管理	2009	50

1.4.2 学位论文中的应用

自 CiteSpace 开发至今，其在中文的学位论文中得到了比较广泛的应用。2020 年 9 月 3 日通过中国知网学位论文全文检索，得到涉及 CiteSpace 的学位论文共有 2 791 条结果（硕士 2 245 条，博士 546 条），主题检索得到的结果为

232 条（硕士 221 条，博士 11 条），题名检索的结果共有硕士 36 条记录。由此看来，CiteSpace 在学位论文中的应用也是较为广泛的。本书书末附录 2 中列出了 100 篇使用了 Citespace 的中文硕士论文。此外，通过中国知网和中科院学位论文系统，整理了应用 CiteSpace 软件的博士学位论文，总结如表 1.6 所示，这些成果中有一部分是对 CiteSpacer 的系统性应用，值得 CiteSpace 的初学者学习和借鉴。

表 1.6　国内应用 CiteSpace 的博士论文

中文题名	作者	单位	学位年度
基于 CiteSpace 的国内注射疗法治疗直肠脱垂的知识图谱研究	周娇娇	中国中医科学院	2020
文献计量学视角下跨学科研究的知识生产模式研究	吕晓赞	浙江大学	2020
我国新闻出版的热点关键词分析与发展对策研究	孟庆麟	大连海事大学	2019
军民情报学融合机理与推进策略研究	杨国立	南京大学	2019
建设项目全生命周期节能驱动机制与多目标优化策略研究	赵亮	中国矿业大学	2019
基于数据挖掘的糖尿病隐结构模型与证候用药规律分析	刘亮	辽宁中医药大学	2019
小微企业合作网络与成长预测研究	李瑾颉	北京邮电大学	2017
基于信息处理的中医药治疗 2 型糖尿病方药数据挖掘与分析研究	胡佳卉	北京中医药大学	2017
基于文献计量分析的子痫前期 / 子痫研究及应用	金昌博	广州医科大学	2017
安全科学结构及主题演进特征研究	李杰	首都经济贸易大学	2016
基于文献的科技监测研究	朱亮	中国农业科学院	2015
非诈骗型非法集资犯罪范围研究	范淼	吉林大学	2015
环境扫描对企业知识创新的影响研究	支凤稳	吉林大学	2015

中文题名	作者	单位	学位年度
研究前沿探测及其演化分析方法与实证研究	张丽华	中科院文献情报研究中心	2015
基于文献计量分析的血友病护理研究	赵华	山西医科大学	2015
基于知识网络的精神医学科研合作研究	武颖	山西医科大学	2015
综合集成研讨厅体系下治疗方案的择优及其在 2 型糖尿病气阴两虚型中的实践	康财庸	北京中医药大学	2015
基于科学计量的图书情报科学产出、合作与影响研究	杰碧	北京理工大学	2015
我国产学研共生网络治理研究	张雷勇	中国科学技术大学	2015
基于知识图谱视域下我国运动训练理论研究的特征	王统领	北京体育大学	2015
态度、行动与结构：福利中国的演进逻辑	臧其胜	南京大学	2014
服务企业的服务创新管理机制研究	赖然	东华大学	2014
变迁中的政治机会结构与政治参与	臧雷振	北京大学	2014
中西医治疗 2 型糖尿病的知识图谱分析	王淑斌	北京中医药大学	2014
科学论文的引用内容分析及其应用	刘盛博	大连理工大学	2014
全文引文分析方法与应用	胡志刚	大连理工大学	2014
基于 SCI 引文网络的知识扩散研究	王亮	哈尔滨工业大学	2014
生物医学领域科研合作现状及预测研究	于琦	山西医科大学	2014
新世纪中国课程与教学论的知识图谱研究	蒋菲	湖南师范大学	2014
大豆科研实力的国际比较——基于文献计量分析视角	杨光明	中国农业科学院	2014
未来高影响力科技论文的识别理论与方法研究	王海燕	中科院国家科学图书馆	2013
我国护理学学科体系构建与发展策略研究	张艳	第二军医大学	2013
未来高影响力科技论文的识别理论与方法研究	王海燕	中国科学院大学	2013

中文题名	作者	单位	学位年度
中国医患危机管理体系构建研究	王佳	吉林大学	2013
新技术跨产业转移研究	吴菲菲	北京工业大学	2013
国外力量训练研究知识网络的结构及演化特征	赵丙军	上海体育学院	2013
基于 SCIE 的国际针灸热点及合作团队研究	焦宏官	中国中医科学院	2013
基于知识图谱的中国品牌理论演进研究	张锐	中国矿业大学	2013
基于知识网络的肿瘤学衍生与发展研究	邵红芳	山西医科大学	2013
我国管理科学学科演进的知识图谱研究	何超	湖南大学	2012
中印上市医药公司核心竞争力评价研究	解小刚	天津大学	2012
基于知识单元的科学发现链式结构研究	滕立	大连理工大学	2012
基于网络引证关系的知识交流规律研究	杨思洛	武汉大学	2011
科技领域前沿计量探测方法研究	张英杰	中国科学院	2011
中国技术管理学科演进发展状态研究	宋刚	大连理工大学	2011
西方现代体育科学发展史论	王琪	福建师范大学	2011
知识流动理论框架下的科学前沿与技术前沿研究	庞杰	大连理工大学	2011
药品监管的多元参与：科学计量学的视角	李小宁	大连理工大学	2010
引文分析学的知识计量研究	梁永霞	大连理工大学	2009
工商管理学科演进与前沿热点的可视化分析	侯剑华	大连理工大学	2009
力学期刊群内外关系与学科结构	陈立新	大连理工大学	2008

1.4.3　学术专著中的应用

根据笔者调研，表 1.7 中列出的专著全面或者部分地应用了 CiteSpace；调研结果发现，来自大连理工大学的学者所发表的著作占有很大的比重，涉及的领域有安全科学、工商管理、教育学、情报学等。

表 1.7　CiteSpace 的相关专著

作者	书名	出版社	出版时间
侯剑华	基础科学研究前沿格局的知识图谱解析	科学出版社	2019
祁占勇	中国教育法学的知识图谱研究：1985—2015	科学出版社	2019
祁占勇	中国教育政策学的知识图谱研究：1985—2015	科学出版社	2019
王雪松	国内外教师专业发展研究科学知识图谱分析	燕山大学出版社	2019
邓国民	国际教育技术学研究知识图谱：理论技术与实践应用	复旦大学出版社	2018
田德桥	生物技术发展知识图谱	科学技术文献出版社	2018
李智毅	我国军民融合研究文献计量分析报告2017	国防工业出版社	2018
——	基于知识图谱的人文社会科学图书影响力评价研究	南京大学出版社	2017
李元	知识的轨迹：体育科学学科结构与理论演进的科学计量研究	北京体育大学出版社	2016
高飞	现代农业研究文献分析	中国计量出版社	2016
侯剑华	战略性新兴技术研究导论	科学出版社	2016
李杰	安全科学知识图谱导论	化学工业出版社	2015
麻凤海	基于信息可视化新技术进行矿山开采沉陷的理论演进研究	吉林大学出版社	2015
王琪	西方体育科学学科演进的知识图谱分析	北京体育大学出版社	2015
蒋菲	21 世纪中国课程与教学论的知识图谱研究	华中师范大学出版社	2015
陈超美	科学前沿图谱：知识可视化探索	科学出版社	2014

续表

作者	书名	出版社	出版时间
侯剑华	大连市社会科学研究的知识图谱	吉林大学出版社	2014
侯剑华	工商管理知识体系演进与研究前沿	科学出版社	2014
陈悦	创新管理知识图谱	人民出版社	2014
高静美	组织变革研究：基于知识图谱与实地调研的交互验证	科学出版社	2013
王红君	中国品牌科学发展报告	中国经济出版社	2013
王志远	模糊偏好形成机制研究	中国社会科学出版社	2013
黄维	基于多方法融合的中国教育经济学知识图谱 1980—2010	经济科学出版社	2012
刘则渊	技术科学前沿图谱与强国战略	人民出版社	2012
梁永霞	引文分析学知识图谱	大连理工大学出版社	2012
许振亮	技术创新前沿图谱	大连理工大学出版社	2012
易高峰	崛起中的创业型大学：基于研究型大学模式变革的视角	上海交通大学出版社	2011
陈超美	转折点——创造性的本质	科学出版社	2011
刘则渊	科学知识图谱：方法与应用	人民出版社	2008

1.5 CiteSpace 应用中的常见问题

通过调研 CiteSpace 的应用论文，对存在的常见问题总结如下：

（1）文献信息检索基础匮乏，不当的文献信息检索策略得到的数据不能准确地反映所研究的内容。也就是说，如果在数据分析开始时进行分析的数据就是存在问题的，那么得到的结果也一定是不准确的，也就是常说的"Rubbish in, rubbish out."或"Garbage in,garbage out."(GIGO)。

（2）对软件基本原理以及科学计量学的基本概念、原理和方法认识不够清楚，对科学知识图谱解读的语言不规范（有错误解读、过度解读和遗漏解读等现象）。另外，在使用 CiteSpace 进行研究时，即使用户已经在专业内工作多年，也不是所有用户对所分析的专业都十分熟悉。这就要求在对图谱进行解读时要多向该专业领域的不同专家进行咨询，以避免个人或者少数专家对结果带有偏见或者解读不准确。

以上的要求就像一位助理医生即使能很熟悉地利用 X 射线为病人拍片子，但最后还是离不开专业的医生来进行诊断。换句话说，就是经过专业的培训和长期的操作经验可以提升用户对 CiteSpace 使用的熟悉程度，但是当得到一幅幅科学"X 射线片子"时，需要的是制图者有高水平的专业知识，这样才能通过科学知识图谱为大家讲述一个有趣的科学故事。

（3）实践中存在的最为常见的问题就是在论文中提供的 CiteSpace 可视化结果混乱。读者不太容易通过作者提供的可视化图谱来还原作者在论文中所论述的问题。也就是说，图谱放在论文中和没有放的效果是一样的。造成结果混乱多数是由图片的信息过载造成的。有些用户在一张网络图中既想表达聚类信息，又想表达节点的标签信息、突发性探测信息。这样在一张图中提供过量的信息，造成图谱的混乱，给读者也造成极大不便。有些学者将该问题归咎于目前期刊的印刷质量（例如，多数期刊不能彩印），但是我们认为这个问题并不是造成图谱混乱的主要原因。

此外，有不少的论文对数据采集过程、数据分析中参数的设置以及采用的聚类方法表述不明。科学研究必须是让别人能够重复的，再者对特定数据使用 CiteSpace 进行的研究也是容易重复的。因此，在论文中要清楚说明论文的数据来源、采集方法（采集时间）、分析中的参数配置。

1.6　问题的解答途径

对于 CiteSpace 学习过程中遇到的一些问题，用户可以通过陈超美教授中文版科学网博客进行查询。对于一些没有解答的问题还可以在陈超美教授的页面留言❶。截至 2020 年 9 月 12 日已，经有累计提问 3 819 个，大多数的问题也得到

---

❶　陈超美教授中文版博客：http://blog.sciencenet.cn/u/ChaomeiChen.

了满意的答复（图 1.11）。由于科学网博客禁止在夜间一个时段发表文章，目前陈超美教授的科学网博客基本停止了更新。因此，陈超美教授在 sourceforge 和 Research Gate 上专门开设了 CiteSpace 主页用于回答用户的问题并分享 CiteSpace 的最新资料。见图 1.12 和图 1.13。

图 1.11　陈超美教授博客留言板对 CiteSpace 操作问题的解答

注：陈超美教授科学网博客：http://blog.sciencenet.cn/u/ChaomeiChen.

图 1.12　CiteSpace 新的软件主页中在 Discussion 和 Blog 里面提供了问答和操作技巧

注：CiteSpace 软件主页：https://sourceforge.net/p/citespace/blog/.

此外，用户还可以通过陈超美教授和李杰博士的科学网博客❶浏览 CiteSpace 的成图展示（建议在实践之前多多参考一些案例图片的样式和编辑技巧）。为了更好地进行信息分享，我们创建了微信号"科学知识图谱学习社区"（二维码见图 1.14），为大家免费提供了大量的学习资料。细心的读者将会发现本书特别添加的一些小提示有很大一部分是来源于用户所提出的问题。最后，我们在必要的时候也会将大家反馈的使用疑问整理成具体的图文步骤分享到博客上。

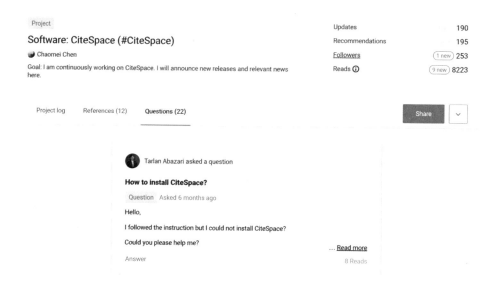

图 1.13　CiteSpace 在 Research Gate 上分享的信息和问答

注：Research Gate 的 CiteSpace 主页：https://www.researchgate.net/project/Software–CiteSpace–CiteSpace.

图 1.14　科学知识图谱学习社区（微信公众号）

---

❶　李杰科学网博客：http://blog.sciencenet.cn/u/jerrycueb

1.7 本书逻辑结构及组成

本书的写作逻辑是以 CiteSpace 所提供的功能模块为主线，在前 3 讲中，对 CiteSpace 的基本情况从使用、下载、界面、功能等方面进行概述；从第 4 讲开始，按照 CiteSpace 提供的知识图谱类型逐讲介绍。

第 1 讲：CiteSpace 总述。在学习一个软件之前，大家首先需要对这个软件的开发背景、相关理论和应用现状进行一个大致的了解。虽然我们没有特别地强调 CiteSpace 能做什么，但是从我们列出的对应用现状的总结中，读者也大致能够了解到 CiteSpace 所具有的功能和潜在的价值。

第 2 讲：科技文本数据的采集。这是在学习 CiteSpace 之前的先修课，要知道来源于哪些数据库的数据是 CiteSpace 可以分析的，以及如何从数据库中采集所分析的数据。

第 3 讲：软件安装及界面功能。本讲主要是对 CiteSpace 的安装过程、运行过程以及所包含的功能的全面介绍。用户可以在学习中就相关问题在本讲中查询，而不需要对本讲内容按照先后顺序进行学习。

第 4 讲：耦合和共被引网络分析。本章以从 Web of Science 中采集的英文数据为例，对数据的分析进行了演示。用户也可以在初次操作 CiteSpace 时，采用软件自带的案例并直接跳到本章来模仿学习。文献的共被引是 CiteSpace 最为经典的功能，建议用户在使用文献共被引分析时对本章进行全面的学习。

第 5 讲：科研合作网络分析。本讲主要是通过分析科技论文中作者的共现来提取作者的合作网络。作者的合作在 CiteSpace 中共分为三个方面，分别为国家 / 地区（宏观）、机构（中观）和作者（微观）层面的合作。特别地，在 CiteSpace 中还提供了结合 Google Earth 的合作网络的地理可视化。

第 6 讲：主题和领域的共现网络分析。本讲主要是对 CiteSpace 中的两种共词分析方法和科学领域的共现分析进行介绍。CiteSpace 中的两种共词分析方法分别为 co-keywords（关键词共现分析）和 co-terms（术语共现分析），在使用中要注意这两种方法的具体执行过程，以及分析中需要注意的重要问题。

第 7 讲：CiteSpace 高级功能。本讲主要是对 CiteSpace 具有的一些用户不

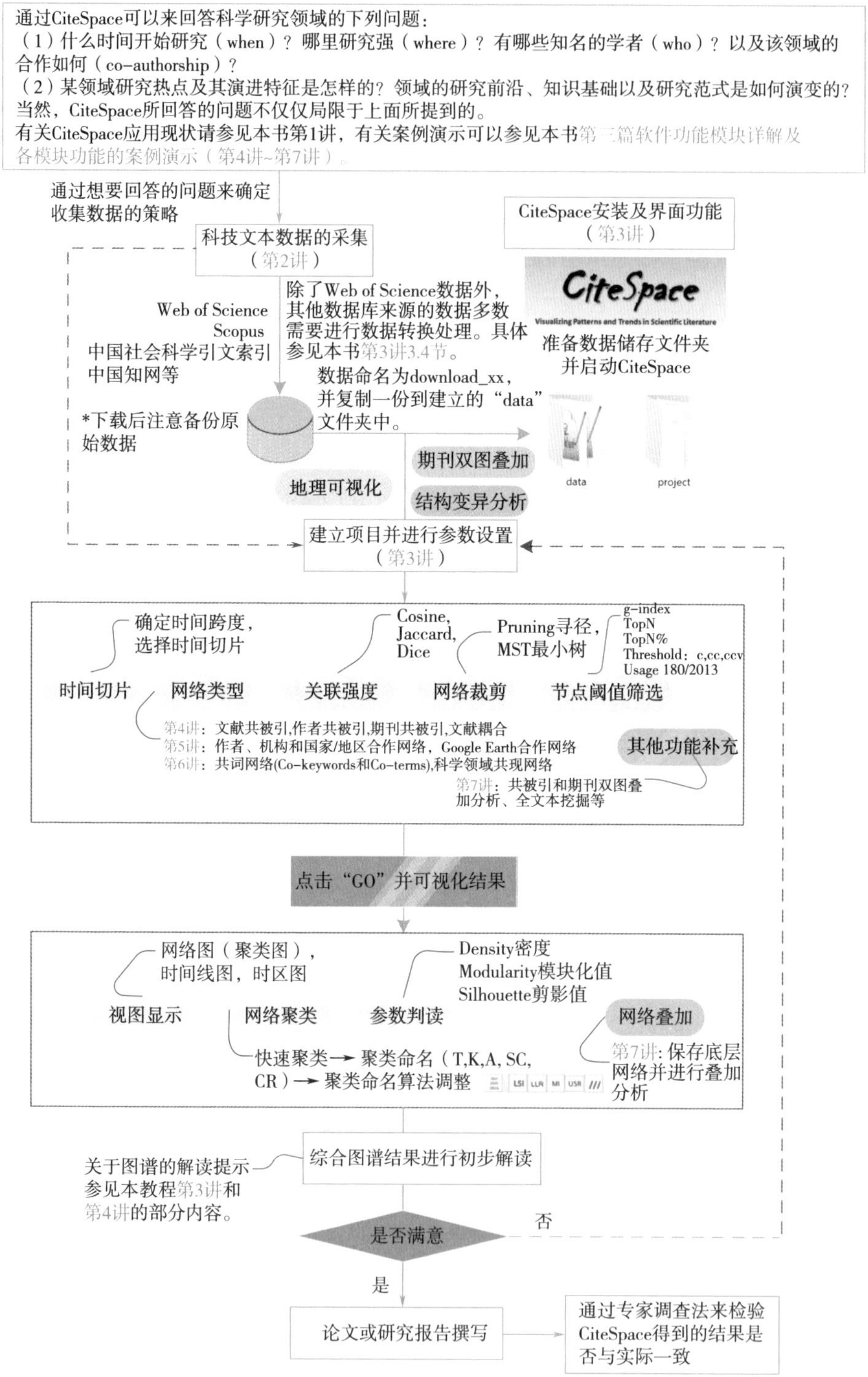

通过CiteSpace可以来回答科学研究领域的下列问题：
（1）什么时间开始研究（when）？哪里研究强（where）？有哪些知名的学者（who）？以及该领域的合作如何（co-authorship）？
（2）某领域研究热点及其演进特征是怎样的？领域的研究前沿、知识基础以及研究范式是如何演变的？
当然，CiteSpace所回答的问题不仅仅局限于上面所提到的。
有关CiteSpace应用现状请参见本书第1讲，有关案例演示可以参见本书第二篇软件功能模块详解及各模块功能的案例演示（第4讲~第7讲）。

通过想要回答的问题来确定收集数据的策略

科技文本数据的采集
（第2讲）

CiteSpace安装及界面功能
（第3讲）

Web of Science
Scopus
中国社会科学引文索引
中国知网等

除了Web of Science数据外，其他数据库来源的数据多数需要进行数据转换处理。具体参见本书第3讲3.4节。

CiteSpace
Visualizing Patterns and Trends in Scientific Literature

准备数据储存文件夹并启动CiteSpace

*下载后注意备份原始数据

数据命名为download_xx，并复制一份到建立的"data"文件夹中。

data   project

地理可视化

期刊双图叠加

结构变异分析

建立项目并进行参数设置
（第3讲）

确定时间跨度，选择时间切片

Cosine，Jaccard，Dice

Pruning寻径，MST最小树

g-index
TopN
TopN%
Threshold：c,cc,ccv
Usage 180/2013

时间切片   网络类型   关联强度   网络裁剪   节点阈值筛选

第4讲：文献共被引，作者共被引，期刊共被引，文献耦合
第5讲：作者、机构和国家/地区合作网络，Google Earth合作网络
第6讲：共词网络（Co-keywords和Co-terms)，科学领域共现网络

其他功能补充

第7讲：共被引和期刊双图叠加分析、全文本挖掘等

点击"GO"并可视化结果

网络图（聚类图），时间线图，时区图

Density密度
Modularity模块化值
Silhouette剪影值

视图显示   网络聚类   参数判读   网络叠加

快速聚类 → 聚类命名（T,K,A, SC, CR）→ 聚类命名算法调整   LSI LLR MI USR ///

第7讲：保存底层网络并进行叠加分析

关于图谱的解读提示参见本教程第3讲和第4讲的部分内容。

综合图谱结果进行初步解读

是否满意   否

是

论文或研究报告撰写 → 通过专家调查法来检验CiteSpace得到的结果是否与实际一致

图 1.15　CiteSpace 应用简明过程

常关注和比较重要的功能的介绍，如共被引网络叠加和期刊的双图叠加分析、全文本挖掘以及概念树可视化分析等。

上述对本书逻辑架构和 CiteSpace 应用的简明叙述可总结如图 1.15 所示。

思考题

（1）谈谈你对 CiteSpace 的认识。（自己最早什么时候知道 CiteSpace，学习使用 CiteSpace 为解决哪些问题？）

（2）尝试通过中英文的全文数据库，检索近半年来使用 CiteSpace 的科技论文，分组各选择 1 篇进行讨论。

（3）当前已经有大量的中文硕博论文系统性地应用了 CiteSpace，硕士研究生请检索并下载 10 篇最有影响的应用 CiteSpace 的硕士学位论文进行学习；博士研究生下载 5 篇应用了 CiteSpace 的博士学位论文进行学习和讨论。

（4）从你了解的科技论文来看，学者在应用 CiteSpace 中存在哪些明显的问题？你认为产生这些问题的原因是什么？（该问题需要学生在学习中逐步体会并完善）

（5）通过网络查询陈超美科学网博客，借助有关 CiteSpace 的博文，初步了解 CiteSpace 的功能，并整理后在课堂上讨论。

（6）通过中英文数据库（数据库自选）检索有关 CiteSpace 应用的文献分布情况，谈谈在各个领域哪些学者比较活跃，他们使用 CiteSpace 来解决领域的哪些问题？

（7）你还知道哪些科技文本挖掘及可视化的软件，谈谈它们应用情况（可参考本书书末附录 1）。

本章小提示

小提示 1.1：CiteSpace 的使用领域是否有限制？

CiteSpace 在适用领域上没有限制，即自然科学和社会科学的研究都可以进行分析。目前，CiteSpace 在自然科学领域用的比较多。主要原因是自然科学的发展、新理论、新概念、新发现等形形色色的变化比社会科学领域相对频繁，内容变化幅度大，也较容易捕捉。CiteSpace 的核心思想是体现这类变化，所以选材时自然会有这方面的考虑。另外，库恩的范式转移提供了一个主要理论依据。最初几年陈超美教授研究选取的案例都是涉及这几类的变化：范式转移的领域(如弦论)，证据的影响（物种灭绝），事件的影响（恐怖主义），科学前沿（再生医学）等等。总之，分析社会科学会有同等的价值，尤其是科学史、哲学史、社会网络、经济、体育、管理等领域的研究都值得深入分析表述。

小提示 1.2：CiteSpace 版本的更新。

CiteSpace 先后经历了 CiteSpace Ⅰ（第一代），CiteSpace Ⅱ（第二代）、CiteSpace Ⅲ（第三代）、CiteSpace Ⅳ（第四代）以及最近的 CiteSpace Ⅴ（第五代）。因此，在施引论文中会出现各种提法，关键词也是运用各异。为了方便后来的研究人员获取关于 CiteSpace 的施引文献进行学习，在研究过程中，建议统一使用 CiteSpace 作为论文的关键词。

科技文本数据的采集

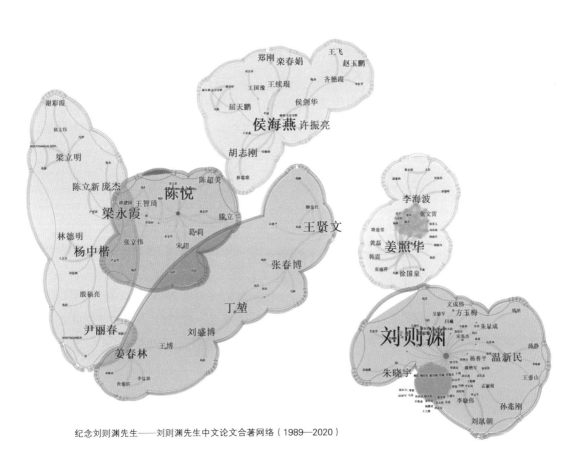

纪念刘则渊先生——刘则渊先生中文论文合著网络（1989—2020）

2.1　概述

　　科技文本数据的采集是数据分析的基础，当前数据的采集主要是借助科技文献数据库，并采用成熟的文献检索策略进行。与此同时，数据分析与对象数据的结构和包含的内容息息相关。对于科技文本数据而言，索引型数据库通常收录了除了正文以外的所有文献信息，而且还增加了数据库本身对论文的标引（例如，论文的科学领域、被引次数以及使用情况等）。当然，不同数据库的格式也有一定的差异性。相比而言，Web of Science（WoS）和 Scopus 的数据结构是最为完整的，Derwent 和 CSSCI 次之，CNKI 的完整性最小。由于 CiteSpace 分析的数据是以 WoS 数据为标准的，即其他数据库收集的数据都要先经过转换，成为WoS 的数据格式才能分析（数据除重和预处理参见第 3 讲）。因此下面对文献题录的表示就用 WoS 的字段字母简称表示。通常用户收集的文献题录数据都会包含 PT（文献类型），AU（作者），SO（期刊），DE（关键词），AB（摘要），C1（机构）以及 CR（参考文献）。

　　下面我们选择了最为常用的几个数据库，以此为例向大家介绍科技文本数据的采集。

2.2　中文数据采集

2.2.1　CNKI 数据采集

第 1 步：登录中国知网。

登录中国知网首页 www.cnki.net，进入检索界面（图 2.1）。本部分以检索并下载 2019 年以来发表在《中国安全科学学报》上的科技论文为例。

第 2 步：数据检索策略的构建。

为了更好地构建检索策略，建议用户点击首页右上角的"高级检索"，进入高级检索页面来进行检索条件的设置（图 2.2）。在高级检索页面中，选择检索字段为"文献来源"，在检索框来源期刊中输入"中国安全科学学报"，匹配方式选择"精确"，时间选择 2019-01-01 到 2020-09-12。设置检索条件后，点

图 2.1　中国知网首页

图 2.2　数据检索设置

击页面下方的"检索"，进入检索结果页面。

　　第 3 步：得到检索结果并进行初步分析。

　　如图 2.3 所示，共检索到 2019 年发表在《中国安全科学学报》上的 703 条文献记录。需要注意的是：CNKI 检索的结果中包含新闻、会议通知等信息，因此需要在数据收集过程中予以剔除。为了比较方便地剔除无关记录，建议用户可

以在下载时逐页检查并剔除。

图 2.3　中国知网文献检索结果页面

在检索结果界面中，点击主题、文献来源、学科以及作者等标签，可以对数据的分布进行初步的分析。也可以对每页显示的记录进行设置，这里推荐选择每页显示 50 条，以便于手工删除不符合要求的文献条目。点击选择本页的 50 条记录，然后点击下一页，直到选中 500 条记录（注：CNKI 允许一次下载 500 条记录）。这里的"已选文献: 50"代表已经选择的文献量，点击"下一页"逐页选定文献（图 2.4）。

图 2.4　数据下载项的选择

第 4 步：数据下载和保存。

当选中 500 条需要下载的数据记录后，点击数据结果页面的"导出与分析"，选择软件要求的格式（图 2.5）。使用 CiteSpace 进行分析的文献输出类型为"Refworks"格式（图 2.6）。这里笔者建议输出"Refworks"和"EndNote"两种格式。前者可以进行文献可视化分析，而后者可以在论文写作时使用或用于其他文献计量软件的分析。最后，点击"导出"，下载文献。下载好前 500 条记录后，在检索结果界面中，点击"清除"，取消所选中的 500 条文献。然后，再逐页选择剩余的 203 条记录并下载到本地文件夹中。

图 2.5　数据下载界面

图 2.6　数据样式及下载格式

若要对所下载论文的列表信息中的数据进行剔除，点击数据导出界面中的"已选文献"，则会进入文献的列表界面（图2.7）。在文献列表界面中，可以点击 ☐ 来批量选择需要删除的文献信息，并点击"删除"来完成无关文献的剔除。或者用户可以直接点击某篇文献后的 × 来删除单篇文献。

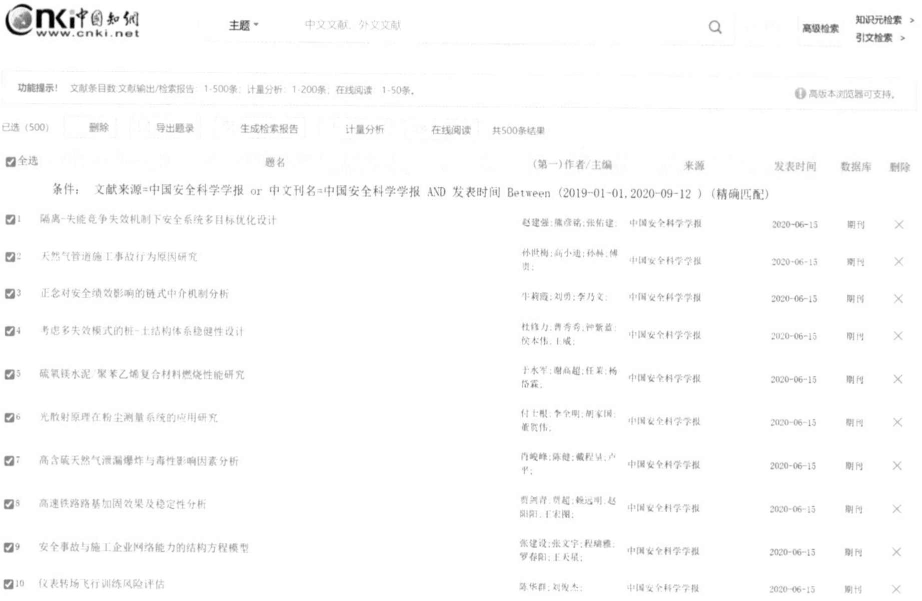

图 2.7　无关信息的剔除页面

点击下载后，用户需要将所下载文本的文件名命名为"download_xxxx"（图2.8）。

2.2.2　CSSCI 数据采集

第 1 步：登录 CSSCI 首页。

在 IE 浏览器中输入 http://cssci.nju.edu.cn/，进入 CSSCI 数据库首页（图2.9）。需要注意的是：登录 CSSCI 数据库需要具有访问权限，对于所在单位没有购买 CSSCI 数据库的用户，不能在 CSSCI 检索和下载数据。

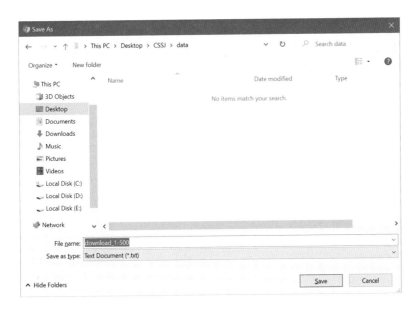

图 2.8　数据的保存和命名

图 2.9　中文社会科学引文索引首页

第 2 步：数据检索和初步分析。

这里以检索和下载 2019 年发表在《管理科学学报》上的论文为例。选择"高级检索"后进入界面（图 2.10）。在检索框中输入"管理科学学报"，检索字段选择"期刊名称"，匹配方式选择"精确"；时间选择"2019"；最后点击"检索"按钮，即可得到结果页面。

图 2.10　数据检索参数设置

在此页面可以得到检索的基本条件以及返回的记录数。共检索到 2019 年发表于《管理科学学报》的 101 篇文献（99 篇论文，2 篇评论）。对于得到的结果可以进一步进行精炼，也可以作为基本的统计信息来使用（图 2.11）。

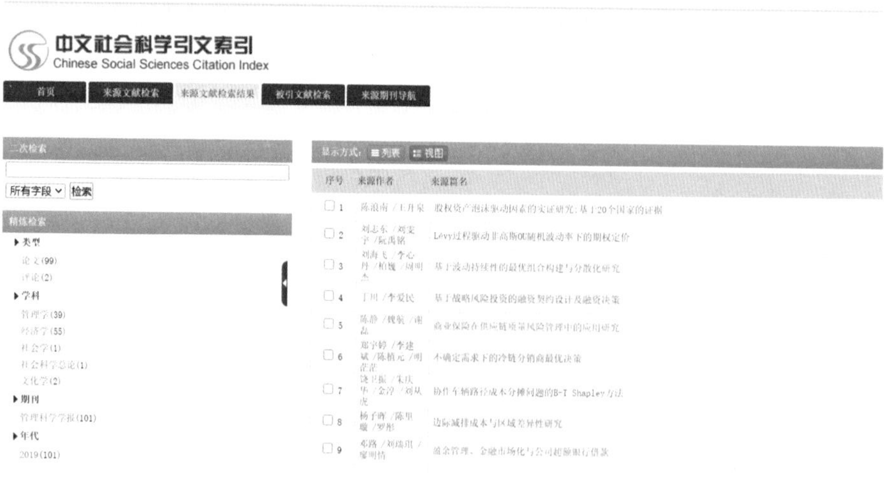

图 2.11　数据检索结果页面

第 3 步：数据的下载。

点击可以选择当前页的 50 条记录，然后点击下一页，直到选中 101 条记录。点击页面最后一条记录下面的“下载”，即可保存文件（图 2.12）。

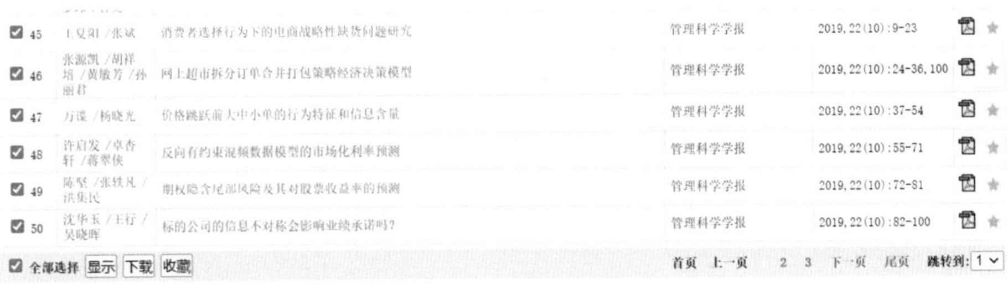

45 王夏阳/张斌 消费者选择行为下的电商战略性缺货问题研究 管理科学学报 2019, 22(10):9-23
46 张源凯/胡祥培/黄敏芳/孙丽君 网上超市拆分订单合并打包策略经济决策模型 管理科学学报 2019, 22(10):24-36, 100
47 万谍/杨晓光 价格跳跃前大中小单的行为特征和信息含量 管理科学学报 2019, 22(10):37-54
48 许启发/卓杏轩/蒋翠侠 反向有约束混频数据模型的市场化利率预测 管理科学学报 2019, 22(10):55-71
49 陈坚/张轶凡/洪集民 期权隐含尾部风险及其对股票收益率的预测 管理科学学报 2019, 22(10):72-81
50 沈华玉/王行/吴晓晖 标的公司的信息不对称会影响业绩承诺吗? 管理科学学报 2019, 22(10):82-100
全部选择 显示 下载 收藏
首页 上一页 2 3 下一页 尾页 跳转到: 1

图 2.12　结果的下载页面

在文件的保存阶段，需要将数据的文件名称改为 CiteSpace 可识别的名称，即 download_xxx。

2.2.3　CSCD 数据采集

第 1 步：登录 CSCD 数据库。

首先，登录 Web of Science 数据库，在“所有数据库”中选择“中国科学引文数据库”（图 2.13）。

探索跨学科内容
来自最值得您信赖的全球引文数据库
文献
研究
选择数据库: 所有数据库 合集: All
所有数据库
Web of Science 核心合集
中国科学引文数据库℠
KCI-Korean Journal Database
MEDLINE®
Russian Science Citation Index
SciELO Citation Index
文献
主题
+添加行
中国科学引文数据库℠ (1989-至今)
对于在中华人民共和国出版的核心科学与工程期刊，提供期刊文献的题录信息和引用信息。
• 以中文或英语检索。
数据更新日期: 2022-01-01

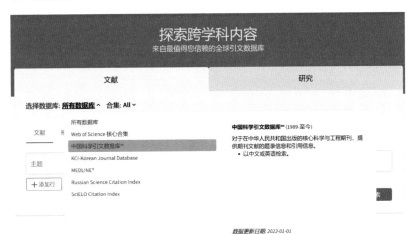

图 2.13　登录中国科学引文索引数据库

第 2 步：构建数据检索策略。

在进入 Web of Science 的 CSCD 数据检索界面后，可以进行检索条件的设置，并开始数据的检索（如图 2.14）。本部分以检索 2019 年，发表在《安全与环境学报》的论文为例。首先，在检索框内输入"安全与环境学报"，检索字段选择为"出版物标题"；出版的时间设置为 2019。

图 2.14　数据检索条件的设置

第 3 步：检索结果及导出。

检索共得到了 2019 年发表在《安全与环境学报》上的 307 篇论文，如图 2.15 所示。在检索结果页面的左侧列出了所检索论文的描述性统计结果，以帮助用户了解数据的基本分布情况。此时，用户需要点击检索结果页面的"导出"功能，并选择"纯文本文件"，以将所检索的数据下载为可分析的数据格式。

图 2.15　数据检索结果

在数据导出的界面中，输入要导出的数据编号。记录内容所在的位置选择"全记录与引用的参考文献"（图 2.16）。最后点击"导出"，以进行数据的下载。用户可将下载的 txt 文件命名为"download_xxxx"的格式，并保存在本地文件夹中。

图 2.16　数据的导出

2.3　外文数据采集

2.3.1　WoS 数据采集

Web of Science 数据库是商业性的索引数据库，因此用户需要机构在订阅的前提下才有权限访问。此外，不同机构所订阅数据库的类别以及回溯时间也存在一定的差异，这与机构的特征以及经费的支持力度有直接关系。例如，WoS 核心合集的 Science Citation Index (SCI) 最早可以回溯到 1900 年。但在实际使用时，一些高校的数据回溯时间并不完整。如图 2.17 展示了国内两个不同高校所购买数据库的基本情况。据调研，目前国内只有少数机构购买了比较全的 WoS 核心数据库，因此在进行数据检索时要注意当前数据库的订阅情况。

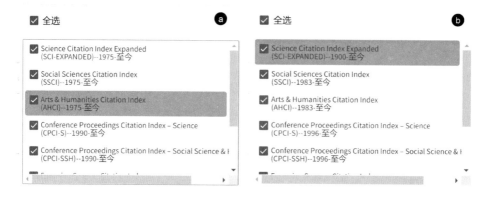

图 2.17　国内两所高校 WoS 数据的回溯时间

下面对获取 Web of Science 核心数据集的步骤进行具体介绍：

第 1 步：登录 Web of Science 数据库首页。

若用户所在的机构购买了 WoS 数据库，就可以从学校图书馆的电子资源列表中找到该数据库链接。默认情况下检索的数据会是"所有数据库"，用户需要切换到"Web of Science 核心合集"，以保证所采集的数据可以用于进一步的科学计量与知识图谱分析（图 2.18）。

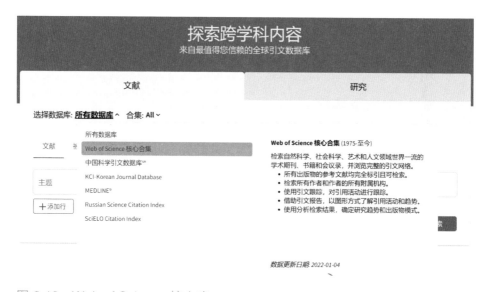

图 2.18　Web of Science 核心库

第 2 步：数据检索策略。

下面以检索 2010—2019 年发表在 Scientometrics 期刊上的研究论文（文献类型为 Article）为例进行说明。使用"基本检索"中包含的字段检索功能，进行检索参数的设置。将检索字段设置为"出版物标题"，并输入 Scientometrics；文献类型设置为 Article；出版年设置为 2010–2019，这三个条件之间使用布尔逻辑 AND（且）连接；来源数据库选择 Science Citation Index Expanded (SCI-EXPANDED) 和 Sciences Citation Index (SSCI)，如图 2.19 所示。

图 2.19　数据检索条件设置

第 3 步：检索结果与基本分析。

完成数据采集参数设置后，在页面中点击"检索"，共得到 2 980 篇论文（图 2.20）。需要特别补充说明的是：可以点击结果页面右上侧的"分析检索结果"功能，对检索到的 2 980 篇论文的分布进行描述性统计分析（图 2.21）。通过平台自带的分析功能可以得到论文年度分布、作者、机构、国家 / 地区，基金以及论文的科学分类等信息。通过该界面的"下载"功能，可以将描述性统计结果导出为 TXT 文档，并导入 Excel 中进行统计与绘图分析。

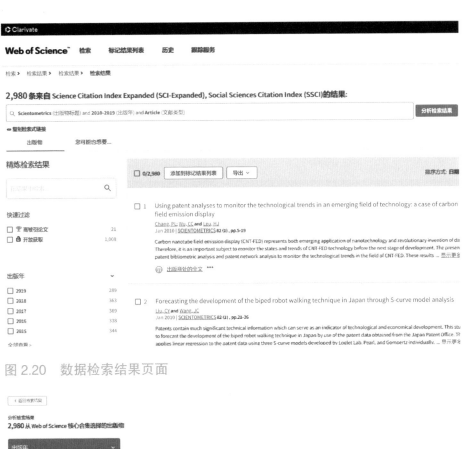

图 2.20　数据检索结果页面

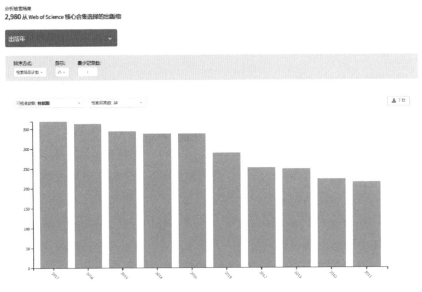

图 2.21　WoS结果的描述性统计分析

第 4 步：数据的导出和保存。

Web of Science 核心合集中，每次最多支持导出 500 条数据。若检索的结果为 5 000 条，那么就需要通过 10 次来导出全部检索结果。具体的导出步骤为：在导出功能区选择"纯文本文件"（用户也可以根据自身的实际需求，将数据导出为 Endnote 等文件格式），进入数据的导出页面（图 2.22）。

图 2.22　数据导出功能区

在数据导出页面中，对导出的参数进行设置。首先，导出前 500 条记录，在"记录"的右侧输入 1 和 500，"记录内容"中选择"全记录与引用的参考文献"，点击"导出"，则可导出前 500 条数据（图 2.23）。按照 CiteSpace 可识别的名称，将数据文件命名为 "download_xxx"。推荐保存为类似"download_1–500"的样式，那么当前所检索结果数据的命名样式就为 download_1–500、download_501–1000、download_1001–1500……download_2501–2980"。

图 2.23　WoS 数据导出页面设置

2.3.2　Scopus 数据采集

Scopus 是隶属于爱思唯尔旗下的数据产品，是目前代表性的新兴索引数据库。在本部分 Scopus 的数据检索和下载案例中，将以下载 2019 年发表在 Safety Science 的论文进行演示。

第 1 步：登录 Scopus 数据库。

登陆 Scopus 数据库后，在默认的检索界面中进行数据检索策略的构建。具体过程为：①在 Safety Science 期刊主页中，获取期刊的国际 ISSN 号；②将检索的字段选择为 ISSN，并在对应的检索框中输入"0925-7535"；③将数据的时间范围设置为 2019。最后点击页面的检索（Search）按钮以获取检索结果列表，如图 2.24 所示。

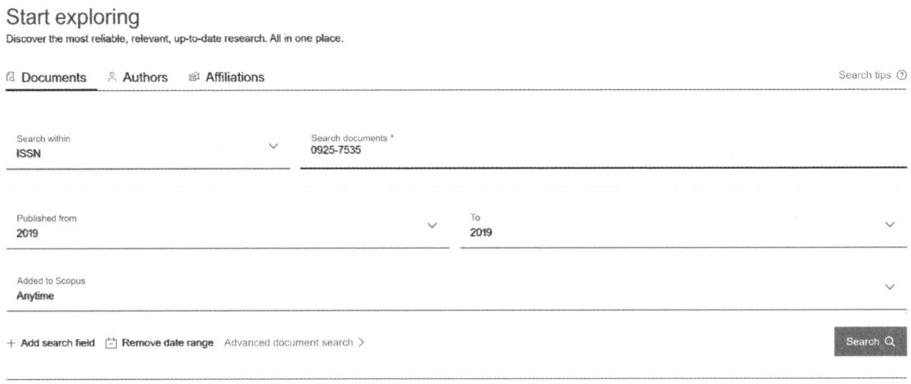

图 2.24　Scopus 主页及其相关设置

第 2 步：数据检索结果与分析。

2019 年 Safety Science 期刊论文的检索结果如图 2.25 所示，共得到 461 篇论文。用户可以在左侧的信息栏中对数据的基本分布进行描述性统计分析或者点击页面中的"Analyze search results"对检索的结果进行可视化分析。

第 3 步：数据的导出。

在检索结果页面上，点击"All"，并选择"Select all"以选取需要下载的数据（图 2.26）。然后，点击界面上的"Export"按钮，进入数据的导出页面。在数据导出页面上，将数据的导出类型选择为 RIS 格式，数据信息所包含的内容选

461 document results

ISSN (0925-7535) AND PUBYEAR = 2019

✎ Edit   🗑 Save   🔔 Set alert

Search within results...

Refine results

Limit to   Exclude

Open Access	∧
☐ All Open Access	(96) >
☐ Hybrid Gold	(29) >
☐ Bronze	(8) >
☐ Green	(79) >

Documents   Secondary documents   Patents

📊 Analyze search results   Show all abstr

☐ All ∨   Export   Download   View citation overview   View cited by   Add to List   •••

		Document title	Authors
☐	1	Pesticide exposure reduction: Extending the theory of planned behavior to understand Iranian farmers' intention to apply personal protective equipment	Rezaei, R., Seid M.

图 2.25 检索结果页面及结果选择

择 "所有可用信息"。最后，点击"Export"以导出数据。数据下载结束后，会得到一个后缀名为 .ris 的文件（图 2.27）。

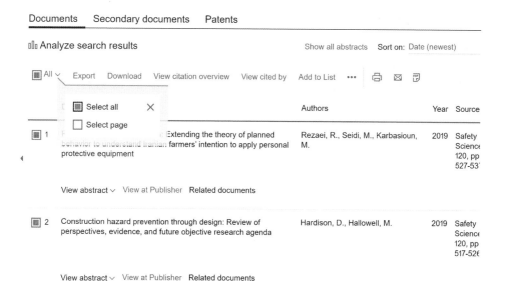

图 2.26 选择所有文献导出（Select all）

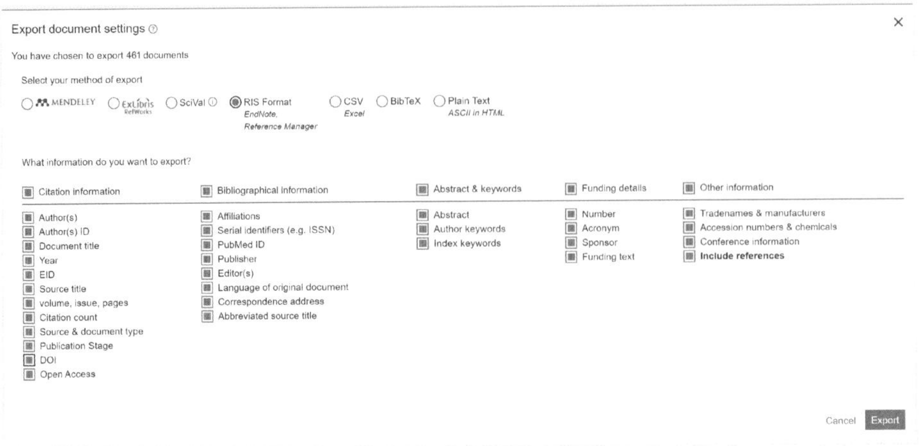

图 2.27　Scopus 数据的导出页面

2.3.3　Derwent 数据采集

第 1 步：登录 Derwent 专利数据库。

登录 Web of Science 数据平台后，选择专利数据库 Derwent Innovations Index，如图 2.28 所示。这里以检索 2019 年专利标题中含有电动车的数据为例。在检索框中输入"Electri* Vehicle*"，并选择标题作为检索字段；时间设定选择"自定义年份范围"，并输入（2019–01–01）和（2019–12–31）。最后，点击"检索"，并按照与导出 Web of Science 论文数据类似的方法来获取所检索的数据。

图 2.28　Derwent 专利数据库首页

第 2 步：检索结果及下载。

检索共得到了满足条件的 10 251 条专利记录（图 2.29）。Derwent 数据下载的位置和方法与 Web of Science 论文数据下载的方法类似，需要在数据导出界面中设置导出的数据范围与记录内容。专利数据每一次可以导出 1 000 条，因此在记录选项的范围位置中输入 1 和 1 000。在"记录内容"位置，用户有三种选择，建议选择"完整记录"，如图 2.30 所示。

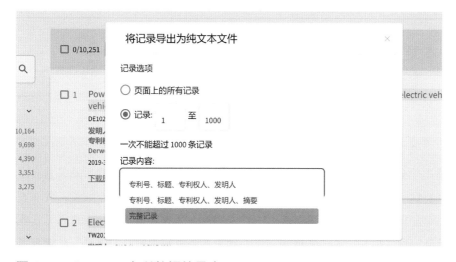

图 2.29　Derwent 专利数据检索结果

图 2.30　Derwent 专利数据的导出

思考题

（1）常见的数据检索方法和技巧有哪些？（请根据自己检索的经验总结。）

（2）使用 CNKI 数据库检索并下载主题为"科学知识图谱"的论文，并简要统计这些论文的年度分布、作者分布、领域分布以及来源期刊等。

（3）使用 CSSCI 检索主题为"经济增长"的文献，并统计分析该研究的数据分布情况。

（4）使用 Web of Science 检索并下载诺贝尔经济学奖获得者约翰·纳什的成果，并利用该平台提供的数据统计分析功能对这位科学家的学术影响进行统计分析。

（5）使用 Derwent 专利数据库检索并下载有关火灾方面的专利，并对自己的检索结果进行评估。（自己选择要检索的主题词，可以是有关火灾的下位词。）

（6）从 Scopus 数据库中下载"near miss"为主题的有关数据，并使用 CiteSpace 进行数据转换。

（7）使用 Web of Science 检索关于安全文化主题的论文，选用两种策略：topic= safety culture 和 topic="safety culture"，时间都限定在 2010—2019 年。请比较两种策略获得数据的基本分布，并进一步使用 CiteSpace 进行分析比较（可以在第 3 讲结束后完整解答）。

本章小提示

小提示 2.1：检索策略的比较。

使用"全文"、"主题"、"篇名"以及"摘要"等字段检索，是目前各个数据库最常用的检索方法。"全文检索"的意思就是所检索的某个词汇只要在整个论文中出现，就会加到检索记录中；"主题检索"通常是指所检索的词汇出现在"标题"或"摘要"或"关键词"中，结果就会被检索到；"篇名"检索就是检索的词汇出现在论文的题目中；"摘要检索"就是所检索的主题词出现在摘要中。当然，从信息检索的查全率和查准率来看，条件限定得越严格，查准率就会越高，查全率会很低；条件限定宽泛，则查全率很高，查准率却会降低。在实际中到底选择哪种策略，需要根据具体情况来定。在检索 CiteSpace 分析的数据时，建议采用比较宽泛的主题进行检索，检索方法通常为主题（Topic）检索。

小提示 2.2：关于获取数据的命名。

CiteSpace 对分析的数据文本命名有特殊要求，文件名必须要命名为"download_xxx"的格式（注意一些情况下 Download 有时不能识别，首字母需要小写）。

例如，从 WoS 数据库下载的数据命名方式如图 2.31 所示。

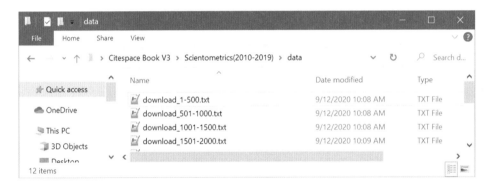

图 2.31　科技文本数据的命名

小提示 2.3：CiteSpace 可分析数据及处理。

CiteSpace 目前可以处理的常用来源数据库见表 2.1，数据类型与可分析的功能见表 2.2。

表 2.1　CiteSpace 可以处理的常用数据库

编号	数据库名称	是否转换	数据处理步骤
1	Web of Science	否	WOS 2 other Software
2	Scopus	是	Data→Import/Export→Scopus
3	CNKI	是	Data→Import/Export→CNKI
4	CSSCI	是	Data→Import/Export→CSSCI
5	Derwent 专利	是	Data→Import/Export→Derwent*
6	CSCD/KCI/RCI	否	——

表 2.2　CiteSpace 可以处理的常用数据源及对应功能

功能 数据源	合作网络			共现分析			共被引			文献 耦合	双图 叠加
	作者	机构	国家/ 地区	关键词	术语	领域	文献	作者	期刊		
WoS	√	√	√	√	√	√	√	√	√	√	√
Scopus ★	√	√	√	√	√	×	√	√	√	√	√
Derwent ★	√	×	×	√	√	√	√	√	×	×	×
CNKI ★	√	√	×	√	×	×	×	×	×	×	×
CSSCI ★	√	√	×	√	√	√	√	√	√	×	×
CSCD	√	√	×	√	√	×	√	√	√	×	×
RCI	×	×	×	√	√	×	×	×	×	×	×
KCI	×	×	×	√	√	×	×	×	×	×	×

×为不能分析的功能，或不推荐分析的功能。★的数据需要经过 CiteSpace 的转换。

小提示 2.4：认识所分析的数据集。

如果在 Web of Science 一共下载了 100 篇论文（施引文献），那么这 100 篇论文的作者可能是 100 的 n 倍，机构可能是 m 倍（这里的 m 或 n 均大于 1）。设这 100 篇论文所刊载的期刊数量为 p，那么可以推断出 p 是小于等于 100 的。这 100 篇论文的参考文献的数量 q 会远远大于 100；假设一篇论文平均有 10 篇参考文献，那么该数据集的参考文献数量就是论文数量的 10 倍。上面的例子说明，我们在使用 CiteSpace 进行分析的时候，所选取的知识单元不同，则对应所分析的数据规模也是不同的。

小提示 2.5：CSSCI 数据下载的限制。

在中国社会科学引文索引中，每次检索显示的记录数最多为 2 000 条，每次可以下载的数据量为 400 条。当检索的记录数超过 2 000 条时，用户可以通过时间分段进行分时检索，以下载所有的数据。

小提示 2.6：WoS 数据不能进行文献共被引的问题。

WoS 下载数据时的输出页面上，其记录内容（Record Content）一定要选择全记录与引用的参考文献（Full Record and Cited Reference），否则将无法进行共被引分析。

小提示 2.7：快速清晰地查看下载的数据。

如果已经下载了数据，还想比较快和清晰地了解数据的结构，那么这里建议不要使用常规的 txt 文本编辑器打开文件，可以使用 Notepad++ 或 sublimetext 文档编辑器来查看。使用该文档编辑器不仅打开文档的速度快，而且数据结构也是一目了然（图 2.32）。

图 2.32　NotePad++ 文档编辑器对数据的查看

小提示 2.8：CiteSpace 数据转换思路。

CSSCI 论文数据转换前后的对比，如图 2.33 所示。也就是说，无论是 Scopus 数据，还是 CNKI 数据，为了能够顺利使用 CiteSpace 进行分析，都需要在分析之前将原始数据转换为 CiteSpace 能够分析的数据格式。当前 CiteSpace 可以直接分析的数据格式为 Web of Science 格式，因此用户在分析一些非 Web of Science 数据格式的资料时可以通过编程进行数据的转换。

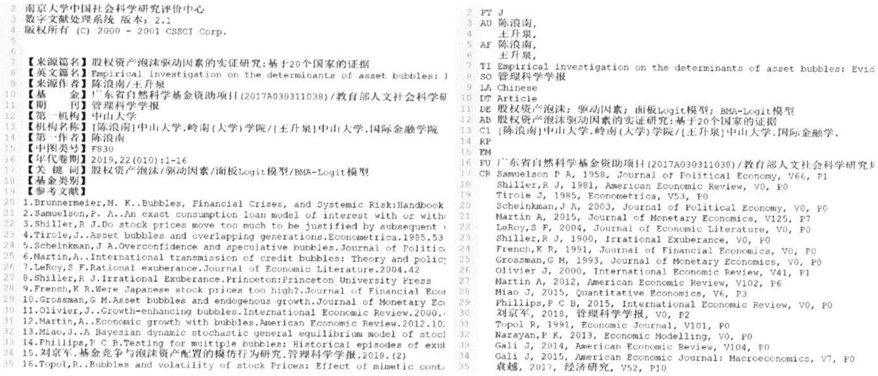

```
南京大学中国社会科学研究评价中心
数字文献处理系统 版本：2.1
版权所有 (C) 2000 - 2001 CSSCI Corp.


【来源篇名】股权资产泡沫驱动因素的实证研究:基于20个国家的证据
【英文篇名】Empirical investigation on the determinants of asset bubbles: I
【来源作者】陈浪南/王升泉
【基    金】广东省自然科学基金资助项目(2017A030311038)/教育部人文社会科学研
【期    刊】管理科学学报
【第一机构】中山大学
【机构名称】[陈浪南]中山大学.岭南(大学)学院/[王升泉]中山大学.国际金融学院
【第一作者】陈浪南
【中图类号】F830
【年代卷期】2019,22(010):1-16
【关 键 词】股权资产泡沫/驱动因素/面板Logit模型/BMA-Logit模型
【基金类别】
【参考文献】
1.Brunnermeier,M. K..Bubbles, Financial Crises, and Systemic Risk:Handbook
2.Samuelson,P. A..An exact consumption loan model of interest with or with
3.Shiller,R J.Do stock prices move too much to be justified by subsequent 
4.Tirole,J..Asset bubbles and overlapping generations.Econometrica.1985.53
5.Scheinkman,J A.Overconfidence and speculative bubbles.Journal of Politic
6.Martin,A..International transmission of credit bubbles: Theory and polic
7.LeRoy,S F.Rational exuberance.Journal of Economic Literature.2004.42
8.Shiller,R J.Irrational Exuberance.Princeton:Princeton University Press
9.French,K R.Were Japanese stock prices too high?.Journal of Financial Eco
10.Grossman,G M.Asset bubbles and endogenous growth.Journal of Monetary Ec
11.Olivier,J..Growth-enhancing bubbles.International Economic Review.2000.
12.Martin,A..Economic growth with bubbles.American Economic Review.2012.10
13.Miao,J..A Bayesian dynamic stochastic general equilibrium model of stoc
14.Phillips,P C B.Testing for multiple bubbles: Historical episodes of exu
15.刘京军.基金竞争与泡沫资产配置的模仿行为研究.管理科学学报.2018.(2)
16.Topol,R..Bubbles and volatility of stock Prices: Effect of mimetic cont
```

```
PT J
AU 陈浪南,
   王升泉,
AF 陈浪南,
   王升泉,
TI Empirical investigation on the determinants of asset bubbles: Evid
SO 管理科学学报
LA Chinese
DT Article
DE 股权资产泡沫; 驱动因素; 面板Logit模型; BMA-Logit模型
AB 股权资产泡沫驱动因素的实证研究:基于20个国家的证据
C1 [陈浪南]中山大学.岭南(大学)学院/[王升泉]中山大学.国际金融学.
RP
EM
FU 广东省自然科学基金资助项目(2017A030311038)/教育部人文社会科学研究
CR Samuelson P A, 1958, Journal of Political Economy, V66, P1
   Shiller,R J, 1981, American Economic Review, V0, P0
   Tirole J, 1985, Econometrica, V53, P0
   Scheinkman,J A, 2003, Journal of Political Economy, V0, P0
   Martin A, 2015, Journal of Monetary Economics, V125, P7
   LeRoy,S F, 2004, Journal of Economic Literature, V0, P0
   Shiller,R J, 1900, Irrational Exuberance, V0, P0
   French,K R, 1991, Journal of Financial Economics, V0, P0
   Grossman,G M, 1993, Journal of Monetary Economics, V0, P0
   Olivier J, 2000, International Economic Review, V41, P1
   Martin A, 2012, American Economic Review, V102, P6
   Miao J, 2015, Quantitative Economics, V6, P3
   Phillips,P C B, 2015, International Economic Review, V0, P0
   刘京军, 2018, 管理科学学报, V0, P2
   Topol R, 1991, Economic Journal, V101, P0
   Narayan,P K, 2013, Economic Modelling, V0, P0
   Gali J, 2014, American Economic Review, V104, P0
   Gali J, 2015, American Economic Journal: Macroeconomics, V7, P0
   袁越, 2017, 经济研究, V52, P10
```

图 2.33 CSSCI 论文数据转换前后的对比

小提示 2.9：数据采集过程中如何确定专业术语。

在确定专业术语时，可以通过以下方法：

① 查看专业领域的主题词表。如常用的《汉语主题词表（工程技术卷第 13 册环境科学安全科学）》、MeSH 主题词列表[1]以及 Nuclear Science Terms[2]。

② 通过咨询本领域的专家和阅读专业内的相关论文，来帮助确定检索术语。

[1] MeSH 主题词列表：http://www.nlm.nih.gov/mesh.

[2] Nuclear Science Terms.：http://ie.lbl.gov/education/glossary/glossaryf.htm.

软件安装及界面功能

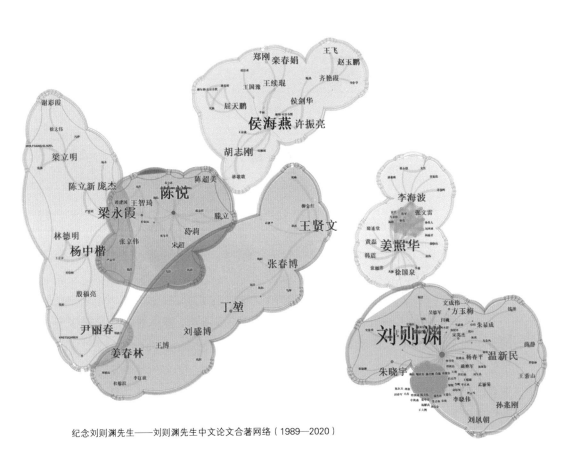

纪念刘则渊先生——刘则渊先生中文论文合著网络（1989—2020）

3.1 CiteSpace 下载与安装

CiteSpace 软件是基于 Java 环境开发的，因此在下载和安装 CiteSpace 之前，用户必须先安装 Java 软件，以确保所下载的 CiteSpace 软件能够在 Java 环境下正常运行。为了下载 Java 软件，用户需要访问 Java SE Runtime 下载页面（如图 3.1 所示）。在下载界面中，我们需要根据所使用电脑的位数来确定下载 Java 的版本。用户可以直接右击桌面"我的电脑（ThisPC）"图标，点击"属性"（Properties）查看电脑位数（图 3.2）。例如，在图 3.2 中，我们所查询的电脑为 64–bit，因此在图 3.1 中需要下载 64 位（Windows X64）的 Java 软件。在图 3.1 中，点击 jre–8u261–windows–i586.exe 链接即可下载 Java 软件。下载后，双击并按照提示完成 Java 软件安装。

Product / File Description	File Size		Download
Windows x86 Online	1.99 MB		jre-8u261-windows-i586-iftw.exe
Windows x86 Offline	69.61 MB	32位电脑下载	jre-8u261-windows-i586.exe
Windows x86	68.4 MB		jre-8u261-windows-i586.tar.gz
Windows x64	79.19 MB	64位电脑下载	jre-8u261-windows-x64.exe
Windows x64	73.68 MB		jre-8u261-windows-x64.tar.gz

图 3.1 Java SE Runtime 下载页面

注：Java SE Runtime 下 载 地 址：https://www.oracle.com/java/technologies/javase–jre8–downloads.html.

在成功安装 Java 后，可以按照下面的步骤下载和安装 CiteSpace 软件。

第 1 步：登陆 CiteSpace 的下载页面，如图 3.3 所示。图中 Name 显示了不同版本的 CiteSpace 软件及其失效期，例如：5.7.R1 (expires June 30, 2021) 表示软件的版本为 5.7.R1，将于 2021 年 6 月 30 日过期。Modified 表示对应的版本进行更新的日期（例如，图中的更新日期为 2020 年 6 月 21 日），Downloads 表示用户下载 CiteSpace 的情况。

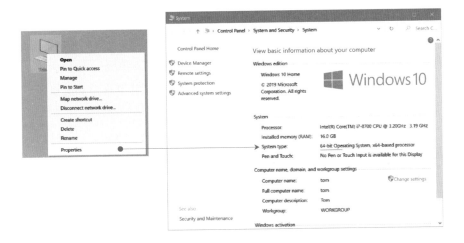

图 3.2　电脑位数查询

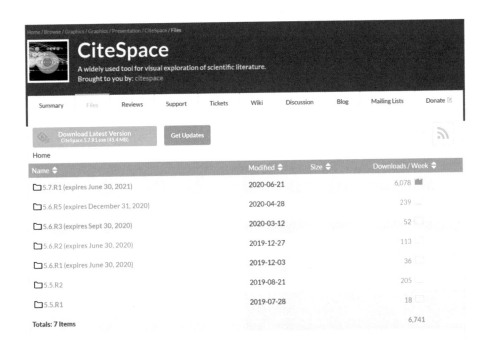

图 3.3　CiteSpace 下载页面

CiteSpace 软件的下载地址：https://sourceforge.net/projects/citespace/。

第 2 步：在 CiteSpace 的下载界面中，点击 5.7.R1 (expires June 30, 2021)

链接，会跳转到该版本的文件夹（图 3.4）。CiteSpace 提供了三种不同的文件格式，分别为 CiteSpace.5.7.R1.exe、5.7.R1.7z 和 5.7.R1.zip。用户可以根据个人的偏好，选择下载不同的文件格式。例如，这里以下载 exe 格式的 CiteSpace 软件为例，点击 CiteSpace.5.7.R1.exe 后，将开始下载 CiteSpace 软件并要求用户选择所下载的位置（图 3.5）。

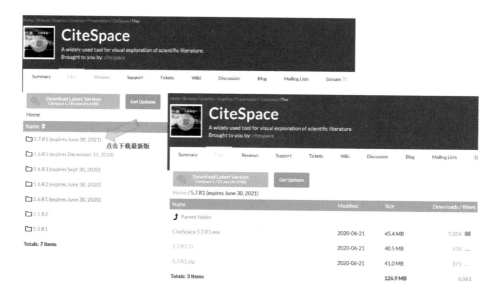

图 3.4　CiteSpace 软件的下载

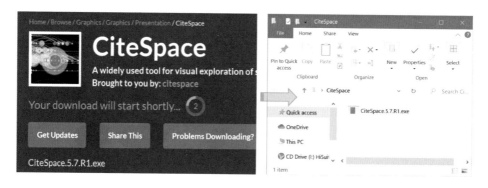

图 3.5　CiteSpace 软件的下载

第 3 步：在确保电脑联网的前提下，双击 CiteSpace.5.7.R1.exe 运行 CiteSpace 软件。运行后，CiteSpace 会在线下载和配置相关文件（图 3.6），用户只需要按照提示点击 ok，并直至所有相关文件下载完为止。

CiteSpace 安装完成后，会自动打开，如图 3.7。在 CiteSpace 正确安装后，会在"我的文档"中生成一个".citespace"，这个文件就是 CiteSpace 在线下载和配置的文件夹。在今后的数据分析中，若 CiteSpace 运行出现了明显的问题，可以整体删除".citespace"文件，然后在联网的前提下点击 CiteSpace.5.7.R1.exe 重新安装 CiteSpace。

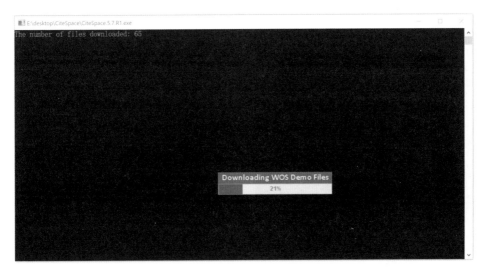

图 3.6　CiteSpace 下载的完成与安装

在 CiteSpace 欢迎界面中，显示了软件的开发者陈超美教授提供的关于 CiteSpace 或科学知识图谱的最新资讯、系统的基本信息（即 System Information，包含了软件的版本、系统的版本以及 Java 的版本）、关于 CiteSpace 的关键文献（Key Publications）以相关机构对 CiteSpace 的资助信息（Acknowledgements）。

此外，若用户下载的 CiteSpace 文件是 7z 或者 zip 格式，用户在使用前首先要解压该文件，然后运行 StartCiteSpace_Windows.bat 或 CiteSpaceV.jar，以开始 CiteSpace 软件的在线安装和配置。在首次完成 CiteSpace 的文件配置后，在之后的使用中，直接点击 CiteSpace.5.7.R1.exe、StartCiteSpace_Windows.bat 或者 CiteSpaceV.jar，即可直接打开 CiteSpace。

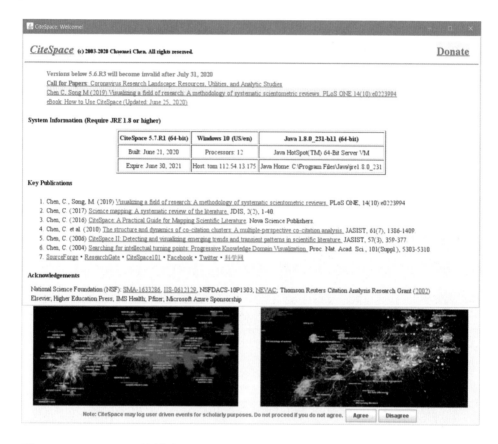

图 3.7　CiteSpace 软件欢迎界面

3.2　CiteSpace 案例数据

第 1 步：在欢迎界面下，点击 Agree，进入软件的功能参数区（图 3.8）。

第 2 步：在功能参数区中，CiteSpace 提供的默认演示案例是 Demo 1：terrorism（1996—2003）。点击 Go 可以直接对该案例进行文献的共被引分析。运行结束后，软件会提示用户选择"Visualize"（可视化）、SaveAsGraphML（保存为 GraphML 格式文件）或者 Cancel（取消数据分析），结果如图 3.9 所示。这里点击 Visualize，以对数进行可视化。

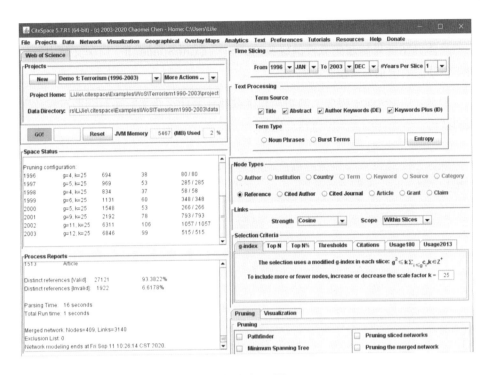

图 3.8　CiteSpace 首次运行的基本信息配置

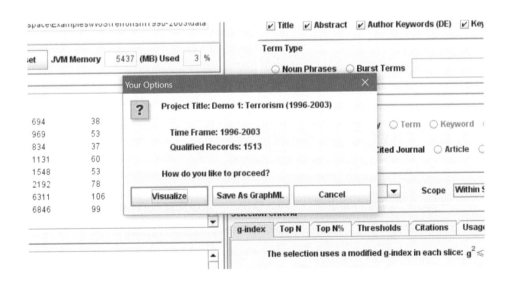

图 3.9　CiteSpace 数据分析及提示

第 3 步：点击 Visualize 后，得到可视化结果，如图 3.10 所示。关于这个案例的具体介绍参见陈超美教授的经典论文——《CiteSpace Ⅱ：科学文献中新趋势与新动态的识别与可视化》❶。

那么，CiteSpace 界面上的功能和参数都代表什么含义？还有哪些可视化形式和技巧？下面详细为大家进行介绍。

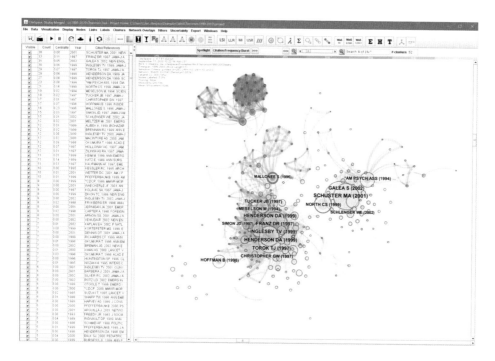

图 3.10　CiteSpace 初次运行的网络可视化结果

3.3　CiteSpace 界面及功能

CiteSpace 的功能界面主要分为两大模块：一是最先进入的 CiteSpace 功能与参数设置区域（如图 3.9），二是 CiteSpace 对分析结果的可视化界面（如图 3.10 所示）。

---

❶　Chen C.CiteSpace　Ⅱ：Detecting and visualizing emerging trends and transient patterns in scientific literature [J].Journal of the Association for Information Science and Technology, 2006, 57(3):359–377.

3.3.1 功能参数区

功能参数区是 CiteSpace 对数据处理的重点区域，只有对这个区域的一些功能认识正确，才能有效地保证后续结果的准确性。

a) 功能参数菜单栏。

首先，对功能参数区界面的菜单栏进行说明。菜单栏中包含有 File（文件）、Project（项目）、Data（数据）、Network（网络）、Visualization（可视化）、Geographical（地理化）、Overlay Maps（图层叠加）、Analytical（分析）、Text（文本）、Preferences（偏好）以及 Help（帮助）。

File（文件）菜单中的功能可以用来打开登录文件（Open Logfile）、保存当前项目的参数（Save Current Parameters）以及移除已经建立的词集（Remove Alias）等，如图 3.11 所示。

图 3.11　文件菜单

Project（项目）可以用来下载不同数据源（例如：Scopus、CNKI 以及 CSSCI 等）的案例数据、项目导入格式查看（Info: Project Import Format）、导入项目功能（Import Project）和列出已经建立的项目（List Projects）功能，如图 3.12 所示。

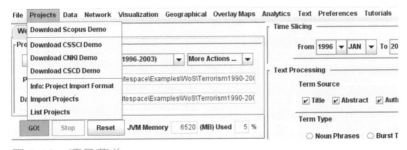

图 3.12　项目菜单

Data（数据）主要用于数据的导入和导出（包含数据的 MySQL 管理、各种数据库数据的转换处理），如图 3.13 所示。

Network（网络）主要用于对网络文件的可视化，如图 3.14 所示。其中主要包含对 .net 文件，GraphML 以及 Adjacency List 的可视化。此外，Batch Export to Pajek.net Files 提供了一次性生成一个按照时序保存的 Pajek 文件，并在生成时序网络文件后，自动打开 Map Equation 在线平台，以辅助网络桑基图的绘制。

图 3.13　数据菜单

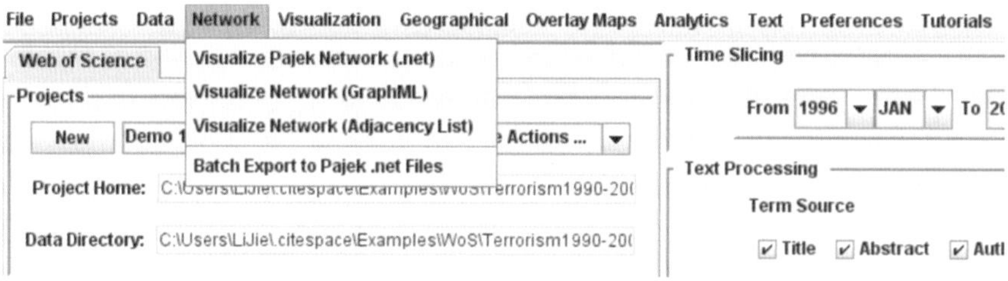

图 3.14　网络菜单

Visualization（可视化），主要用来打开 CiteSpace 分析得到可视化文件（包含 Open Saved Visualization 和 Open Slice Image File），如图 3.15 所示。

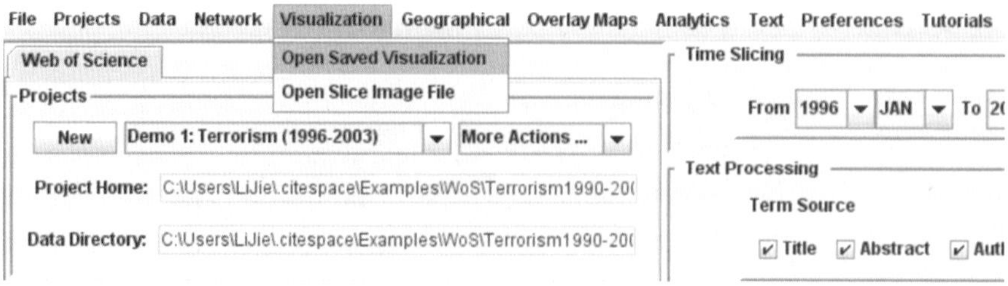

图 3.15　可视化菜单

Geographical（地理化），主要用于对数据地理信息的可视化分析，如图 3.16 所示。有关地理可视化的案例将在本书第 5 讲中详细介绍。

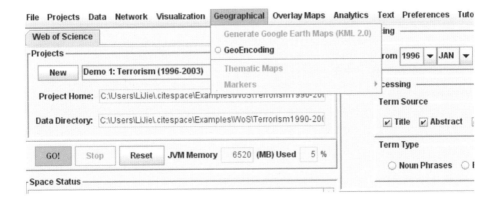

图 3.16 地理可视化菜单

Overlay Map（图层叠加），用来实现期刊的双图叠加分析，如图 3.17 所示。关于期刊双图叠加分析的案例将在第 7 讲中详细介绍。

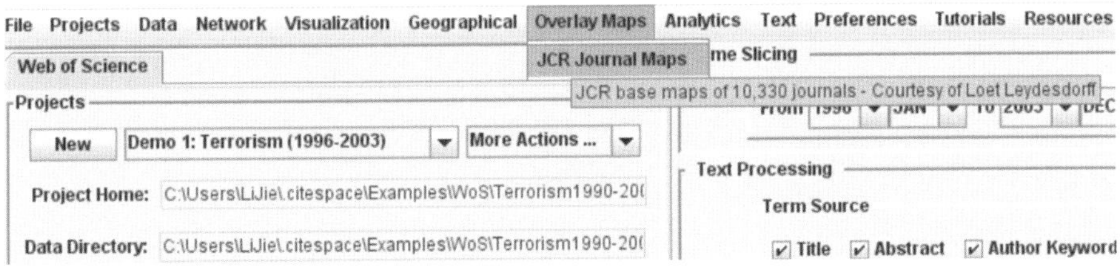

图 3.17 期刊双图叠加菜单

Analytics（分析），菜单栏主要包含作者的合作分析（COA，Coauthorship Network）、作者的共被引分析（ACA，Author Co–Citation Analysis）、文献的共被引分析（DCA，Document Co–Citation Analysis）、期刊的共被引分析（JCA，Journal Co–citation Analysis）以及结构变异分析（SVA，Structure Variation Analysis）等功能（图 3.18）。这些分析将在本书第 4 讲和第 5 讲中详细介绍。

Text（文本），主要是 CiteSpace 对文本文件处理的一些高级功能，如概念树＋谓词树（Concept/Predicate Trees）、全文挖掘等功能（图 3.19）。Text 模块的功能是独立于网络可视化窗口的，将在本书第 7 讲中给出例子并详细介绍。

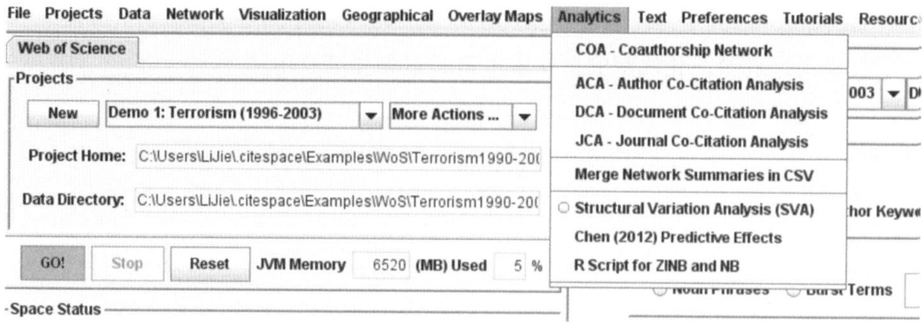

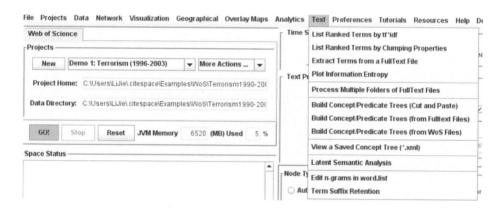

图 3.18　分析菜单

图 3.19　文本处理菜单

Preferences（偏好），是对用户使用 CiteSpace 相关功能的偏好设置，如图 3.20。其中 Defer the Calculations of Centrality 为中介中心性的计算设置，CiteSpace 默认网络的节点数量大于 500 时，将关闭节点中介中心性的计算功能。此时，用户需要在网络可视化界面中，依次点击菜单栏中 Nodes→Compute Node Centrality 来手动计算网络节点的中介中心性。用户也可以在该界面下设置计算中介中心性的节点数量，或者不限制节点的数量。此外，它还包含 Show/Mute Visualization Window 和 Chinese Encoding for CNKI or CSSCI，其中 Chinese Encoding for CNKI or CSSCI 是在分析中文数据时需要选中的功能。

Tutorials（教程），包含了 CiteSpace 的四个 CiteSpace 入门的视频指导，分别是从 WoS 数据库采集数据、Citespace 启动与基础功能、Scopus 数据分析和期刊的双图叠加的分析，如图 3.21 所示。

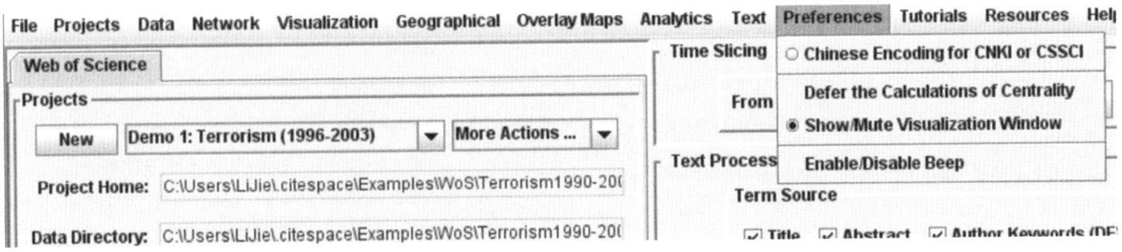

图 3.20　偏好设置菜单

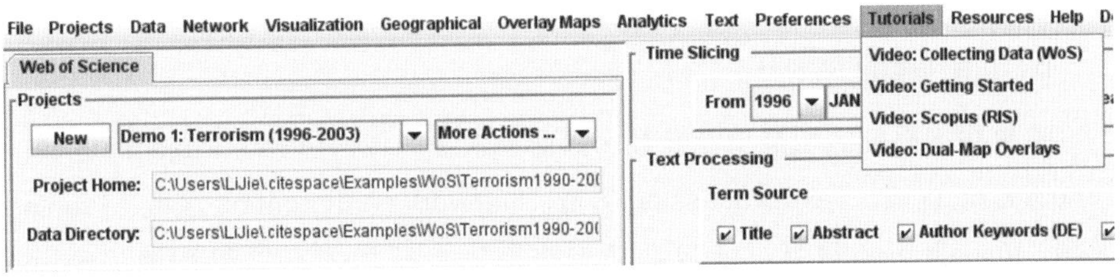

图 3.21　教程菜单

Resources（资源）菜单，主要是关于 CiteSpace 主页和其他知识图谱工具主页的链接，用户可以在这里迅速链接到其他工具的主页，如图 3.22 所示。

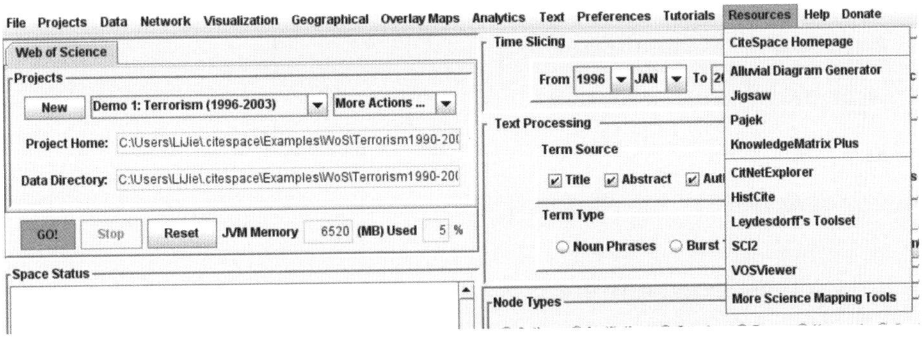

图 3.22　资源菜单

Help（帮助），包含 CiteSpace 主页链接、pdf 版的英文手册链接、术语表以及更新记录等，如图 3.23 所示。

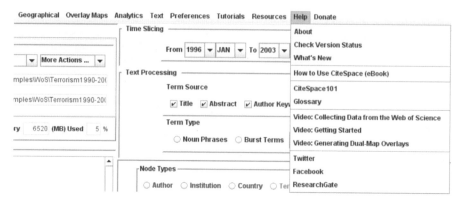

图 3.23　帮助菜单

b）功能参数区域划分。

菜单栏下面的区域是功能参数区界面的快捷区域，包含了 Projects 区域、Time Slicing 区域、Text processing 区域、Network configuration 区域、Pruning 区域、Visualization 区域，还包含只有在数据运行后才有结果反馈的 Space Status 区域和 Process Report 区域。

（1）Projects 功能和参数区。Projects 区域主要是新项目的建立（New）、编辑（Edit properties）和删除（Remove）区域（图 3.24）。

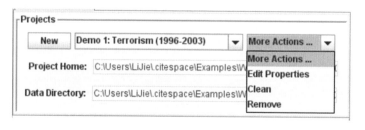

图 3.24　CiteSpace 的工程项目工程区

（2）Time Slicing 功能和参数区。Time Slicing 区域主要功能是对将要分析的数据进行时区分割（图 3.25），如分析的时间是 2001—2010 年，默认为 1 年一分割，就有 10 个分段，如果 2 年一分割就有 5 个分段。CiteSpace 还提供了按照每月来切分数据的功能，这主要是用来处理在短期内某一研究发表过度集中的问题。例如，在 2019 年底新型冠状病毒爆发后，2019 年 12 月至今（2020 年 11 月）发表了大量的论文，这时我们就可以月份数据为时间切片对象进行分析。

图 3.25　CiteSpace 数据的时间分割

（3）Text Processing 功能和参数区。Text Processing 区域的主要功能包含
Term Source 和 Term Type（图 3.26）。Term Source 用于选择 Term 提取的位
置，包含 Title（标题）、Abstract（摘要）、Author Keywords（DE，作者关键词）
以及 Keywords Plus（ID，WoS 增补关键词）。Term Type 是对共词分析类型的
补充分析，在构建基于 Terms 的共词网络时，首先要选择 Noun Phrase 来提取
名词性术语，然后选中 NodeTypes 中的 Terms 来构建共词网络。此外，在 Text
Processing 中也可以对主要的名词术语进行突发性探测（Burst Detection）和熵
值变化分析（Entropy）。

图 3.26　CiteSpace 文本处理功能区

CiteSpace 中的 Information Entropy（或称 Shannon Entropy，译为信息熵），
最早由香农提出（Shannon Claude E, 1948），在 CiteSpace 中基于提取的名词
性术语以计算信息熵的变化。例如，图 3.27 展示了通过 CiteSpace 分析得到的国
际恐怖主义研究的信息熵的变化。在信息熵的变化曲线中，明显的能够得到两次
具有很大影响力的恐怖袭击引起了熵的剧烈增加。

信息熵的计算公式如下：

$$H(X) = -\sum_{i=1}^{n} p(x_i) \log_b p(x_i)$$

式中：$p(x_i)$ 表示 i（$i=1,2,3,\cdots n$）出现的概率。在这里，b 是对数所使用的底，
通常取 2，自然常数 e，或是 10。当 $b = 2$，熵的单位是 bit（比特）；当 $b = e$，
熵的单位是 nat（纳特）；而当 $b = 10$，熵的单位是 Hart（哈特）。

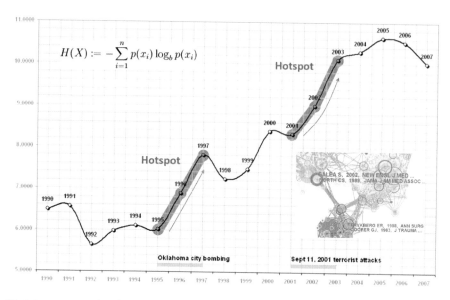

图 3.27　1900 年到 2007 年上半年恐怖主义研究文献的信息熵变化

（4）Network Configuration 功能和参数区。Network Configuration 的主要功能是对网络参数的设置，包含 Node Types（网络的类型）、Links（网络节点的关联强度）以及 Selection Criteria（提取节点准则的选择）。在 CiteSpace 中共提供了 13 个节点类型（作者、机构、国家 / 地区、术语、关键词、来源出版物、领域、被引文献、被引作者、被引期刊、施引文献、基金等），在以上选项中一些节点类型还可以与其他节点类型复合选择（图 3.28）。这样一来 CiteSpace 提供的网络分析种类相比其他软件而言要更加丰富。

① CiteSpace 中分析的网络类型（图 3.29）。

在节点类型中，Author（作者）、Institution（机构）以及 Country（国家）用来进行科研合作分析（Co-authorship），主要差异在于它们所分析的科研合作网络的主体粒度不同（可以分别理解为微观的合作、中观的合作和宏观的合作）。此外，在 CiteSpace 中，允许用户同时选择多个节点。例如，在 Nodetypes 中可以同时选中 Author 和 Institution，这样就能对作者和机构合作的混合网络进行分析。Term 是术语的共现分析功能，是对从施引文献的标题、摘要、关键词和索引词位置所提取的名词性术语的分析；Keyword 是对关键词共现的分析（默认既包含作者关键词，也包含补充关键词）。Term 和 Keyword 是两种不同的共词分析方法（Co-words），在实际的分析中需要注意。Category 是对科学领域的共

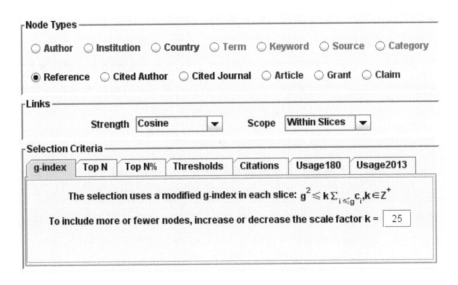

图 3.28　网络配置功能区

图 3.29　CiteSpace 中分析的网络类型

现分析（Category Co-occurrence），这种分析有助于用户了解对象文本在科学领域中的分布情况。Reference 是文献的共被引功能，Cited Author 是作者的共被引分析功能，Cited Journal 是期刊的共被引分析功能。Article 是施引文献的耦合分析功能，Grant 是对研究基金的分析（需要注意，Web of Science 从 2008年开始才增加了资助基金的数据，因此在分析的时候注意不要对 2008 年之前的数据进行基金分析）。

在 CiteSpace 生成的各种图谱中，节点和连线的含义是不同的。在作者合作图谱中，节点大小表示作者、机构或者国家／地区发表论文的数量，它们之间的连线反映合作关系及其强度。在论文主题、关键词以及科学领域的共现图谱中，节点的大小代表它们出现的频次，它们之间的连线表示共现关系和强度。在共被引图谱中，节点的大小反映了文献、作者或者期刊的被引次数。在文献的共被引网络中，节点大小反映了单个文献的被引次数；作者的共被引网络中，节点的大小反映了作者的被引次数；期刊的共被引网络中，节点大小反映了期刊被引次数。在文献耦合网络中，一个节点代表一篇论文（施引文献），节点的大小代表了施引文献的被引次数，节点之间的连线反映了耦合关系。

② CiteSpace 中知识单元关系强度的计算。

Links 参数主要用于网络节点关联强度的计算（在处理过程上往往可以认为是共现矩阵的标准化过程），CiteSpace 提供了三种用于计算网络中连接强度的方法，分别为 Cosine，Jaccard 和 Dice 方法。在实际的使用中，多使用软件默认的 Cosine 方法。至于哪种标准化方法得到的结果更好？这里不好下结论。例如，在 VOSviewer 中，默认使用关联强度进行标准化，且不提供 Cosine 标准化方法。三种连接强度的计算方法如下：

Cosine 算法：

$$\mathrm{Cosine}(c_{ij},\ s_i,\ s_j) = \frac{c_{ij}}{\sqrt{s_i s_j}}$$

Jaccard 算法：

$$\mathrm{Jaccard}(c_{ij},\ s_i,\ s_j) = \frac{c_{ij}}{s_i + s_j - c_{ij}}$$

Dice 算法：

$$\mathrm{Dice}(c_{ij},\ s_i,\ s_j) = \frac{2c_{ij}}{s_i + s_j}$$

这些标准化后的数值都在 0 到 1 的之间，其中 c_{ij} 为 i 和 j 的共现次数，s_i 为 i 出现的频次，s_j 为 j 出现的频次。

在科学知识网络的分析中，知识单元的相似性测度（或称知识单元矩阵的标准化）多是基于集合论方法（set-theoretic similarity measures）。这种测度方法的广义相似性指数（generalized similarity index）表示公式为（Eck N J, Waltman L, 2009）：

$$S_G(c_{ij},\ s_i,\ s_j;\ p) = \frac{2^{1/p} c_{ij}}{(s_i^p + s_j^p)^{1/p}}$$

式中，p 为 $\mathbb{R} \setminus \{0\}$，$0 \leqslant S(c_{ij}, s_i, s_j; p) \leqslant 1$。

当上式中 $p \to 0$ 时，那么得到的公式就为 Cosine 的标准化公式；当 $p=0$ 时，那么得到的公式就为 Dice 标准化公式。此时的 Jaccard 算法与广义相似性系数的关系可以表示为：

$$S_G(c_{ij},\ s_i,\ s_j;\ 1) = \frac{2\mathrm{Jaccard}(c_{ij},\ s_i,\ s_j)}{\mathrm{Jaccard}(c_{ij},\ s_i,\ s_j) + 1} = \mathrm{Dice}(c_{ij},\ s_i,\ s_j)$$

在 CiteSpace 中可以将这些相似性算法用于"时间切片内（Within Slices）"或"时间切片之间（Across Slices）"，CiteSpace 默认的 Scope 选项为 Within Slices（如图 3.30 所示）。

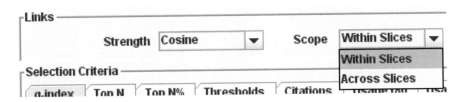

图 3.30　标准化的作用范围（Scope）

③ CiteSpace 数据提取的阈值设定方法。

Selection Criteria 功能区用来设定在各个时间段内所提取对象的数量。共包含 7 个选项，其中 Top N per slice 的意思是提取每个时间切片内的对象的数量。例如在分析作者合作网络时，这里的 N 设定为 50，意思就是提取每个时间切片内出现频次排名前 50 位的作者。Top N% 就是提取每个时间切片中排名前 N% 的对象。Usage 180 为近 180 天内全文的访问次数或保存该记录的次数。U2013 为 2013 年 2 月 1 日至今全文的访问次数，或保存该记录的次数。

g-index（Egghe L，2006）是软件默认的知识单元提取方式。该算法是在增加规模因子 k 的基础上，按照修正后的 g 指数排名抽取知识单元。具体的计算方法如下式：

$$g^2 \leqslant k \sum_{i \leqslant g} c_i,\ k \in Z^+$$

式中，k 为规模因子，推荐使用 10，20，30，…来进行尝试。

Thresholds 方法通过设定前中后三个时间段 c（出现频次或被引频次）、cc（共现频次或共被引频次）以及 ccv（共现率或共被引率）的阈值来提取数据，即数据的起始、中间和结尾按照 c、cc 和 ccv 赋值，其余使用线性内插值算法处理（图3.31）。

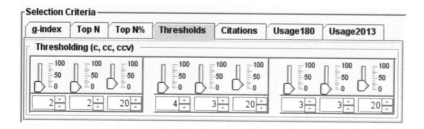

图 3.31　　Thresholds 的参数设置

　　CiteSpace 中给定三个时间默认的参数值为：（2，2，20），（4，3，20），（3，3，20）。ccv 是利用余弦函数得到的一个标准化值，默认值为 0.2（软件界面上显示为 20）。对于这三个时间节点的 3 个参数的设置，用户需要根据自己所分析数据的实际情况来定。

　　ccv 与 c 和 cc 三者的关系如下：

$$ccv(i,\ j) = \frac{cc(i,\ j)}{\sqrt{c \cdot c(j)}}$$

　　其中，c 代表最低被引或者出现频次，cc 代表本时间切片中共现或者共被引频次，ccv 表示共现率或者共被引率。

　　在使用 CiteSpace 进行数据分析时，阈值的选择至关重要。由于每一位用户所使用的数据具有独特性（数据的来源领域不同、数据的时间分布不同、数据的规模不同、数据来源不同、提取的知识单元不同等），CiteSpace 提供的默认参数或许不能得到满意的可视化结果。建议用户在分析自己的数据时，首先采用CiteSpace 默认的参数跑一遍数据，然后根据具体的情况来调整不同的参数。

　　Citations 的功能用来提取施引文献的引证分布，然后根据引证的范围来筛选参与数据分析的样本数据（图 3.32）。使用该功能的基本步骤是：依次点击Citations→Use TC Filter→Check TC Distribution 得到施引文献的引证分布结果，0–211 表明所分析的论文的被引频次最低为 0，最高为 211。分析的结果中，TC 全称为 Time Cited 即被引次数；Freq 是指在某个被引次数下的文献数量；Accum.% 是指该频次对应的累计百分比。此时，用户可以选中 Use TC Filter，并输入筛选参数。例如图 3.32 这里为 1–211，表示仅仅选取被引频次范围为 1–211的施引文献来进行数据分析。参数设置结束后，点击 Continue。然后再配合前几种分析方法绘制文献网络，得到的结果会与不采用该方法的结果有一定差异（如图 3.33 所示）。

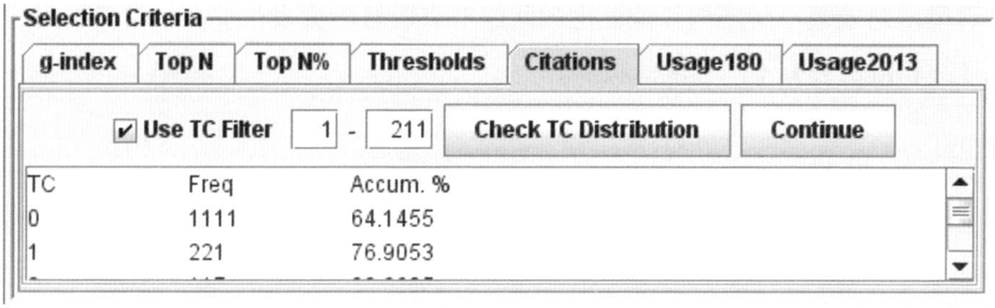

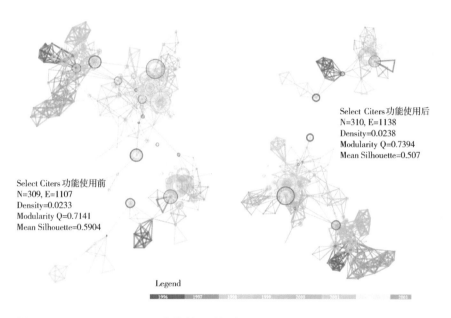

图 3.32　Select Citers 文献筛选方法

图 3.33　Select Citers 功能使用前后

（5）Pruning参数和功能区。Pruning区域是网络的裁剪功能区，如图3.34
所示。当网络比较密集时，可以通过保留重要的连线来提高网络可读性。建议在
初步分析阶段不要对网络进行裁剪。如果初步分析的可视化结果需要剪裁（网
络太密，重点不突出），那么再选择不同的剪裁方法进行测试。该模块主要有
两种网络剪裁方法，分别为 Minimum Spanninng Tree（MST，最小树法）和
Pathfinder Network（PFNET，寻径网络）。最小生成树的思路是通过原始图 G，
来构造一个包含所有顶点、权值之和最小的生成树。寻径网络算法最早是认知心
理学家为了建模而开发的一种方法，依据三角不等式原则在邻近的网络中选取显
著的关系。需要注意的是，两种网络剪裁方法作用的对象是网络中的连线，因此

经过寻径网络或最小生成树算法处理的网络节点数量不会发生变化，仅仅是网络中的连线和数量会有不同程度的减少。

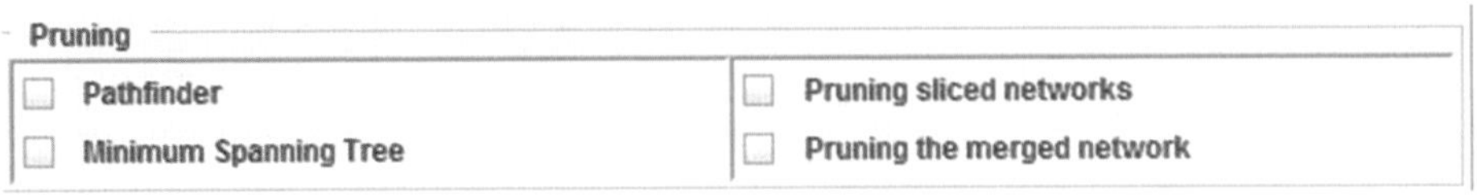

Pruning	
☐ Pathfinder	☐ Pruning sliced networks
☐ Minimum Spanning Tree	☐ Pruning the merged network

图 3.34　网络裁剪功能区

无论是采用最小树方法还是寻径网络方法，都是为了突出网络的重点，对网络中的连线进行裁剪，以降低网络的密度，提高网络的可读性。寻径网络的结构主要由参数 r 和 q 来确定，r 为基于闵可夫斯基距离（Minkowski distance）测度网络中节点连接路径的长度。当 $r = 2$ 时，距离测度就是常见的欧氏距离（Euclidean distance）；$r \to \infty$ 时路径的权重为其组分链接的最大权重，即最大距离。当给定一个测度空间，三角不等式关系定义为：

$$w_{ij} \leq \left(\sum\nolimits_k w^r_{n_k n_{k+1}} \right)^{1/r}$$

其中，w_{ij} 表示节点 i 与节点 j 之间的链接权重；$w_{n_k n_{k+1}}$ 表示节点 n_k 和 $n_{(k+1)}$ 之间的链接权重，这里的 $k=1,2,3,\cdots,m$。特别地，当 $i=n_1$，$j=n_k$ 时，i 和 j 之间的备选路径将通过所有节点（$n_1,n_2,n_3,\cdots,n_k$），每一个中间连接（intermediate links）都属于该网络。如果 w_{ij} 比备选路径的权重大，那么 i 与 j 之间的直接路径就违反了不等式的条件，此时，i 与 j 之间的连接将被移除（Remove）。

q 参数为在备选路径中满足三角不等式的最大链接数量。q 值可以设定为 $[2,N–1]$ 之间的任意整数，其中 N 表示网络中的节点数量。当 $r \to \infty$ 且 $q=N–1$ 时，网络寻径算法达到最大裁剪能力。

按 CiteSpace 的设计，所处理的是一个网络序列（比如每年一个网络），最后产生合并后的网络，这样用户既可以选择简化序列中的每个网络，也可以选择简化最终合成的综合网络，二者之间是相互独立，且不相矛盾，两种功能可以同时使用，这样就给用户提供了最大的灵活性（见表 3.1）。在 CiteSpace 中，这两种网络辅助剪裁策略，分别为 Pruning Sliced networks（对每个切片的网络进行裁剪）和 Pruning the merged network（对合并后的网络进行裁剪）。若用户在实践中需要裁剪网络，这里建议用户首先尝试 Pruning the Merged Network 方法。若直接使用 Pruning Sliced Networks 可能会导致网络过于分散。在使用该功能时，首先需要在 Pathfinder 和 Minimum Spanninng Tree 中选择一种网络剪裁方法，然后再选择 Pruning Sliced networks 和 Pruning the Merged network（可以选择其一，或者两个都选）。如果在进行网络剪裁时，仅仅选择了 Pruning Sliced networks 和 Pruning the Merged network，那么网络是不会进行裁剪的。

表 3.1　CiteSpace 进行网络裁剪的方案

可选方案	剪裁方法	Prunning Sliced networks	Prunning the merged networks
1		√	√
2	Pathfinder	√	×
3		×	√
4		√	√
5	Minimum Spanning Tree	√	×
6		×	√

（6）Visualization 参数和功能区。Visualization 主要用于对可视化结果进行设置（图 3.35）。默认为 Cluster View–Static（聚类视图，静态）与 Show Merged Network（显示分析的整体网络）。此外，也可以选择 Show Networks by Time Slices，可以显示各个时间切片的图谱。还可以选择动态的网络可视化 Cluster View–Animated。

如果网络共有 10 个时间切片，且可视化选择了 "Show Networks by Time Slices"，那么在 CiteSpace 运行结束后会出现 10 个网络可视化窗口。

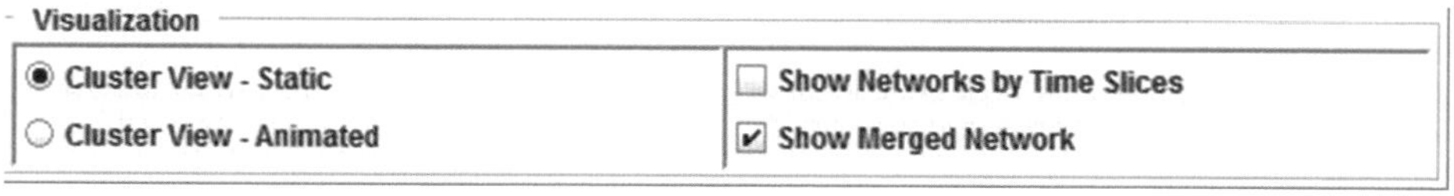

图 3.35　网络的可视化方式

（7）数据分析状态与过程区域。Space Status 和 Process Report 是两个动态数据过程显示功能区（图 3.36）。Space Status 显示了根据参数设置计算网络的时间切片上的分布情况，如图中的时间切片为 1 年，则显示的是 1996、1997、…、2003；第二列是 criteria，表示每个时间切片提取 top50 节点；第三列是 Space，表示空间中节点的数量总数；第四列 Nodes，表示实际提取的节点数量；第五列 Links/all，表示实际的连线数量 / 连线数量的总数。Process Report 显示在数据处理中的动态过程以及网络处理后的整体参数，如显示了文献空间数据的总数，有效参考文献和无效参考文献的个数及其占比、运行的时间、合并后的网络节点数量和连线数量；在运行时可以动态地看到，CiteSpace 处理数据是按照分时处理的进度。

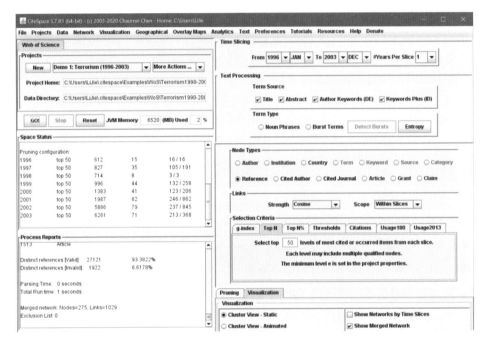

图 3.36   数据处理情况窗口

最后，如果我们把 CiteSpace 比作一个可以对科学文献集合进行拍照的相机，那么 CiteSpace 的功能参数区中的参数设置就好像是在拍照之前对相机参数进行的调整。

3.3.2   可视化菜单功能

当对数据进行分析后，会进入网络的可视化与编辑界面（图 3.37）。网络可视化界面包含的菜单有 File（文件）、Data（数据）、Visualization（可视化）、Display（显示）、Nodes（节点）、Links（连线）、Labels（标签）、Clusters（聚

类 ）、Network overlays（网络叠加）、Filters（过滤）、Uncertainty（不确定性）、Export（导出）、Windows（窗口）以及 Help（帮助）。

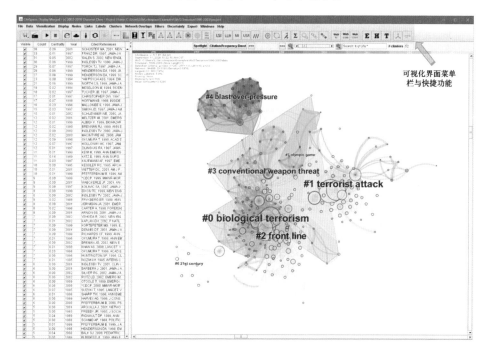

图 3.37　CiteSpace 网络可视化界面的菜单栏

（1）File 中的功能主要包含 Open Visualization（打开可视化结果）、Save Visualization（保存 .layout 可视化文件）、Open Layoutplus（保存 .layout 布局文件）、Save Open Layoutplus（打开布局文件）、Save Content Data to File（保存为 .net 格式文件）、Save As PNG（保存结果为图形）以及 Exit（退出）。见图 3.38。

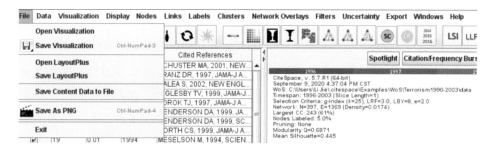

图 3.38　File 菜单栏

（2）Data 菜单主要用来处理 CrossRef 数据，如图 3.39 所示。

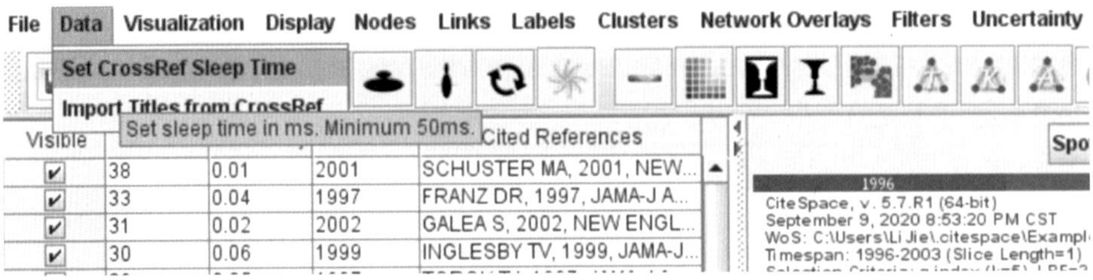

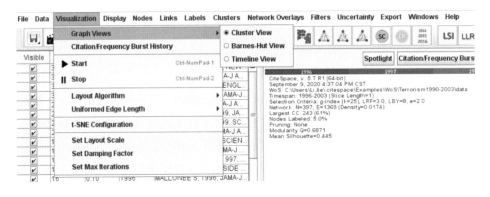

图 3.39　Data 菜单

（3）Visualization 菜单主要用于网络布局的控制（图 3.40）。

Graph Views 主要提供了 Cluster View（聚类视图）、Barnes-HutView（Barnes-Hut 视图）以及 TimelineViews（时间线视图）。Start 是静态时重新布局的按钮，Stop 用来终止网络的布局过程。CiteSpace 默认 Layout Algorithm 是 Kamada and Kawa 布局，提供的备选布局算法是 Force Directed。其他的功能不常用，读者可在熟悉主要功能后再来尝试。

图 3.40　Visualization 菜单信息

（4）Display 菜单栏的功能是对图形颜色、签名和时间线视图的调整（图 3.41）。

Legend 可以对图谱的整体主题配色进行配置，快速实现对节点和连线颜色的更换（与 Control Panel 中的 Colormap 功能一样）。Background Color 提供了多种背景颜色的选择方案，Black Background 为将图谱背景颜色修改为黑色，White Background 为将背景颜色修改为白色。Show/Hide Signature 为显示 / 隐藏图谱左上角的签名功能，Set Signature Color 为设置签名颜色，Show/

Hide Citation Frequency 为显示 / 隐藏节点的频次标签；Timeline view 主要是对节点标签偏斜的角度进行调整，默认为 0 degree。此外，还包含 Text Rotate 15 Degree、Text Rotate 30 Degree、Text Rotate 45 Degree 和 Text Rotate 60 Degree（如图 3.42）；可以通过 Max Number of Node Label per Year 来设置时间线视图中，每一年显示的节点标签数量；通过 Show Legend Labels Every N Years 来设置时间线视图中的时间刻度，默认为 3 年。

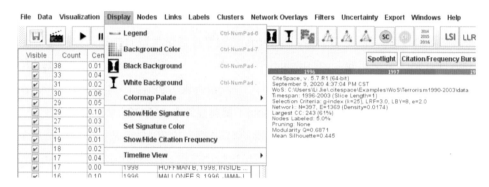

图 3.41　Display 菜单栏的信息

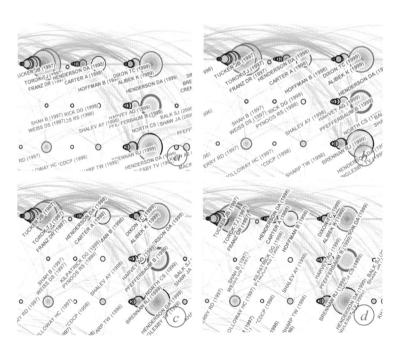

图 3.42　Timeline 视图下不同节点标签的倾斜角度显示

（5）Nodes 对节点相关信息的编辑（如图 3.43）。

Visual Encoding 提供了使用不同的节点测度指标来显示网络节点（与 Node Display Patterns 功能一样）；Node Shape（Keyword，Terms）的功能是在关键词或者术语的共现分析时，节点可以选择不同的形状，可以是 Cross（十字架形状）、Circle（圆形）、Triangle（三角形）或 Square（正方形）；Nodes Size 是对节点大小的调整，这里用 Log Transform 对节点大小进行了对数标准化。Nodes Fill Color 表示对节点填充颜色的选择，Node Outline Color 表示对节点边缘线颜色的设置。Node Display Patterns 是对节点显示类型的选择，分别为 Tree Ring History（引文年轮）、Centrality（中介中心性）、Eigenvector Centrality（特征向量中心性）、Sigma（Sigma 值）、PageRank Scores（PR 值）、Uniform Size（统一大小）、Cluster Membership（聚类显示）、WOS TC（引证次数）、WOS U1（最近 180 的使用情况）以及 WOS U2（从 2013 年开始使用的情况）等。Clear All Bookmarks 表示清楚所有标记过的节点，Compute Node Centrality 用来手动计算中介中心性。

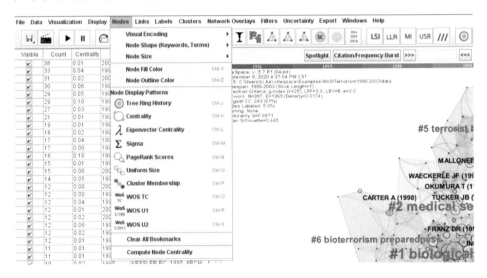

图 3.43　Nodes 菜单

下面对各节点显示依据的算法介绍如下：

Nodes 菜单中 Compute Node Centrality 的含义为中介中心性（betweenness centrality），是测度节点在网络中位置重要性的一个指标。此外，常见的测度节点重要性的指标还有度中心性、接近中心性等。CiteSpace 中使用此指标来发现和衡量文献的重要性，并用紫色圈对该类文献（或作者、期刊以及机构等，带有紫色圈的节点中介中心性不小于 0.1）进行重点标注。具有高的中介中心性的文献可能是连接两个不同领域的关键枢纽，在 CiteSpace 中称其为转折点（turning point）。中介中心性的计算公式如下：

$$BC_i = \sum_{s \neq i \neq t} \frac{n_{st}^i}{g_{st}}$$

式中，g_{st} 为从节点 s 到节点 t 的最短路径数目，n_{st}^i 为从节点 s 到节点 t 的 g_{st} 条最短路径中经过节点 i 的最短路径数目。从信息传输角度来看，中介中心性越高，节点的重要性也越大，去除这些点之后对网络信息传输的影响也越大。

特征向量中心性（Eigenvector Centrality）的基本算法思想是：一个节点的重要性既取决于其邻居节点的数量（节点度数），还取决于邻居节点的重要性。特征向量中心性的计算公式如下：

$$x_i = c \sum_{j=1}^{N} a_{ij} x_j$$

式中，c 为常数，$A=(a_{ij})$ 为网络的邻接矩阵，记为 $x=[x_1 x_2 \cdots x_N]^T$，因此可以将上式改写为 $x=cAx$。那么，意味着 x 是矩阵 A 与特征值 $c^{(-1)}$ 对应的特征向量，故而本算法称为特征向量中心性。

Sigma 指数（Σ）是 CiteSpace 中结合节点在网络结构中的重要性（中介中心性）和节点在时间上的重要性（突发性），两个指标复合构造的测度节点新颖性的一个指标。陈超美教授给出的计算方法为 Sigma=(centrality+1)^burstness。

Google 的 PageRank 算法是 Google 用来对网络进行排序的主要算法，基本思想就是一个网页的重要性由两个因素决定：一个是指向该网页的其他网络的数量，二是这些页面的质量。该方法与特征向量中心性的思想类似，不仅要考虑周围点的数量，还考虑其质量。

（6）Links 用来对网络图中的连线进行设置。Link Shape 提供了两种连线的样式选择，分别为 Straightline 和 Spline 样式。图 3.44 给出了文献共被引网络中连线为 Straightline（左）和 Spline（右）的比较。

Links 菜单如图 3.45 所示。

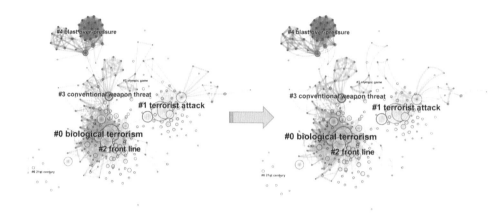

图 3.44　线的样式：Straightline（左）和 Spline（右）

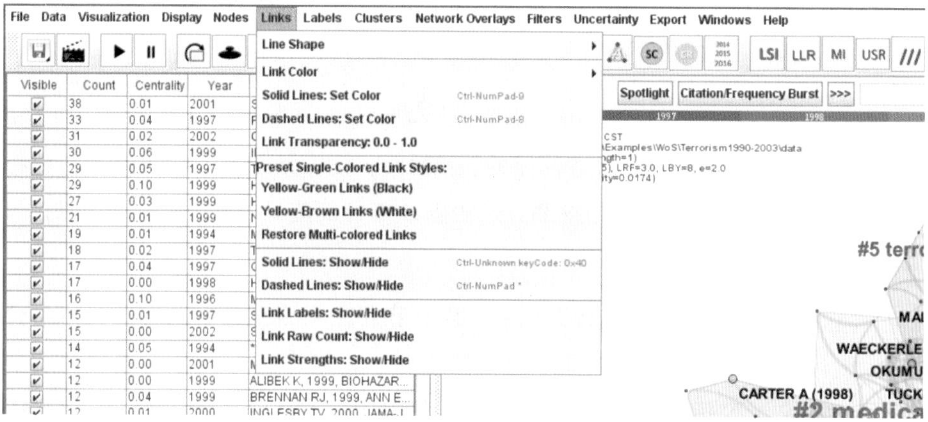

图 3.45　Links 菜单

　　Link Color 表示连线颜色的设置。Solid Lines：Set Color（实线颜色设置）；Dashed Lines：Set Color（点划线颜色设置）；Link Transparency：0.0–1.0（对线的透明度的调整）；Preset Single–Colored Link Styles 主要是对连线颜色的调整，包括 Yellow–Green links（black）黄绿色的单色连线，Yellow–Brown Links（white）黄棕色的单色连线和 Restore Muti–Colored Links 恢复预设的连线颜色配置。Solid Lines：Show/Hide（实线显示或者隐藏）；Dashed Lines：Show/Hide（点划线显示或隐藏）；Link Labels：Show/Hide 表示连线标签的显示或隐藏，Link Raw Count：Show/Hide 表示原始共现强度的显示或隐藏；Link Strengths：Show/Hide 表示标准化后共现强度的显示或隐藏。

（7）Labels 用于对节点标签的处理（图3.46）。

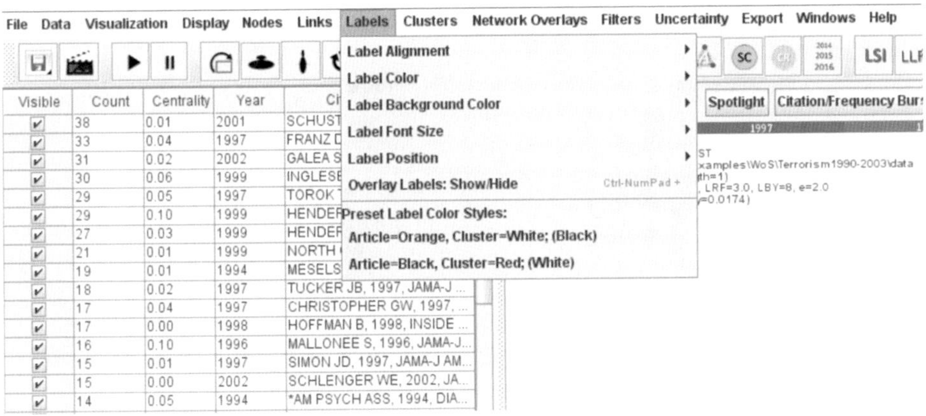

图3.46　Labels 菜单

Label Alignment 是标签对齐功能，默认标签位于节点的中心（Nodes Labels：Center Default）。

Label Color 是对标签颜色的修改，包含了论文的标签（Article Labels）、术语的标签（Term Labels）、叠加图层的标签（Overlay Labels）、聚类的标签（Cluster Labels）等等。此外，还包含了对标签的边框线颜色的设置（Label Outline）。

Label Background Color 的功能主要用于论文（Article）、术语（Term）、聚类（Cluster）以及叠加图标签（Overlay Label）背景颜色的修改。

Label Font Size 主要是对标签大小的设置，包含了对节点标签的设置（Node：Uniformed/Proportional）和对聚类标签的设置（Cluster：Uniformed/Proportional）。例如，图3.47展示了当聚类标签为统一大小时的样式（Uniformed）和聚类标签按照聚类规模成比例的显示（Proportional）。

Label Position 用来调节节点标签和聚类标签的位置，以避免标签由于相互覆盖而导致的信息遮挡。点击 Node Labels：Minimize Overlaps 可以调整节点的标签；点击 Cluster Labels：Minimize Overlaps 则可以调节聚类的标签。

Overlay labels: Show/Hide，用于显示或者隐藏叠加网络的标签。

Preset Label Color Style 预先设定的图谱标签的颜色配置，其中 Article=Orange，Cluster=White；（Black）表示将图谱中的节点标签颜色修改为橙色，将聚类的标签设置为白色，适用于黑色背景；Article=Black，

Cluster=Red；（White）表示将图谱中的节点颜色修改为黑色，将聚类标签的颜色修改为红色，适用于白色背景。

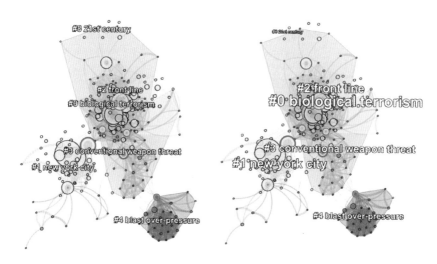

图 3.47　聚类标签统一大小或者按照比例显示

（8）Cluster 菜单是对图谱聚类信息的处理（图 3.48）。

Find Cluster 表示对当前网络进行聚类。Extract Cluster Labels 用来提取聚类的标签。Label：Use Titles 表示从施引文献的标题中提取聚类标签，Label：Use Keywords 表示从施引文献的关键词中提取聚类标签，Label：Use Abstracts 表示从摘要中提取聚类标签。Label Clusters Year by Year 表示提取聚类标签并分年展示，以认识某一个聚类内部主题的演化情况。此外，CiteSpace 还提供了从施引文献的领域（Label：Use Fields of Study）以及参考文献的标题（Label：Use Reference Titles）中来提取聚类标签。

若需要显示不同数量的聚类术语，可以选择 Clusters 菜单栏中的 Cluster Labels: the Minimum Number of Words（设置聚类标签显示的最小数量），Cluster Labels: the Maximum Number of Words（设置聚类标签显示的最大数量），Cluster Labels: Set the Maximum Number of Title Terms（设置标题聚类标签显示的最大数量），Cluster Labels: Set the Maximum Number of Keywords（设置关键词聚类标签显示的最大数量），Set the Maximum Number of LSI Terms to display（设置 LSI 聚类标签显示的最大数量），这些设置产生的效果可以通过再次查看 Summarization Table|Whitelists 来观察前后变化。

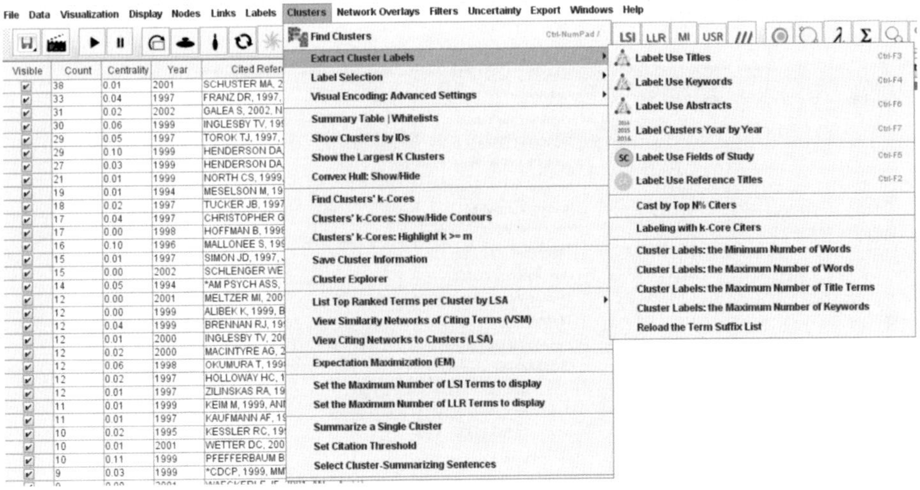

图 3.48　　Clusters 菜单

Label Selection 用来选择使用不同的算法来提取聚类标签（见图 3.49），分别为 Label Clusters by LSI Terms（潜语义算法）、Log-likelihood Ratio（对数极大似然率）以及 Mutual information（互信息）。在提取聚类标签后，可以在该功能模块选择以 LSI、LLR、MI 或者 LSI/LLR 来显示聚类标签。此外，用户还可以加载自定义的聚类标签（USR: Show User Defined Labels）。

Visual Encoding：advanced Settings 是聚类可视化的高级设置模块（见图 3.50），Cluster Labels: Show/Hide 为显示或隐藏聚类标签功能，Cluster IDs: Show/Hide 是显示或隐藏聚类编号功能。Areas: Fill/Border Only 聚类填充或者仅显示聚类边框；Areas: Toggle Fill Color Patterns 聚类填充颜色的彩色和单色切换；Areas: Enable/Disable Surrounding Buffer 启用或者禁用缓冲区；Areas: set Buffer Size 设置缓冲区的大小；Areas: Select a Fill Color 选择聚类填充的颜色；Areas: Set the Width of Border 设置边框的宽度。Convex Hull: Color by Citing Years 通过施引文献的时间来填充聚类颜色；Convex Hull: Color by Cited Years 通过被引文献的时间来填充聚类区域。Circle：Show/Hide 聚类中心圆的显示或隐藏。此外，Circle Packing 可以对聚类圆按照聚类的规模进行单独显示（如图 3.51 所示）。Filter Out Small Clusters 用以过滤小的聚类，Set the MinimumVisible Cluster Size 用来设置最小可见聚类的规模。

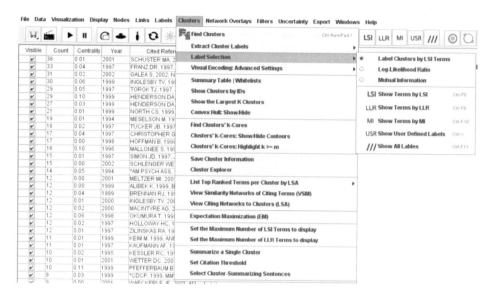

图 3.49　Cluster 菜单——Label Selection

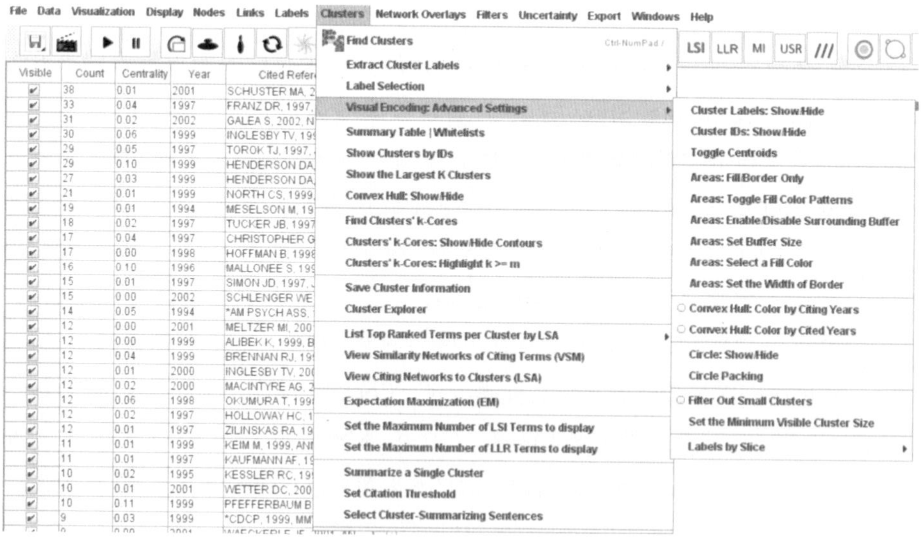

图 3.50　Cluster 菜单——Visual Encoding

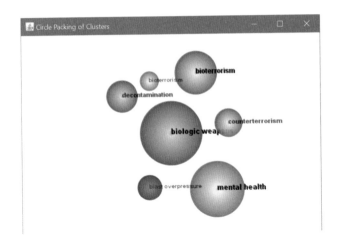

图 3.51　Circle Packing 聚类的可视化

　　Summary Table|Whitelists 是聚类标签的详细列表（图 3.52）。其中 Cluster ID 为聚类后的编号，编号在图中显示为 #0，#1，…聚类的规模越大（也就是聚类中包含的成员数量越大），则编号越小。Size 代表的是聚类中所含有的成员的数量（如文献共被引分析时就代表所含的文献数量，作者合作分析时的聚类就代表作者的数量）。Silhouette 为衡量整个聚类成员同质性的指标，该数值越大，

Select	Cluster ID	Size	Silhouette	mean(Year)	Top Terms (LSI)	Top Terms (log-likeliho...	Terms (mutual informa...
	0	56	0.772	1997	threat; bioterrorism; pr...	emergency physician (...	bioterrorism (0.41); su...
	1	49	0.933	1998	september; 11th attack...	new york city (76.7, 1 0...	urban future (2.84); inju...
	2	38	0.72	1999	bioterrorism; emergen...	front line (68.08, 1.0E-4...	common good (0.98); r...
	3	28	0.876	1995	emergency; major inci...	conventional weapon t...	urban chemical attack (...
	4	25	0.889	1998	terrorism; agendas; ge...	domestic terrorist attac...	urban future (0.17); inju...
	5	22	1	1992	biochemical mechanis...	blast over-pressure (22...	new york city (0.04); ter...
	6	17	0.952	2001	smallpox; analyzing bio...	case isolation (45.62, 1...	smallpox-vaccination p...
	7	5	1	1995	dynamic modeling for ...	dynamic modeling (15...	new york city (0.05); ter...
	8	5	1	1998	the saffron army, violen...	saffron army (15.77, 1...	new york city (0.05); ter...
	9	4	1	1991		urban future (0, 1.0); n...	new york city (0.06); ter...
	10	4	1	1991	the state of injustice - t...	injustice (10.36, 0.005); ...	new york city (0.04); ter...
	11	3	1	1988		urban future (0, 1.0); n...	new york city (0.06); ter...
	12	3	1	1994		urban future (0, 1.0); n...	new york city (0.06); ter...
	13	3	1	1994	the discourse and prac...	liberal democracies (1...	new york city (0.05); ter...
	14	2	1	1993		urban future (0, 1.0); n...	new york city (0.06); ter...
	15	2	1	1998		urban future (0, 1.0); n...	new york city (0.06); ter...
	16	1	0	1996	...	urban future (0, 1.0); n...	new york city (0.06); ter...
	17	1	0	1996		urban future (0, 1.0); n...	new york city (0.06); ter...
	18	1	0	2001		urban future (0, 1.0); n...	new york city (0.06); ter...
	19	1	0	2001		urban future (0, 1.0); n...	new york city (0.06); ter...
	20	1	0	1991		urban future (0, 1.0); n...	new york city (0.06); ter...
	21	1	0	1991		urban future (0, 1.0); n...	new york city (0.06); ter...
	22	1	0	1996		urban future (0, 1.0); n...	new york city (0.06); ter...
	23	1	0	1988		urban future (0, 1.0); n...	new york city (0.06); ter...
	24	1	0	2002		urban future (0, 1.0); n...	new york city (0.06); ter...

图 3.52　聚类结果的总结表

则代表该聚类成员的相似性越高。Mean Year 代表某聚类中文献的平均年份，能够用来判断聚类中引用文献的远近，并列出了使用 LSI，LLR 以及 MI 算法提取得到的聚类命名。

Show Clusters By IDs 可以通过输入聚类的编号，控制所显示的聚类。例如，在图 3.53 中，左侧为原始的图谱，我们如果想重点分析聚类 #0–#3，则在该功能中输入 0~3。

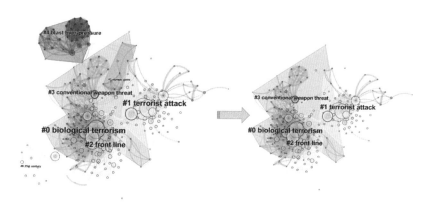

图 3.53　通过 Show Clusters By IDs 控制所显示的聚类

Show the Largest K Cluster 用来显示聚类规模排名前 k 的聚类。例如，在图 3.54 中，我们通过该功能来提取聚类规模排名前 2 的聚类，可以从整体聚类图中提取聚类 #0 和聚类 #1 的可视化结果。

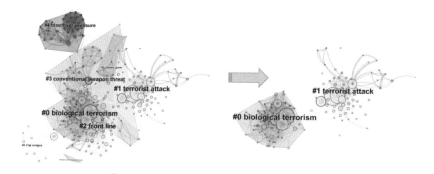

图 3.54　Show the Largest K Cluster 功能来提取聚类

Convex Hull: Show/Hide 用来对聚类进行快速填充或者取消填充。例如在图 3.55 中，在填充的视图下，可以点击该功能取消填充。

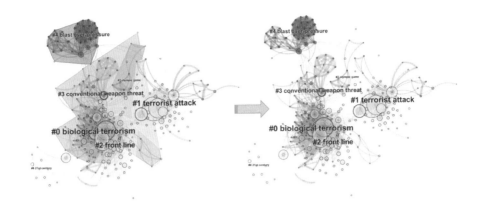

图 3.55　Convex Hull: Show/Hide 用来显示或者隐藏聚类填充

Find Clusters' k-cores 用来寻找聚类的 k 核（图 3.56）。Clusters' k-cores:
ShowHide Contours 用来显示或者隐藏 k 核分析的可视化结果，Clusters' k-
cores：Highlight k>=m 用来突出显示 k 核大于或等于 m 的节点的连线。

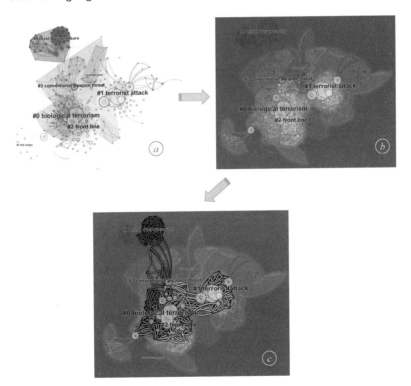

图 3.56　Find Clusters' k-cores 运行结果

Save Cluster Information 为保存聚类信息，Cluster Explorer 为聚类信息的互动查询（图 3.57）。Cluster Explorer 功能提供了聚类信息查询（Clusters）、施引文献信息（Citing Articles）、被引文献信息（Cited Reference）以及从施引文献中提取的总结聚类的句子（Summary Sentences）查询四个窗口。该功能能够清晰地了解到与聚类相关的多个方面的信息，是文献共被引分析中最常用的一个功能。需要注意的是，如果要进行 Cluster Explorer 分析，必须先执行 Save Cluster Information 功能来保存聚类分析结果。

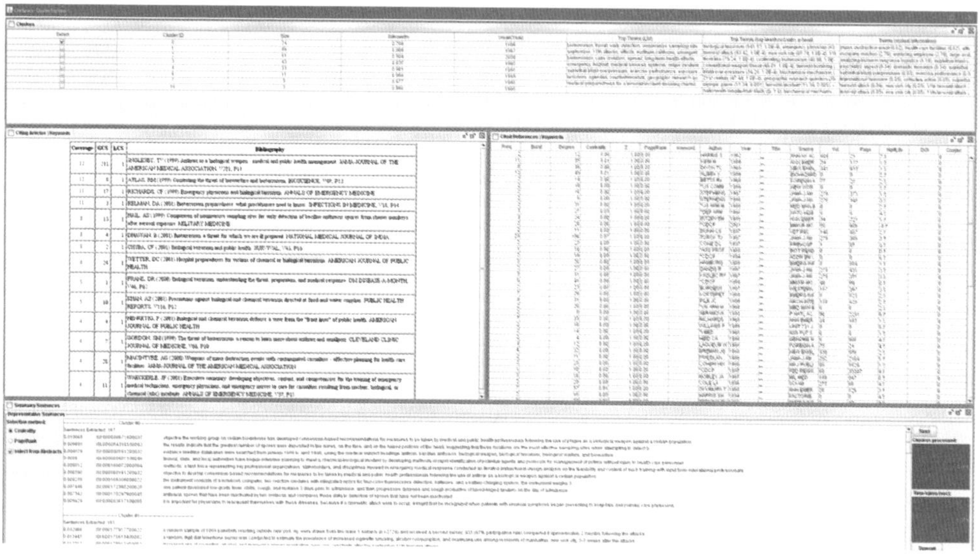

图 3.57　Cluster Explorer 界面

Expectation Maximization（EM）为最大期望算法，是一个聚类框架，它逼近最大似然或统计模型参数的后验概率估计，可以用来计算模糊聚类和基于概率模型的聚类，它是 CiteSpace 早期版本常采用的聚类方法（Chen, C.2005）。该功能具体步骤为：依次点击可视化界面菜单栏的 Clusters→Expectation Maximization(EM) 即可进入 EM 界面（图 3.58）。在 Expectation Maximization 的界面中，点击 Start EM 即可开始聚类分析。聚类结束后，会在窗口的下方空白处显示出聚类分析结果的基本分布情况。点击界面上的 Visualization，可查看聚类的可视化结果（图 3.59）。点击 Clusters Instances，可以查看具体的聚类结果（图 3.60）。

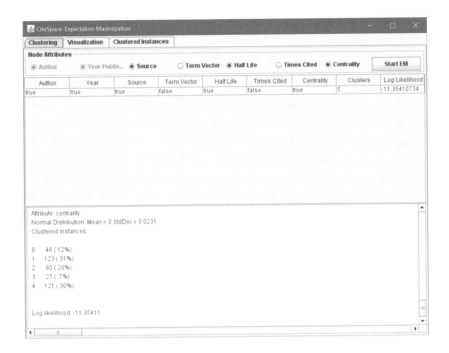

图 3.58　EM 聚类分析界面

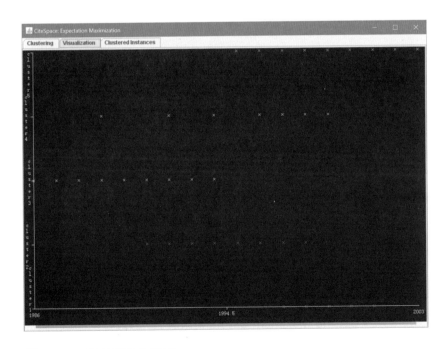

图 3.59　EM 可视化结果

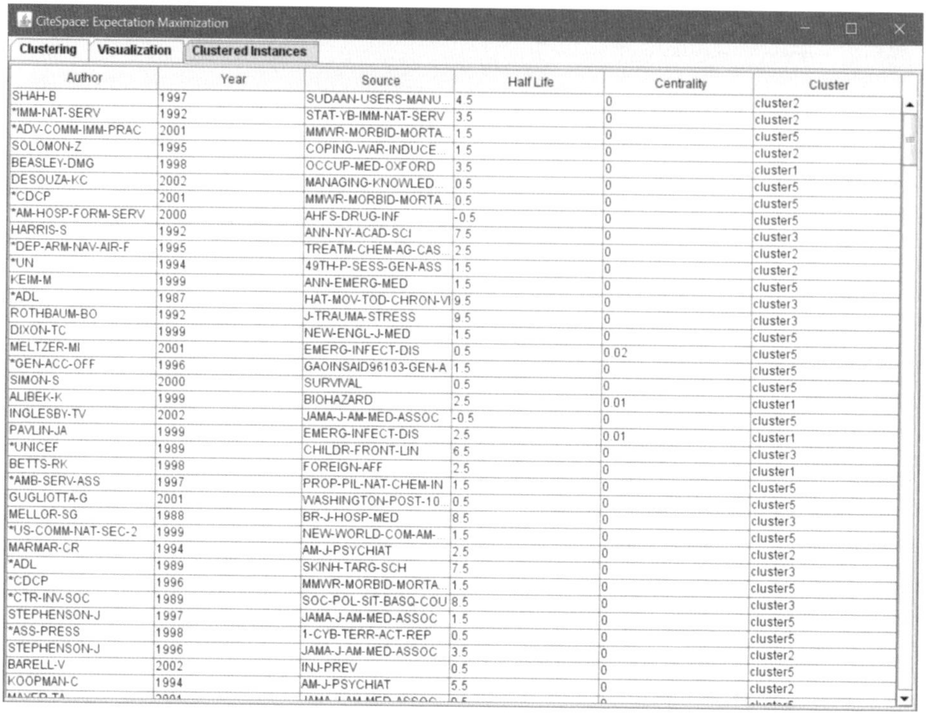

Author	Year	Source	Half Life	Centrality	Cluster
SHAH-B	1997	SUDAAN-USERS-MANU...	4.5	0	cluster2
*IMM-NAT-SERV	1992	STAT-YB-IMM-NAT-SERV	3.5	0	cluster2
*ADV-COMM-IMM-PRAC	2001	MMWR-MORBID-MORTA...	1.5	0	cluster5
SOLOMON-Z	1995	COPING-WAR-INDUCE...	1.5	0	cluster2
BEASLEY-DMG	1998	OCCUP-MED-OXFORD	3.5	0	cluster1
DESOUZA-KC	2002	MANAGING-KNOWLED...	0.5	0	cluster5
*CDCP	2001	MMWR-MORBID-MORTA...	0.5	0	cluster5
*AM-HOSP-FORM-SERV	2000	AHFS-DRUG-INF	-0.5	0	cluster5
HARRIS-S	1992	ANN-NY-ACAD-SCI	7.5	0	cluster3
*DEP-ARM-NAV-AIR-F	1995	TREATM-CHEM-AG-CAS...	2.5	0	cluster2
*UN	1994	49TH-P-SESS-GEN-ASS	1.5	0	cluster2
KEIM-M	1999	ANN-EMERG-MED	1.5	0	cluster5
*ADL	1987	HAT-MOV-TOD-CHRON-VI	9.5	0	cluster3
ROTHBAUM-BO	1992	J-TRAUMA-STRESS	9.5	0	cluster3
DIXON-TC	1999	NEW-ENGL-J-MED	1.5	0	cluster5
MELTZER-MI	2001	EMERG-INFECT-DIS	0.5	0.02	cluster5
*GEN-ACC-OFF	1996	GAOINSAID96103-GEN-A	1.5	0	cluster5
SIMON-S	2000	SURVIVAL	0.5	0	cluster5
ALIBEK-K	1999	BIOHAZARD	2.5	0.01	cluster1
INGLESBY-TV	2002	JAMA-J-AM-MED-ASSOC	-0.5	0	cluster5
PAVLIN-JA	1999	EMERG-INFECT-DIS	2.5	0.01	cluster1
*UNICEF	1989	CHILDR-FRONT-LIN	6.5	0	cluster3
BETTS-RK	1998	FOREIGN-AFF	2.5	0	cluster1
*AMB-SERV-ASS	1997	PROP-PIL-NAT-CHEM-IN	1.5	0	cluster5
GUGLIOTTA-G	2001	WASHINGTON-POST-10...	0.5	0	cluster5
MELLOR-SG	1988	BR-J-HOSP-MED	8.5	0	cluster3
*US-COMM-NAT-SEC-2	1999	NEW-WORLD-COM-AM-...	1.5	0	cluster5
MARMAR-CR	1994	AM-J-PSYCHIAT	2.5	0	cluster2
*ADL	1989	SKINH-TARG-SCH	7.5	0	cluster3
*CDCP	1996	MMWR-MORBID-MORTA...	1.5	0	cluster5
*CTR-INV-SOC	1989	SOC-POL-SIT-BASQ-COU	8.5	0	cluster3
STEPHENSON-J	1997	JAMA-J-AM-MED-ASSOC	1.5	0	cluster5
*ASS-PRESS	1998	1-CYB-TERR-ACT-REP	0.5	0	cluster5
STEPHENSON-J	1996	JAMA-J-AM-MED-ASSOC	3.5	0	cluster2
BARELL-V	2002	INJ-PREV	0.5	0	cluster5
KOOPMAN-C	1994	AM-J-PSYCHIAT	5.5	0	cluster2

图 3.60　EM 聚类详细结果

若需要在聚类表中限制所显示聚类标签的数量，可以选择 Clusters 菜单栏中的 Set the Maximum Number of LSI Terms to Display（设置 LSI 聚类标签显示的最大数量）和 Set the Maximum Number of LLR Terms to Display（设置 LLR 聚类标签显示的最大数量）。Summarize a single Cluster 的功能是对特定聚类的施引文献中重要句子的提取（图 3.61），以帮助用户理解某一特定聚类的内容。Set Citation Threshold 使用引文数作为阈值来选择句子，Select Cluster-Summarizing Sentences 用来选择聚类中施引文献的句子。

（9）Network overlays 菜单提供了网络的叠加分析（图 3.62）。Main Path Color Patterns 和 Import Main Paths（Pajek.paj）是对主路径图层处理功能；Highlight Nodes on Key-Value Lists 和 Remove Nodes Highlight 功能，用来设置突出显示的节点信息；Add a New network Layer（Tab Delimited）、Remove Network Layers 以及 Set the Maximum Layers 用来添加、移除和设置最大叠加图层数；Save Node Keys to.list 表示用来保存满足某条件的节点列表，Save As a Network Layer 表示保存为网络图层，Show/Hide overlay Node Labels 是用来

显示或者隐藏图层节点的标签。该功能在使用时，通常先对整体网络进行分析，并保存整体网络的图层；然后再分析一个子网络，并保存。最后，再依次加载整体网络和子网络，这样就能得到子网络在整体网络上的位置。

图 3.61　从各个聚类的施引文献中提取句子

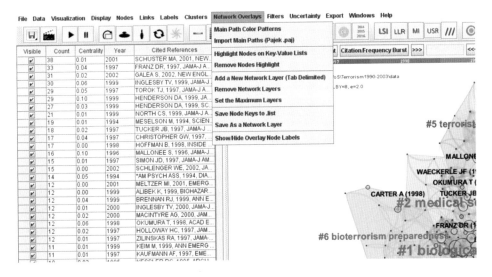

图 3.62　Network Overlay 菜单

（10）Filters 菜单提供了多项对网络信息的过滤功能。Show the Largest Connected Component Only 功能用来显示图谱的最大子网络，Show the Largest k Connected Component Only 功能用来显示排名前 k 的子网络；Spotlight 用来突出显示网络的关键路径；Show Citation/Frequency Burst 用来显示节点的突发性信息。此外，还提供了分析文献结果与 PubMed 进行匹配的功能，如图 3.63 所示。

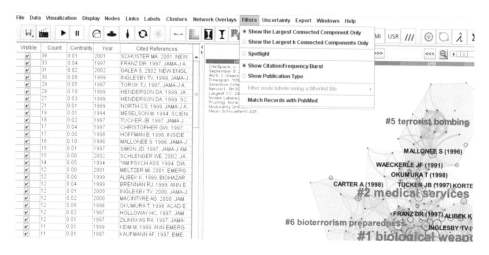

图 3.63　Filters 菜单

（11）图 3.64 中的 Uncertainty 菜单是对科学研究不确定相关的分析，目前该功能模块暂未完全开放。

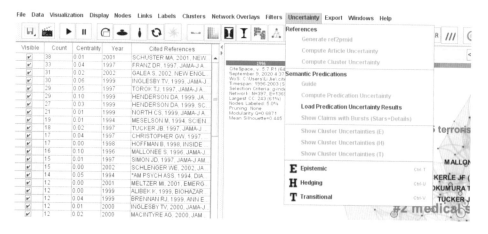

图 3.64　Uncertainty 菜单

（12）Export 菜单功能主要是对网络结果进行查询和导出（图 3.65），包含了 Network Summary Table（网络信息汇总表）、Save Cited References to an RIS File（保存文献为 RIS 格式）、Network（导出为其他软件读取的格式）、Clustering+Labeling+Save Cluster Files（完成聚类、命名和结果的保存）、Merge network_summary_YYYY–YYYY.csv files and structural_change_metrics.csv（文件合并）以及 Generate a Narrative（生成报告）等功能。此外，点击 Run Batch Mode 能够一步完成对当前网络的聚类并生成报告。

图 3.65　Export 菜单功能

点击 Network Summary Table 可以得到可视化网络中所有节点的列表（图 3.66），该表可以直接复制到 Excel 或 Word 中，也可以导出为 CSV，RIS 以及 HTML 格式进行分析。在该表中，Freq 代表节点的频次，Degree 表示节点的度中心性，Burst 为突发性探测值，Centrality 为中介中心性，为 Sigma 值，PageRank 为 PR 排名，Keyword 为关键词，Year 为年份，Title 为标题，Source 为文献来源（如期刊），Vol 为卷次，Page 为起始页码，HalfLife 为半衰期，Cluster 为所属类。

Save Cited References to an RIS File 可以将网络中的文献信息保存为 RIS 格式，并可以导入 Endnote 等文献管理软件中为论文写作提供便利。

Network 的导出功能能够将当前的网络导出为常见的网络文件格式，如 Pajek(.net)，Pajek(.net with time intervals)以及 UCINET Network Format(DL)。

Generate a Narrative 可以直接导出对网络最重要的分析结果报告（图 3.67）。包含了 MAJOR CLUSTERS（主要聚类及其聚类标签）、CITATION COUNTS（高被引文献）、BURSTS（爆发性文献）、 CENTRALITY（高中心性文献）以及 SIGMA 值。

CiteSpace - Summary Table (sorted by Σ)

Save/Show as HTML: network_summary.html | Save as TSV | Save as RIS

Freq	Burst	Degree	Centra...	Σ	Page...	Keywo...	Author	Year	Title	Source	Vol	Page	HalfLife	DOI	Cluster
38		39	0.06	1.00	0.00		SCHU...	2001	...	NEW ...	345	1507	1.5		1
33	2.37	103	0.17	1.45	0.00		FRAN...	1997	...	JAMA-...	278	399	3.5		0
31		36	0.06	1.00	0.00		GALE...	2002	...	NEW ...	346	982	0.5		1
30		89	0.08	1.00	0.00		INGLE...	1999	...	JAMA-...	281	1735	1.5		2
29		101	0.12	1.00	0.00		TORO...	1997	...	JAMA-...	278	389	3.5		0
29		84	0.09	1.00	0.00		HEND...	1999	...	JAMA-...	281	2127	2.5		6
27		87	0.12	1.00	0.00		HEND...	1999	...	SCIE...	283	1279	1.5		0
21		45	0.22	1.00	0.00		NORT...	1999	...	JAMA-...	282	755	2.5		1
19	2.31	81	0.02	1.05	0.00		MESE...	1994	...	SCIE...	266	1202	6.5		0
18		69	0.03	1.00	0.00		TUCK...	1997	...	JAMA-...	278	362	3.5		0
17		22	0.10	1.00	0.00		HOFF...	1998	...	INSID...	0	0	3.5		4
17		81	0.02	1.00	0.00		CHRI...	1997	...	JAMA-...	278	412	3.5		0
16	3.91	39	0.39	3.59	0.00		MALL...	1996	...	JAMA-...	276	382	3.5		3
15	3.17	69	0.05	1.17	0.00		SIMO...	1997	...	JAMA-...	278	428	2.5		0
15		22	0.01	1.00	0.00		SCHL...	2002	...	JAMA-...	288	581	0.5		1
12		61	0.10	1.00	0.00		HOLL...	1997	...	JAMA-...	278	425	4.5		2
12		55	0.04	1.00	0.00		OKUM...	1998	...	ACAD ...	5	618	3.5		3
12		40	0.03	1.00	0.00		WETT...	2001	...	AM J P...	91	710	1.5		2
12		39	0.03	1.00	0.00		MELT...	2001	...	EMER...	7	959	1.5		6
12		54	0.02	1.00	0.00		BREN...	1999	...	ANN E...	34	191	2.5		2
12		48	0.02	1.00	0.00		MACI...	2000	...	JAMA-...	283	242	1.5		2
12		59	0.01	1.00	0.00		ZILIN...	1997	...	JAMA-...	278	418	3.5		0
12		53	0.01	1.00	0.00		INGLE...	2000	...	JAMA-...	283	2281	1.5		2
12		44	0.01	1.00	0.00		ALIBE...	1999	...	BIOHA...	0	0	2.5		0
11		23	0.08	1.00	0.00		*AM P...	1994	...	DIAG...	0	0	7.5		1
11		65	0.05	1.00	0.00		KAUF...	1997	...	EMER...	3	83	4.5		4
11		52	0.02	1.00	0.00		KEIM M	1999	...	ANN E...	34	177	1.5		0
10		21	0.01	1.00	0.00		PFEF...	1999	...	AM J P...	156	1069	2.5		1
10		24	0.00	1.00	0.00		KESS...	1995	...	ARCH...	52	1048	6.5		1
9		51	0.01	1.00	0.00		KOLA...	1997	...	JAMA-...	278	396	4.5		0
9		29	0.01	1.00	0.00		WAEC...	2001	...	ANN E...	37	587	0.5		2
8	2.73	37	0.04	1.10	0.00		CART...	1998	...	FOREI...	77	80	2.5		4
8		38	0.00	1.00	0.00		DIXO...	1999		NEW...	341	815	1.5		2

图 3.66　网络中所有节点信息列表

AUTOMATICALLY GENERATED NARRATIVES

Time of creation: Fri Sep 11 17:52:37 CST 2020

MAJOR CLUSTERS

The network is divided into **6** co-citation clusters. These clusters are labeled by index terms from their own citers. The largest **2** clusters are summarized.

Table 1. Summary of the largest 2 clusters.

ClusterID	Size	Silhouette	Label (TFIDF)	Label (LLR)	Label (MI)	mean(Citee Year)
0	77	0.827	bioterrorism | biological terrorism	biological terrorism (154.33, 1.0E-4)	bioterrorism (0.77)	1997
1	56	0.949	september | terrorist attacks	new york city (88.07, 1.0E-4)	mental health service (2.39)	1997

The largest cluster (#0) has 77 members and a silhouette value of 0.827. It is labeled as *biological terrorism* by LLR, *bioterrorism / biological terrorism* by TFIDF, and *bioterrorism (0.77)* by MI. The most active citer to the cluster is 1281ATLAS, RM (1999) Combating the threat of biowarfare and bioterrorism. BIOSCIENCE, V49, P13.

The second largest cluster (#1) has 56 members and a silhouette value of 0.949. It is labeled as *new york city* by LLR, *september / terrorist attacks* by TFIDF, and *mental health service (2.39)* by MI. The most active citer to the cluster is 1171GALEA, S (2002) Posttraumatic stress disorder in manhattan, new york city, after the september 11th terrorist attacks. JOURNAL OF URBAN HEALTH-BULLETIN OF THE NEW YORK ACADEMY OF MEDICINE, V79, P14.

CITATION COUNTS

The top ranked item by citation counts is (SCHUSTER MA) in Cluster #1.5, with citation counts of **38**. The second one is (FRANZ DR) in Cluster #3.5, with citation counts of **33**. The third is (GALEA S) in Cluster #0.5, with citation counts of **31**. The 4th is (INGLESBY TV) in Cluster #1.5, with citation counts of **30**. The 5th is (HENDERSON DA) in Cluster #2.5, with citation counts of **29**. The 6th is (TOROK TJ) in Cluster #3.5, with citation counts of **29**. The 7th is (HENDERSON DA) in Cluster #1.5, with citation counts of **27**. The 8th is (NORTH CS) in Cluster #2.5, with citation counts of **21**. The 9th is (*AM PSYCH ASS) in Cluster #7.5, with citation counts of **20**. The 10th is (MESELSON M) in Cluster #6.5, with citation counts of **19**.

citation counts	references	cluster #
38	, SCHUSTER MA, ..., NEW ENGL J MED, 345	1.5
33	, FRANZ DR, ..., JAMA-J AM MED ASSOC, 278	3.5
31	, GALEA S, ..., NEW ENGL J MED, 346	0.5
30	, INGLESBY TV, ..., JAMA-J AM MED ASSOC, 281	1.5
29	, HENDERSON DA, ..., JAMA-J AM MED ASSOC, 281	2.5
29	, TOROK TJ, ..., JAMA-J AM MED ASSOC, 278	3.5

图 3.67　CiteSpace 分析报告的导出

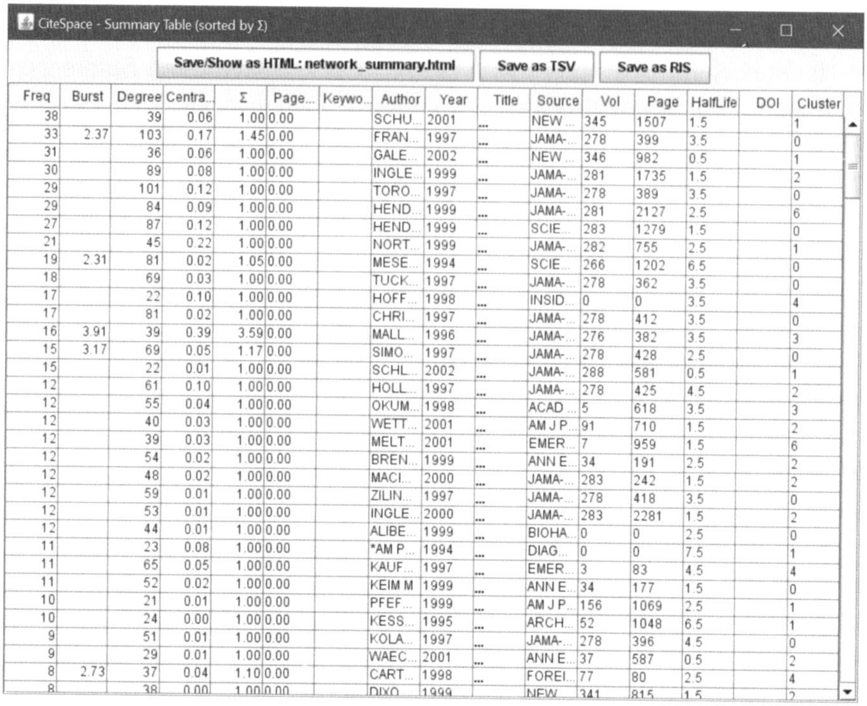

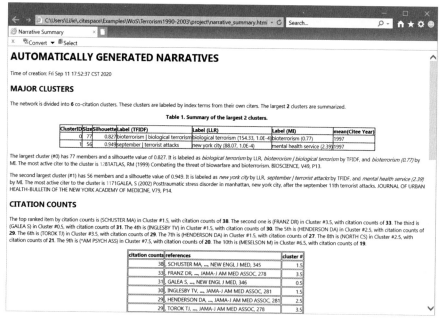

（12）Windows 中包含了 Control Panel 和 Node Details 两个功能，其中 Control Panel 主要用来显示控制面板，Node Details 显示图谱中所包含节点的详细信息。如图 3.68 所示。

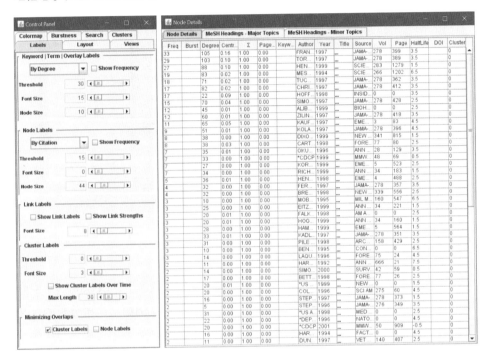

图 3.68　Windows 菜单中所包含的功能（左侧为控制面板，右侧为节点的详细列表）

（13）Help 中包含 Legend，Controls 和 About，是对 CiteSpace 图形中 Legend 的说明，包含 Node，Link 以及 Color Mapping 三个部分。Controls 主要指导用户在使用 CiteSpace 时可以在网络视图区进行的一些操作。About 主要是关于 CiteSpace 的版权以及 Sigma 的解释（Sigma=(centrality+1)^burstness）。

3.3.3　可视化界面功能

在 CiteSpace 的网络可视化界面中，还提供了一些常用的快捷功能键。这些快捷功能在 CiteSpace 的网络可视化界面的菜单中也都能找到（图 3.69）。现将这些功能划分为不同的区块进行如下说明：

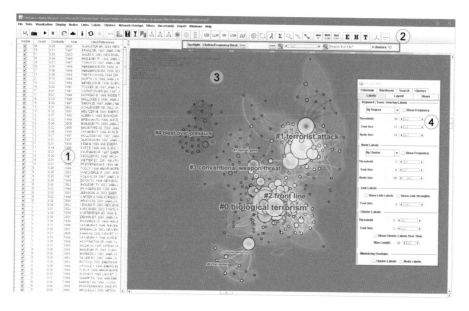

图 3.69　CiteSpace 的网络可视化界面

①是节点信息的展示区域。用户可以按照 Count（频次）、Centrality（中介中心性）、Year（首次出现年份）以及节点的标签属性（例如，这里分析的是文献的共被引网络，因此该列的属性为 Cited Reference）对显示的信息进行排序，具体方法为鼠标点击对应列的首行。若想隐藏某个节点，那么可以点击首列的 Visible 的 ☑ 为 □。

②主要包含了结果保存、显示编辑和计算的快捷功能（图 3.70）。依次为保存分析的可视化文件（ 🖫 ）、保存结果为 PNG 格式（ 🎬 ）、网络重新布局（ ▶ ）、停止网络布局（ ❚❚ ），图形的翻转（ ⌂ ）、图形的舒展（ ☁ ）、图形的压缩（ ⭭ ）、刷新聚类（ ↻ ）、连线样式的切换（ ❋ ）、可视化网络颜色的调整（ ━ ）、网络视图背景颜色的修改（ ▦ ）、背景颜色为黑色（ ⧗ ）以及背景颜色为白色（ ⧖ ）。

图 3.70　CiteSpace 快捷功能（部分）

图 3.71 所示是 CiteSpace 网络聚类直接相关的快捷功能。第一个为聚类的

计算功能，点击即可完成网络的聚类。

图 3.71　网络聚类及其命名

在聚类完成后，会在可视化结果的左上角显示 Modularity 和 Silhouette，它们都是用来衡量聚类效果的参数，具体的原理如下：

Modularity 是网络模块化的评价指标，一个网络的 Modularity 值越大，则表示网络得到聚类越好。Q 的取值区间为 [0，1]，Q>0.3 时就意味着得到的网络社团结构是显著的。Q 值计算式如下：

$$Q = \frac{1}{2m} \sum_{i, j} (a_{ij} - p_{ij}) \sigma(C_i, C_j)$$

其中，$A=a_{ij}$ 为实际网络的邻接矩阵；p_{ij} 为零模型中节点 i 与节点 j 之间连线边数的期望值；C_i 和 C_j 分别代表节点 i 与节点 j 在网络中所属的社团。若 i 与 j 属于同一个社团，那么 $\sigma=1$；否则 $\sigma=0$。

Silhouette 值是 1990 年 Kaufman 和 Rousseeuw 提出的用于评价聚类效果的参数。通过衡量网络同质性的指标来对聚类进行评价，Silhouette 值越接近 1，反映网络的同质性越高，Silhouette 为 0.7 时聚类结果是具有高信度的。在 0.5 以上，可以认为聚类结果是合理的。（注意：Silhouette 主要在聚类后来衡量某个聚类内部的同质性，但是在聚类内部成员很少时，这个值的信度会降低）。单个样本点 Silhouette 值的计算公式（Rousseeuw P，1987）：

$$S_i = \begin{cases} 1 - a(i) / b(i), & \text{若 } a(i) < b(i) \\ 0, & \text{若 } a(i) = b(i) \\ b(i) / a(i) - 1, & \text{若 } a(i) > b(i) \end{cases}$$

可以将上式改写为：

$$S_i = \frac{b(i) - a(i)}{\max\{a(i), b(i)\}}$$

得到的 S 满足 $-1 \leq S_i \leq 1$。其中，a 为点 i 与所在类中其它点的平均距离；b 为点 i 与最接近点 i 所在类中各点的平均距离。平均 Silhouette 值是各样本点轮廓值的平均数。

图 3.71 中间的三个字母"＂"＂"＂"＂"代表聚类的命名术语是从施引文献的标题、关键词或者摘要中提取的。在实际研究中，从标题中提取名词性

术语为聚类命名比较常用。此外，CiteSpace 还提供了从施引文献的领域分类（ sc ）
和被引文献（ 🕮 ）中提取聚类标签的功能。

CiteSpace 提供了三种文本处理方法，用以从施引论文的标题、关键词、摘要、
领域或被引文献中来提取聚类标签。这三种方法分别为 LSI 方法（LSI 全称为
Latent Semantic Index 潜语义索引）、LLR 对数似然算法（Dunning, T 1993）
以及 MI（互信息算法）。每一种算法得到的聚类标签有不同的偏好和特征：通
过 LLR 算法和 MI 算法提取的研究术语强调的是研究特点（unique aspect of a
cluster）。在图谱结果的展示上，用户可以采用默认的 LLR 算法来标记聚类标签，
并结合三种算法给出的标签来分析和评估结果。图 3.72 所示是使用 LSI 从施引文
献标题中提取的聚类命名结果，在 Cluster Explorer 中已经被高亮显示。UDR 表
示加载用户自定义的聚类名称，用户可以通过加载相关文件实现自己对聚类的命
名。和用来分析聚类的时间演化和两种聚类标签（LSI/LLR）的显示，分别点击
这两个快捷按钮，得到的结果如图 3.73 所示。

Coverage	GCS	LCS	Bibliography
12	211	1	INGLESBY, TV (1999) Anthrax as a biological weapon - medical and public health management JAMA-JOURNAL OF THE AMERICAN MEDICAL ASSOCIATION, V281, P11
12	8	1	ATLAS, RM (1999) Combating the threat of biowarfare and bioterrorism BIOSCIENCE, V49, P13
11	17	1	RICHARDS, CF (1999) Emergency physicians and biological terrorism ANNALS OF EMERGENCY MEDICINE
11	3	1	RELMAN, DA (2001) Bioterrorism preparedness: what practitioners need to know INFECTIONS IN MEDICINE, V18, P14
8	13	1	HAIL, AS (1999) Comparison of noninvasive sampling sites for early detection of bacillus anthracis spores from rhesus monkeys after aerosol exposure MILITARY MEDICINE
8	4	1	DHAWAN, B (2001) Bioterrorism: a threat for which we are ill prepared NATIONAL MEDICAL JOURNAL OF INDIA
8	2	1	CHYBA, CF (2001) Biological terrorism and public health SURVIVAL, V43, P16
6	24	1	WETTER, DC (2001) Hospital preparedness for victims of chemical or biological terrorism AMERICAN JOURNAL OF PUBLIC HEALTH
5	1	1	FRANZ, DR (2000) Biological terrorism: understanding the threat, preparation, and medical response DM DISEASE-A-MONTH, V46, P62
5	10	1	KHAN, AS (2001) Precautions against biological and chemical terrorism directed at food and water supplies PUBLIC HEALTH REPORTS, V116, P15
4	4	1	HENRETIG, F (2001) Biological and chemical terrorism defense: a view from the "front lines" of public health AMERICAN JOURNAL OF PUBLIC HEALTH
4	7	1	GORDON, SM (1999) The threat of bioterrorism: a reason to learn more about anthrax and smallpox CLEVELAND CLINIC JOURNAL OF MEDICINE, V66, P10
4	28	1	MACINTYRE, AG (2000) Weapons of mass destruction events with contaminated casualties - effective planning for health care facilities JAMA-JOURNAL OF THE AMERICAN MEDICAL ASSOCIATION
4	11	1	WAECKERLE, JF (2001) Executive summary: developing objectives, content, and competencies for the training of emergency medical technicians, emergency physicians, and emergency nurses to care for casualties resulting from nuclear, biological, or chemical (nbc) incidents ANNALS OF EMERGENCY MEDICINE, V37, P15

图 3.72 标题词 +LSI 聚类命名

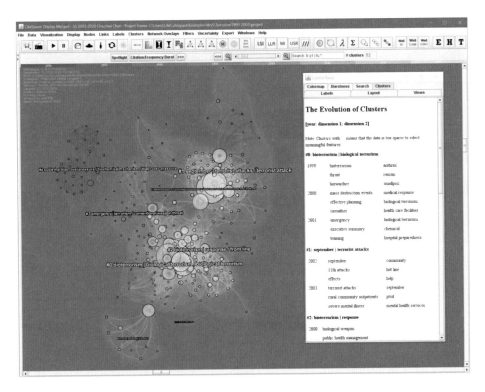

图 3.73　LSI/LLR 聚类标签与聚类的演化

　　节点显示样式的快捷调整如图 3.74 所示。这是对可视化网络图中节点属性的调整功能区。第一个 ◎（Node size=tree ring history）是节点的年轮表示方法，也是 CiteSpace 网络可视化最经典的显示方式。节点的整体大小反映了节点被引或者出现的次数，节点的年轮圈代表不同年份发表论文的数量，某个年份的年轮越宽，则代表在相应的年份上被引用或者出现的频次越大。◎（Node size=Centrality）即节点是以中介中心性的大小进行显示。其他的依次为特征向量（ λ ）、Sigma 指数（ Σ ）、PageRank（ ◎ ）、统一尺寸（ ◎ ）、聚类类别（ ◎ ）以及 Web of Science 引证总量（ WoS/TC ）等显示方式（图 3.75）。此外，还新增加了节点按照使用情况显示的设置，可以用来表示某文献在近 180天（ WoS/U180 ）或者从 2013 年以来（ WoS/U2013 ）的使用情况。

图 3.74　节点样式显示的快捷键

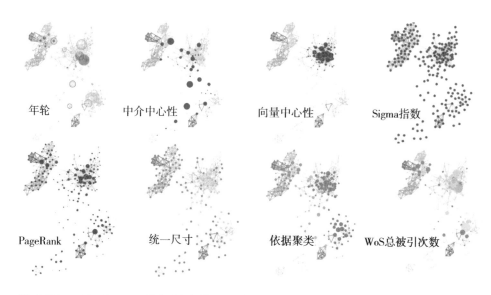

图 3.75　CiteSpace 节点样式的不同表示

③网络调整和计算的其他功能。这里包含了网络的关键路径分析（Spotlight）、节点突发性探测（Citation Frequency Burst），网络在时间序列上的变化，图形的放大和缩小，节点信息的检索和聚类数量的显示等功能，如图 3.76 所示。

图 3.76　CiteSpace 网络可视化编辑功能

④控制面板（Control Panel），包含了 Labels（标签和节点的处理）；Layout（网络方法选择），Views（可视化的调节），主要针对时间线图；Colormap，主要是对图形的配色主题和网络元素的透明度等信息进行调整；Burstness，主要是用来对节点的突发性特征进行处理；Search（节点信息的检索链接）以及 Clusters（聚类信息的显示）。

Labels 功能（见图 3.77）：默认的快捷标签为 Labels，在该标签下可以完成以下功能：（a）对关键词和主语（Keyword|Term）网络所显示的标签阈值、字号和节点的大小进行调整；（b）对除了主题网络分析以外的其他网络标签阈值、

字号大小和节点大小进行调整；（c）主要用于显示或者隐藏网络中连线的标签和强度，以及对标签大小进行调整；（d）对聚类标签的显示阈值和字号大小进行调整；（e）Minimizing overlaps 用来调整节点和聚类的标签，以减少标签之间的覆盖。

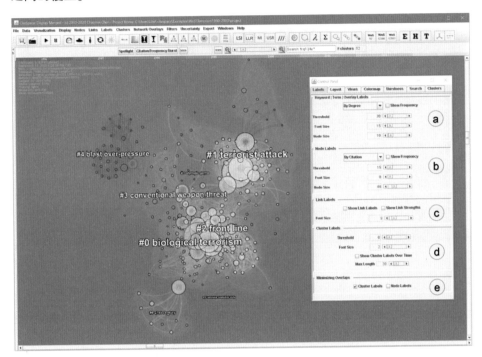

图 3.77　Labels 调整区域

Layout 功能（图 3.78）：Layout 为网络的布局快捷区域，默认的网络布局为 Cluster view，此外还包含了 t-SNE、Barnes-Hut、Timeline 以及 Timezone 的布局方式。

Views 功能（图 3.79）：view 区域的功能主要是对时间线图的调整。其中（a）是利用鱼眼图（Fisheye）对 Timeline 进行调整；（b）是对 Timeline 视图中聚类标签的位置、行距以及连线的调整。

Colormap 功能（图 3.80）：Colormap 是对图谱的色彩主题、图形元素透明度的设置（包含节点、标签、连线等）。例如，图 3.81 展示了 CiteSpace 提供的 12 种图谱主题配色。

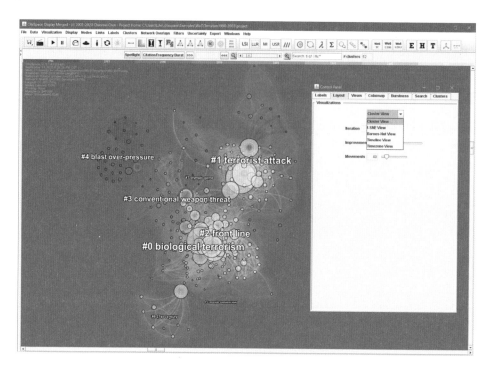

图 3.78　Layout 区域功能

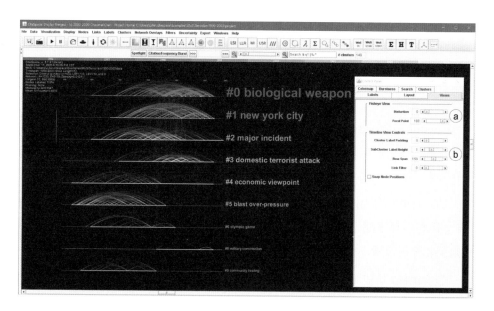

图 3.79　View 功能区

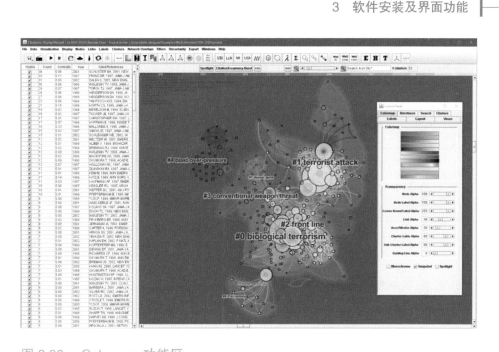

图 3.80　Colormap 功能区

图 3.81　CiteSpace 提供的图谱配色主题

Burstness 功能（图 3.82）：该区域是节点突发性探测的区域。修改参数后，点击 Refresh 可以更新突发性探测的结果，点击此处的 View可以查看突发性探测的结果。

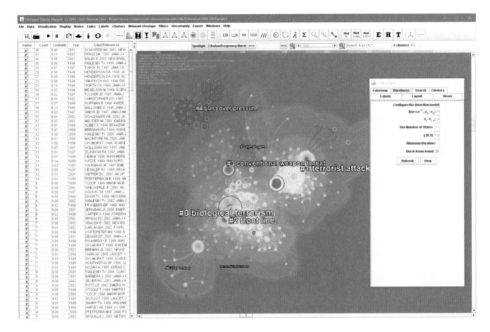

图 3.82　突发性探测功能区

Search 功能（图 3.83）：在网络中，点击选中某个节点，通过右击得到的菜单中提供了使用不同数据库来检索该目标文献的功能。点击后，该区域会显示生成的检索链接，用户可以链接到论文的主页。

Clusters 功能（图 3.84）：Cluster 功能主要是用来显示聚类分析的详细结果。例如，图中展示了各个聚类的标签的时间演化情况。

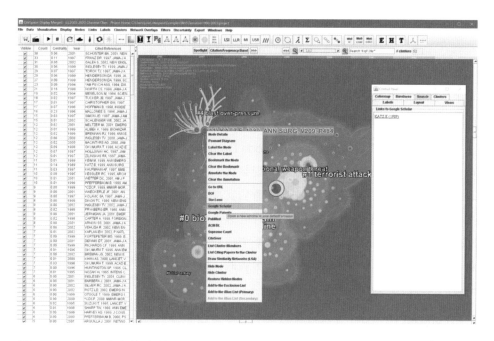

图 3.83 节点信息检索链接

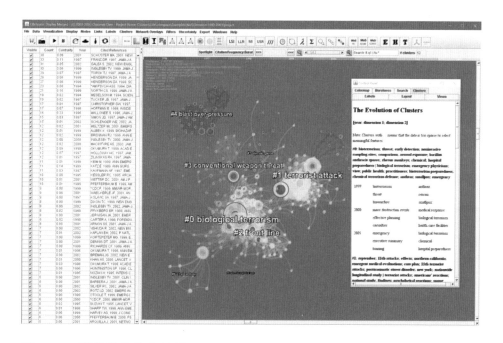

图 3.84 聚类演化信息的显示

3.3.4　网络节点信息处理

通过鼠标选中节点后，右击鼠标可以获取对单个节点信息进行处理的功能区（图3.85）。下面对该区域的功能进行详细的介绍：

（1）节点的查看和编辑。点击 Node Details 可以查看某个节点频次（被引或者共现频次）在时间上的变化。若为共被引网络，查看的就是某文献被引用的时序图以及施引文献的信息（图3.86）。若为共词网络，查看的就是某个词汇随着时间的频次变化。对合作网络进行分析时，则对应的是作者发文的时序分布。

Pennant Diagram 可以查看与某个节点相连接的文献信息（图3.87），更为详细的原理和功能参见（White H.,2007a, White H.,2007b）。

Label the Node 标记节点标签，这种标签显示由用户自己选取，可以是没有在阈值范围内显示的节点。Clear the Label 就是清除标记的节点；Bookmark the Node 就是重点标注的节点，此时节点中心会出现一个小 ★。也可以选择 Clear the Bookmark 清除标记；Annotate the Node 就是为某个节点添加注释信息，也可以选择 Clear the Annotate 清除注释。

Node Details
Pennant Diagram
Label the Node
Clear the Label
Bookmark the Node
Clear the Bookmark
Annotate the Node
Clear the Annotation
Go to URL
DOI
The Lens
Google Scholar
Google Patents
PubMed
ACM DL
Supreme Court
CiteSeer
List Cluster Members
List Citing Papers to the Cluster
Draw Similarity Networks (LSA)
Hide Node
Hide Cluster
Restore Hidden Nodes
Add to the Exclusion List
Add to the Alias List (Primary)
Add to the Alias List (Secondary)

图 3.85　对单个节点信息的查看或处理

图 3.86　节点历史信息查询

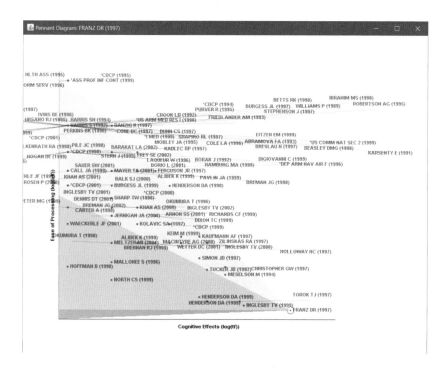

图 3.87　文献的 Pennant Diagram 查询

（2）节点信息的网络检索。Open DOI 主要是通过每个文献的 DOI（Digital Object Identifier）号码来唯一确定文献，通过单击可以直接链接到该论文的网络全文地址（没有 DOI 的文献不能得到相应的结果）；若知道一篇论文的 DOI 号码，也可以在 Digital Object Identifier System❶ 输入该号码获取该文献的信息。Google Scholar 和 Google Patent 是通过 Google 来查询所选择的节点文献；PubMed 是通过 PubMed 数据库来查询所选择的节点信息；ACM DL 是通过美国计算机协会数字图书馆（ACM DL,Association for Computing Machinery Digital Library）数据库来查询所选择的节点；Supreme Court 和 CiteSeer 也是通过对应的这两个数据库来检索对象节点的信息。

（3）节点相关联信息的查询。List Cluster Members 内列出了该节点所属聚类的节点信息；List Citing Papers to the Cluster 为查询该聚类的施引文献信息，包含 Keyword,Citing Title 和 Bibliographic Details。Draw Similarity Network（LSA）功能是用来绘制相似网络的。

---

❶　Digital Object Identifier System.http://www.doi.org/.

（4）节点其他处理功能。Hide Node 隐藏节点信息；Hide Cluster 隐藏某聚类；Restore Hidden Nodes 恢复隐藏的节点；Add to the Exclusion List 将选择的节点添加到去除列表，Add to the Alias List（Primary）添加到规范词列表（首选），Add to the Alias List（Secondary）添加到规范词列表（次选），主要用于对相同词语的不同写法以及相近词汇的合并或替换。

3.4 数据的预处理

由于不同数据库厂商所提供下载的数据格式有所差异，为了能使用CiteSpace 对不同来源数据库的数据进行分析，CiteSpace 专门提供了数据的转换界面，用于将 CNKI、CSSCI 以及 SCOPUS 等数据转换为 Web of Science 数据格式，供 CiteSpace 进行分析。CiteSpace 数据预处理的基本思路，见图 3.88。

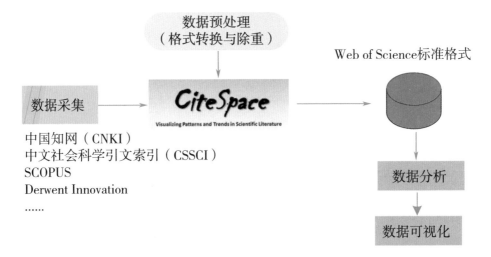

图 3.88　CiteSpace 处理数据基本思路

进入 CiteSpace 数据预处理功能模块的步骤为：运行 CiteSpace 后，选择功能参数区菜单栏的 Data→Import/Export，即可进入数据的预处理界面（图 3.89）。目前 CiteSpace 可以对 WOS（WebofScience 数据库）、arXiv（预印本库）、CNKI（中国知网）、CSSCI（中文社会科学引文索引）、Derwent（专利数据）、NSF（美国国家科学基金会）以及 Scopus 等数据进行预处理。

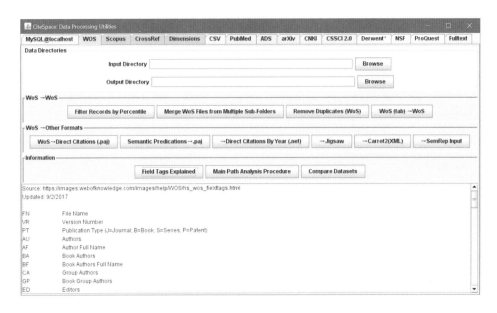

图 3.89   CiteSpace 的数据预处理功能界面

3.4.1   WoS 数据除重

第 1 步：首先需要建立两个文件夹，一个用于存储原始数据，一个用于保存处理后的数据（图 3.90）。这里将保存原始数据的文件夹命名为 Original data（原始数据文件夹中放入按照要求下载和命名的数据），除重后的数据文件夹命名为 Duplicates Removal（该文件夹为空文件夹）。

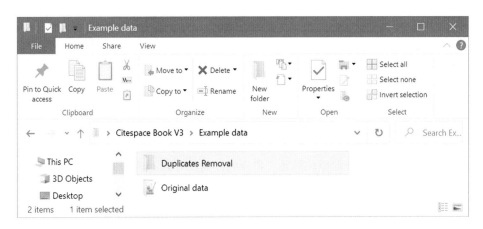

图 3.90   数据除重准备文件夹

第 2 步：通过点击 Data→Import/Export，进入 CiteSpace 数据预处理界面（图 3.91），并在数据预处理功能区中选择对应的数据库名称。

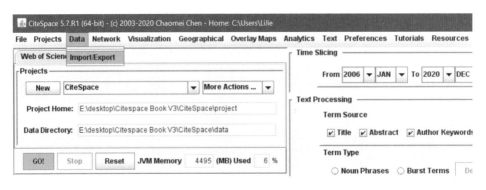

图 3.91　进入数据预处理界面

此处以 WoS 的数据除重为例进行说明，点击 WOS 进入 Web of Science 的数据预处理功能界面，如图 3.92 所示。在 WOS 数据预处理功能区中，除了数据除重之外还包含了其他三种数据格式处理的功能（数据过滤、数据合并和 TAB 文件转换）

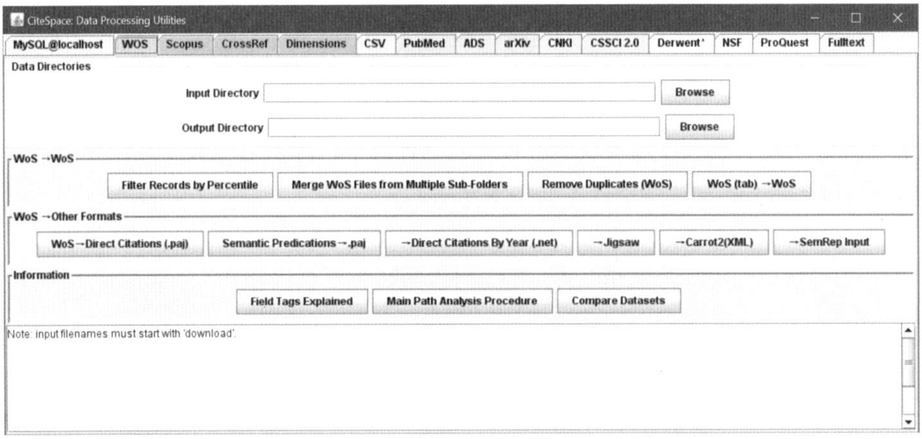

图 3.92　CiteSpace 数据预处理功能界面

第 3 步：加载原始数据和除重。将原始数据加载到 Input Directory，将保存处理后的数据文件夹加载到 Output Directory（图 3.93）。当数据加载结束之后，点击 Remove Duplicates（WoS）后即可完成数据的除重过程（图 3.94）。

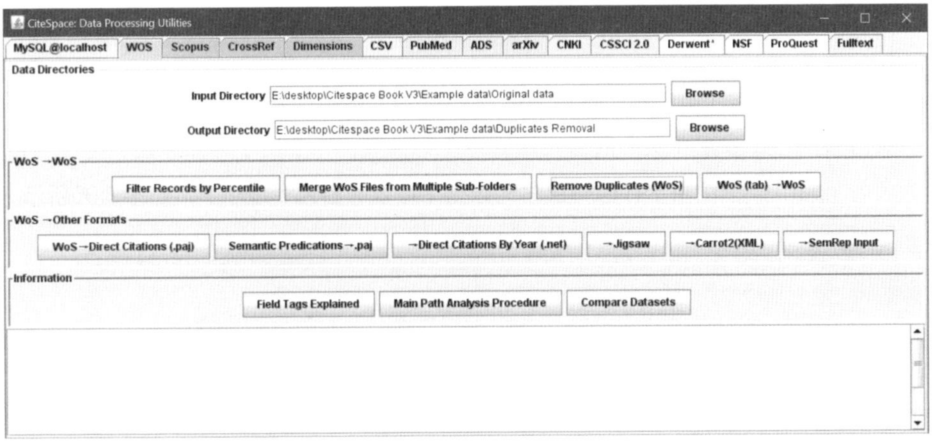

图 3.93 数据文件的加载

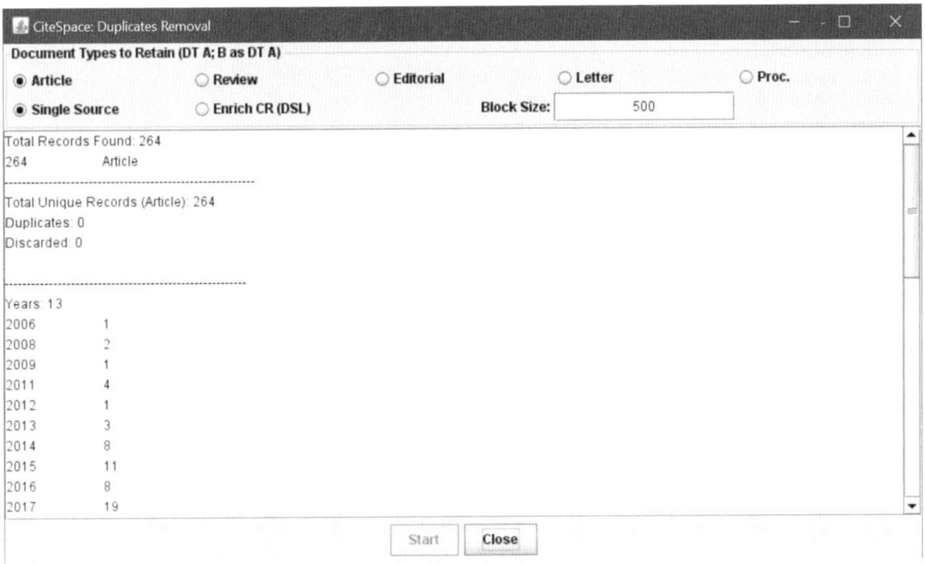

图 3.94 数据除重后的结果

3.4.2 数据格式转换

在 CiteSpace 数据预处理功能区中还提供了针对数据格式转换的功能模块。默认的界面为 CiteSpace Built-in Data，如果要对相应的数据进行转换，需要点击对应的标签，例如 Scopus，arXiv，CNKI 以及 CSSCI 等处理的功能模块区。

3.4.2.1　CNKI 数据转换

从 CNKI 直接下载的数据不能直接导入 CiteSpace 软件进行分析，需要对数据格式进行转换。在数据转换之前需要建立两个文件夹，一个用于存储原始数据（可以命名为 input），一个用于存储转换后的数据（可以命名为 output），如图 3.95 所示。

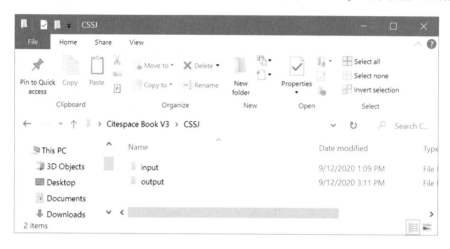

图 3.95　文件的建立样式

这里需要转换的数据为 CNKI 格式，因此需要点击 CNKI（RefWork）标签，进入 CNKI 数据转换的界面，如图 3.96 所示。

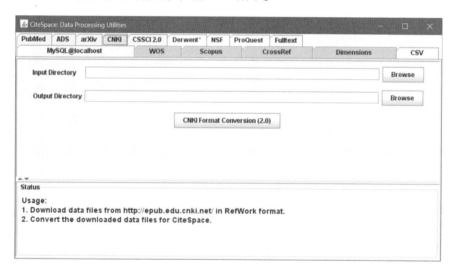

图 3.96　CNKI 的数据转换功能位置

点击 Input Directory 后的 Browse 选择原始数据所在的文件夹；点击 Output Directory 后的 Browse，加载对应的输出文件夹。在这里需要注意的是，原始文件夹 iuput 中保存有下载的数据，且命名为 download_xxx。output 为空文件夹，用于保存转换后的数据。点击 CNKI Format Conversion（2.0），完成转换后会显示数据的处理情况 Records Read: 703；Records Converted: 703（图 3.97）。

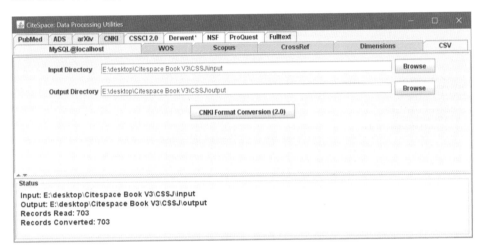

图 3.97　中国知网数据的加载和转换

3.4.2.2　CSSCI 数据转换

按照前面章节的步骤下载好 CSSCI 数据后，建立两个文件夹（data 和 project 文件夹）用于保存原始数据和转换后的数据。下面对关键步骤说明如下：

在 CiteSpace 的 CSSCI数据转换模块中加载所下载的数据，点击 Format Conversion，数据完成转换后会显示 Finished（图 3.98）。在界面下面的 Status 中会显示：原来的记录数（Original Records：101），有效的记录数（Valid Record：101），有效率（Ratio of Valid Records：100%），处理的原始参考文献数量（Original References：2797），转换后有效的参考文献数量（Valid References：2782）以及转换后有效的参考文献百分比（Ratio of Valid References：99.0%）。

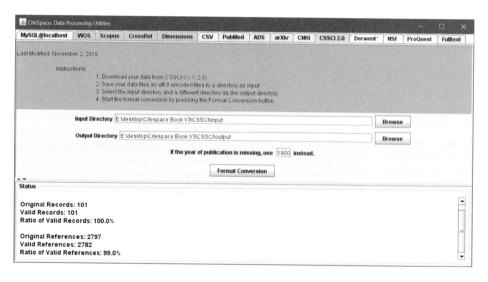

图 3.98　CSSCI 数据加载和转换

经过 CSSCI 转换后的数据会在原数据文本名称后加 wos（图 3.99）。

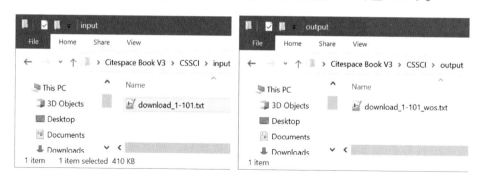

图 3.99　CSSCI 数据转换前（左）后（右）

3.4.2.3　Scopus 数据转换

第 1 步：建立两个文件夹，一个用于保存原始数据，另一个用于保存转换后的数据（图 3.100）。这里在 input 中保存从 Scopus 下载的 .ris 文件，注意该文件的命名为 download.ris。

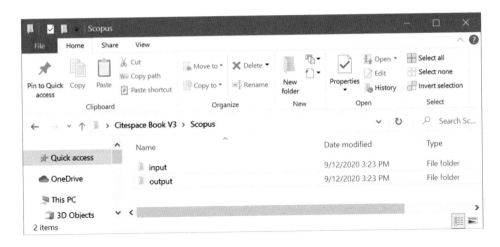

图 3.100　Scopus 转换文件夹的建立

第 2 步：在 CiteSpace 的数据转换界面的 Scopus 功能区，按照与上文类似的步骤加载数据文件夹。加载结束后，点击 Scopus(RIS)→WoS 即可。数据转换成功后，会在界面中显示类似 Total References：25109，Valid References：23516（93.0%）的信息（图 3.101）。

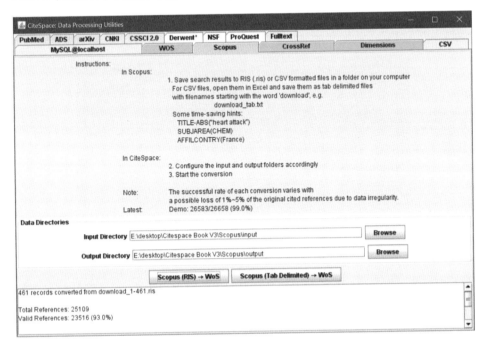

图 3.101　Scopus 数据的转换

3.4.2.4　Derwent 数据转换

Derwent 与 CNKI、CSSCI 以及 Scopus 的数据转换方法类似，数据转换前都需要建立两个文件夹，一个用于保存原始数据，另一个用于保存转换后的数据（图 3.102）。

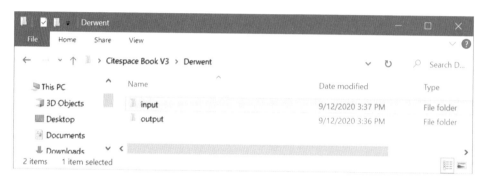

图 3.102　Derwent 数据转换文件夹

第 1 步：在 CiteSpace 功能参数区的菜单栏中依次选择 Data→Import/Export→Derwent*（图 3.103），进入 Derwent 数据转换界面。

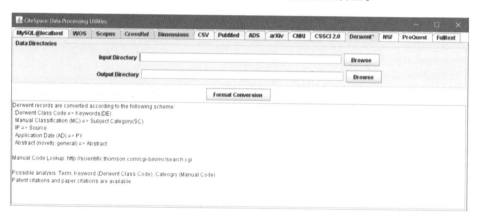

图 3.103　Derwent 专利数据转换页面

第 2 步：在 Input Directory 中加载原始专利数据，在 Output Directory 中加载转换后数据需要保存的文件夹（此文件夹为空）。文件夹加载后，点击 Format Conversion 即可（图 3.104）。

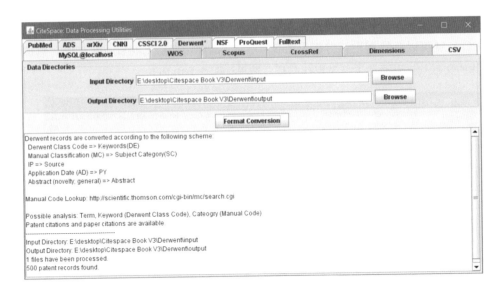

图 3.104　数据的加载与数据转换

3.5　项目与参数设置

前面已经对数据的采集以及预处理进行了介绍，这两个步骤是进行数据分析的前提条件。下面主要介绍如何结合已有数据建立项目，并在 CiteSpace 中对数据进行分析。这里以分析 1925—2017 年热爆炸研究的数据为例。

第 1 步：建立一个文件夹，并命名为 thermal explosi_1415。在此文件夹下建立两个子文件夹 data 和 project，复制转换后的数据文件到 data 文件夹（WoS 数据不需要转换），project 文件夹保持为空，主要用于保存分析后的结果（图 3.105）。

第 2 步：点击 CiteSpace 功能与参数页面的 New，进入 New Project 界面。在 New Project 界面中可以进行相关参数的设置。Title 为项目的名称，用户需要自定义。Project Home 与 project 文件夹对应，Data Directory 与第一步的 data 文件夹对应（如图 3.106）。需要特别注意，在分析时，要针对数据的情况选择 Data Source。其他参数保持默认即可，点击 Save 回到 CiteSpace 功能参数区（图 3.107）。

返回到功能与参数区后，此时需要对数据分析的时间、网络参数等进行设置。对于 WoS 数据而言，其数据的知识单元都是完整的。而中文的 CNKI 数据仅仅包含作者、机构、关键词、摘要等信息。因此，使用来源于 CNKI 论文数据进行知识图谱绘制时，会存在很多局限。若在功能参数区设置好了分析参数，点击GO！就可以对数据进行分析（图 3.107）。例如，通过 CiteSpace 可以对热爆炸的文献共被引网络进行可视化分析，结果如图 3.108 所示。

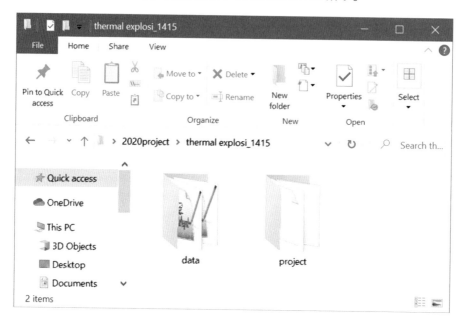

图 3.105　建立项目文件夹

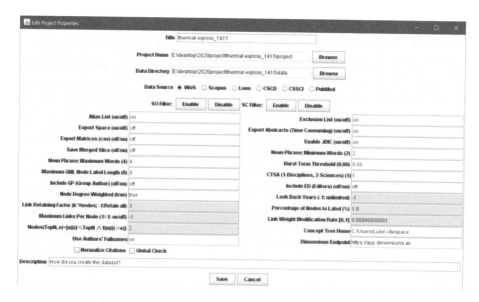

图 3.106　新建工程文件区域

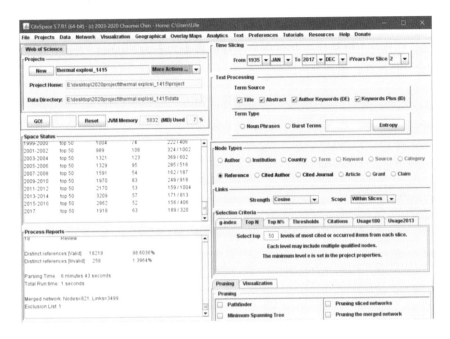

图 3.107　项目建立返回到软件功能参数区

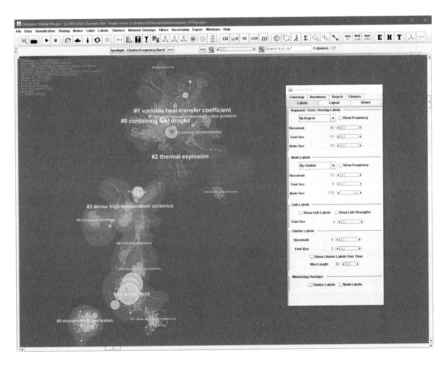

图 3.108　热爆炸研究的文献共被引网络

如果需要对已建立的项目进行编辑，需要依次点击 More Actions→Edit Properties，如图 3.109 所示。此时用户所在的界面为 Edit Project Properties，可以对当前项目的各种参数进行调整。

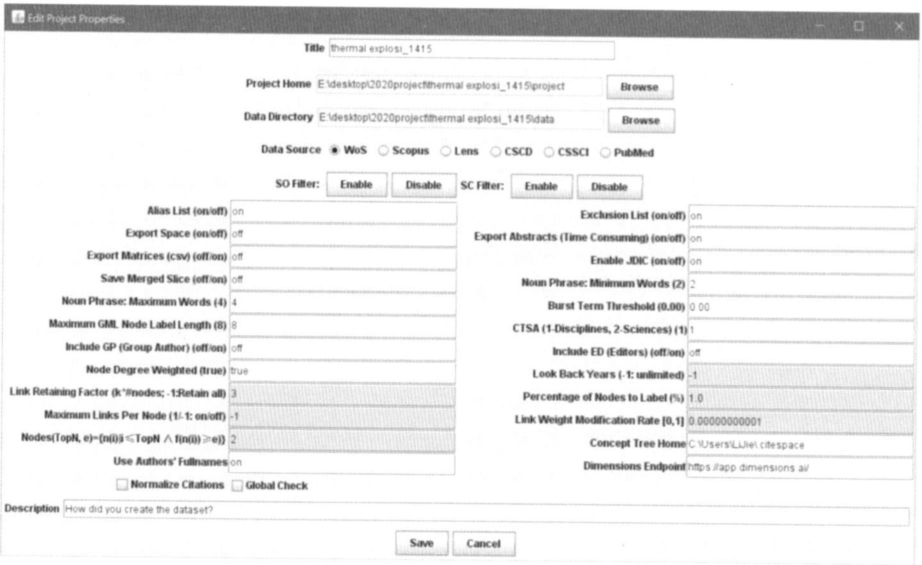

图 3.109　项目的编辑区

对该窗口提供的其他参数功能介绍如下：

Filter 功能：该界面提供两种 Filter 功能，分别为 SO Filter 期刊过滤（SO 代表 Source）和 SC Filter 科学领域过滤（SC 代表 Subject Categories）。例如要使用 SO Filter，点击"Enable"按钮，此时出现如图 3.110 所示的提示。接下来需要建立一个期刊的列表，这些期刊是准备要分析的期刊（即保留这些期刊的记录），并将该列表保存为 ASC Ⅱ 文件。SC Filter 的功能操作与 SO Filter 类似，此处就不赘述。

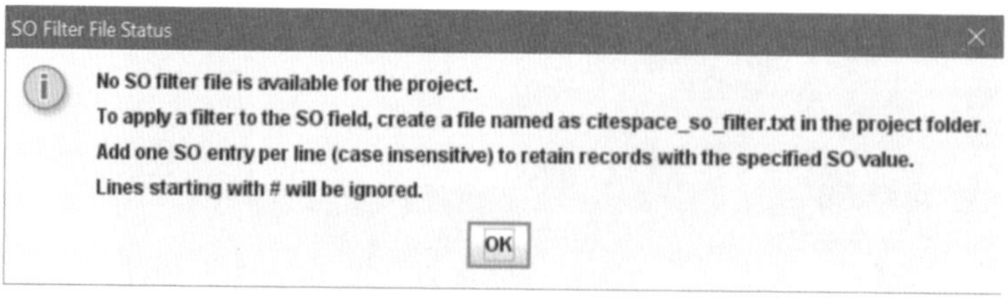

图 3.110　期刊过滤功能提示

Alias List（on/off）：该功能用于开启或者关闭节点的合并功能。如需要将 Behavior 和 Behaviour 进行合并，那么就要设置此功能为 on，然后在可视化界面进行合并操作。

Exclusion List(on/off)：该功能用于去除一些没有意义或者意义广泛的节点。

Look Back Years（–1，unlimited）：该功能主要是用来控制提取文献网络中节点的数量（或者可以理解为最大引用跨度）。例如设置为 5，则表示仅仅提取施引文献中近 5 年的被引文献，超过的将不被考虑。当该参数的值为 –1 时，所有跨度的引用都包括在内。

Max.No.Links to Retain：该功能主要用来控制网络中连线的数量（或者可以理解为最大相邻节点数）。例如默认设置为 5，意思是仅仅保留每一个节点关联强度最大的 5 个连线。节点连线小于 5 的都保留，大于 5 的仅仅显示 5 条。

Export Matrices（CSV）（on/off）：是否导出所分析网络的矩阵，on 为导出，off 为不导出（默认）。

Noun Phrase：Minimum words (2) 和 Noun Phrase：Maximum words (4) 分别设置提取名词性术语的最小词数和最大词数，默认值分别为 2 和 4。

Percentage of Nodes to Label（%）：用来设置在可视化界面默认显示标签的百分数。

Nodes（TopN，e）=$\{n(i)|i \leqslant TopN \wedge f(n(i)) \geqslant e\}$ 或 $TopN=\{n|f(n)>=e)\}$ 表示 f 是被引次数（出现频次），e 是节点要满足的最低被引次数。当用户在每个时间切片提取数据 TopN 的数据时（注意该功能目前仅仅在 Top N 下生效），可能排序为 N 的知识单元的数量会很大，这时可以通过设置 e 来进行控制。

Use Authors' Fullnames 表示提取作者的全名与否（on/off）。

最后，在项目建立后，很多时候需要保存和查看项目的参数，以重复之前的结果。在功能参数区中的 projects 菜单栏中，用户可以点击 list project 来查看建立的所有项目的参数情况，见图 3.111。

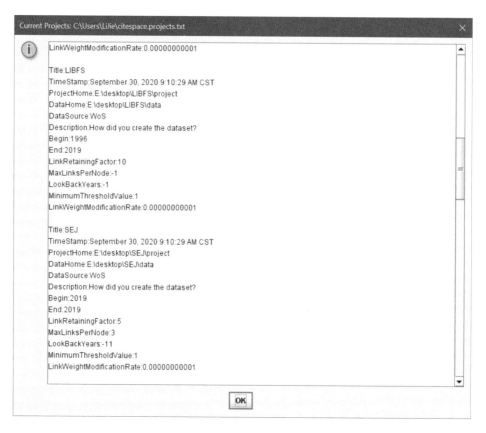

图 3.111　CiteSpace 中查看项目

3.6　关键步骤与结果解读

3.6.1　数据分析的关键步骤

（1）运用尽可能广泛的专业术语来确定所关注的知识领域，这是为了所得到的结果能尽可能地涵盖所关注领域的全部内容。

该步骤要求用户对自己所关注的领域要比较熟悉。在此前提下用户才能确定出合理的术语，以及需要重点关注的问题。

（2）收集数据。在上一步确定好要检索的术语以后，接下来则要选择数据库来获取所要分析的数据。当前 CiteSpace 所分析的数据标准是 Web of Science 格式，也就是说从 Web of Science 中下载的数据，CiteSpace 直接可以读取和分析。而从其他数据库所收集的数据需要通过格式的转换才能进行分析。数据转换的思路就是把其他数据库的格式转换为 Web of Science 格式的数据（例如：CNKI → WoS、CSSCI → WoS 以及 Scopus → WoS 等）。

该步骤对用户的信息检索素质要求比较高。因此，具备一定的信息检索技能以及检索技巧是必须的。例如：在进行安全科学的文献分析时，使用主题检索的结果达到了近30万条。这时可以考虑改用标题检索或关键词检索以提高查准率，降低查全率。

（3）提取研究前沿术语。从数据库文献的题目（Title）、摘要（Abstract）、关键词（Keywords）、系索词（Descriptor）和标识符中检索 N 元文法（N-grams）或专业术语，出现频次快速增加的专业术语将被确定为研究前沿术语。

（4）时区分割（Time Slicing）。在 CiteSpace 中需要明确所分析数据的时间跨度（开始时间和结束时间），以及这个时间跨度的分段长度（即单个时区的长度）。

（5）阈值的选择。CiteSpace 允许用户使用多种方法来设定阈值。分别为 g-index 法、Top N 法、Top N% 法以及 Thresholds 法等。

（6）网络精简和合并。在 CiteSpace 中提供两种网络精简算法，分别为 Pathfinder 和 MST。在对数据进行初始分析时，一般不做任何精简。根据初步得到的结果，再决定采用何种精简方法。

（7）可视化显示。CiteSpace 的标准视图（默认）为网络图（Cluster View），此外还有时间线（Timeline）和时区图（Timezone）。

（8）可视化编辑与计算。在得到图谱之后，可以借助 CiteSpace 可视化界面提供的网络编辑功能美化图形，也可以利用提供的网络元素计算功能对网络进一步分析。

（9）分析结果的验证。得到 CiteSpace 的分析结果后，需要与熟悉本专业的学者、专家进行沟通，特别是网络中突出的关键节点。

3.6.2　数据分析结果的解读

CiteSpace 的核心功能是产生由多个文献共被引网络组合而成的一个独特的

共被引网络，并自动生成一些相关分析结果。每个文献共被引网络对应于一个历时一年或几年的时间段。最终显示的网络不是各个网络之间的简单叠加，而是要满足一些条件。解读这样的递进式知识领域分析的要点包括：网络整体结构，网络聚类，各聚类之间的关联，关键节点（转折点）和路径。解读时可从直观显示入手，然后再参照各项指标。

（1）结构。是否能看到自然聚类（未经聚类算法而能直观判定的组合），观察通过算法能得到几个聚类？是否包括一些重要的节点，如转折点（Pivot Node，在 CiteSpace 中为有紫色外圈的节点，是具有高的中介中心性的节点）、标志点（Landmark Node，如共被引网络中每个节点大小代表它的总被引次数，节点越大则总被引频次越高）和具有高的度中心性的点（Hub Node，枢纽节点），如图 3.112 所示。

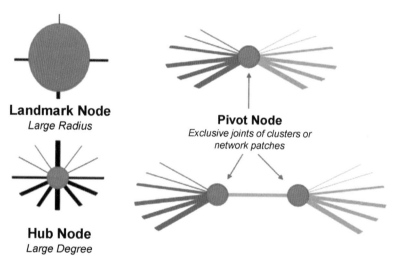

图 3.112　CiteSpace 可视化网络中的几个重要节点特征

（2）时间。每个自然聚类是否有主导颜色（出现时间相对集中）？是否有明显的热点（节点年轮中出现红色年轮，即被引频率是否曾经或仍在急速增加）？通过各个年轮的色彩可判断被引时间分布。时间线显示将每一聚类按时间顺序排列，相邻聚类常常对应相关主题（聚类间共引）。聚类之间的知识流向也可从时间（色彩）上看到（由冷色到暖色）。

（3）内容。每个聚类的影响（被引时涉及的主题、摘要和关键词）和几种不同算法所选出的最有代表性的名词短语。

（4）指标。每个聚类是否具有足够的相似性（silhouette 值是否足够大？太小则无明确主题可言）；整个聚类是否有足够节点（太少则很可能全都出自同一篇文献的参考文献，因而缺乏普遍意义）？

思考题

（1）安装 CiteSpace 软件，并尝试运行案例数据。

（2）试通过 CNKI 和 Web of Science 分别下载《火灾科学》和 *Fire Safety Journal* 的数据（注意：CNKI 数据分析前要进行数据转换）。

（3）CiteSpace 可进行分析的数据获取渠道有哪些？你认为不同渠道获取的数据对分析结果的影响如何？（例如：通过 CNKI，Web of Science 以及 CSSCI 分析关于"地震"研究的文献。）

（4）在 CiteSpace 中有三种关联强度的计算，试结合其计算公式谈谈不同算法的处理思路和特点。

（5）在 CiteSpace 中确定节点重要性排序的方法有哪些？你认为这些算法都适用于哪些情况？

本章小提示

小提示 3.1：CiteSpace 运行电脑的系统。

苹果电脑是否可以运行 CiteSpace？答案是肯定的。具体的下载、安装和运行步骤与 Windows 系统类似，两种系统都需要先正确地安装了 Java。

具体步骤参见 https://sourceforge.net/p/citespace/blog/2018/09/using-citespace-on-mac/.

小提示 3.2：CiteSpace 各版本功能说明。

陈超美教授会根据大家的反馈以及最新的研究成果，对 CiteSpace 的版本进行更新，请大家尽量使用最新版的 CiteSpace。虽然本教程中涉及的版本可能会过期，但 CiteSpace 目前的功能和基本模块已经定型，版本的差异不影响通过本教程来学习最新版的软件。

小提示 3.3：CiteSpace 过期版本的运行。

如果想用过期版本，但是运行提示"This version of CiteSpace expires on May 31，2015"怎么办？处理的方法是将自己电脑的时间调到该时间之前即可。

小提示 3.4：CiteSpace 运行问题的解答。

当软件启动出现问题（包含软件不能正常运行和案例数据丢失的情况），需要重新安装软件。可以找到 CiteSpace 软件的安装文件夹，删除 ".CiteSpace" 文件夹（图 3.113），然后再运行所下载的 StartCiteSpace.bat 或 CiteSpace.exe 文件即可。

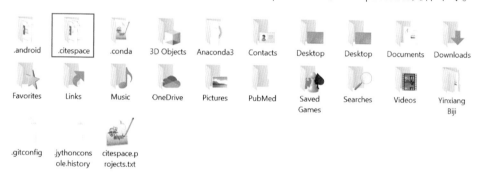

图 3.113 ".CiteSpace" 文件的位置

小提示 3.5：CiteSpace 所分析文献的时间说明。

①在用户采集的文本中存在两种时间，一种是施引文献的时间，一种是被引文献的时间。如果我们下载了某一主题 2001—2010 年的数据，这就是施引文献的时间。我们在功能参数区设置时间的时候，必须依据施引文献的时间来设置时间。如果进行的是文献的共被引分析，CiteSpace 将从 2001—2010 年的施引文献的参考文献里面读取数据，那么提取的文献的时间跨度可能就很大。这就是为什么有用户存在这样的疑问："我分析的数据是 2001—2010 的，怎么在文献的共被引网络里面出现了 1980 年等不在时间范围内的数据"。②时间切片设置的不同会影响到突发性探测的结果，但显著性比较强的节点受到的影响会较小。

小提示 3.6：CiteSpace 所分析网络的说明。

CiteSpace 除了能够生成 1 模网络外（节点含义相同），还可以生成多模网络（又称异质网络）。如 Author-Reference（Author-cites-reference 表示作者与引用文献），Author-Category（Author-published in category 表示作者在某科学领域发表论文）以及 Category-Reference（Paper in category cites Reference，表示论文在哪些领域被引用）。CiteSpace 所分析的网络不限于社会网络。例如：文献共被引网络就不是社会网络，而是更为抽象的概念符号（concept symbols）网络。特别要注意节点之间的关系如果不属于社会联系的话，就不能作为社会网络对待。

小提示 3.7：CiteSpace 网络类型的选择

在实际的数据分析中，用户需要根据自身的研究目的来选择相应的节点类型。在以往 CiteSpace 使用中，存在节点选择和研究目的不匹配的情况。这里对常见的节点类型和研究目的进行了总结，如下：

研究目的：研究前沿 + 知识基础

节点类型：Reference

知识基础是由共被引文献集合组成的，而研究前沿是由引用这些知识基础的施引文献集合组成的。在 CiteSpace 中知识基础的聚类命名是通过从施引文献中提取的名词性术语确定的，这个命名可以认为是领域的研究前沿。当然，对最近几年发表的文献进行耦合分析，也是一种进行研究前沿的分析方法。CiteSpace 文献耦合的节点类型为 Article。

在 CiteSpace 中，研究前沿是正在兴起的理论趋势和新主题的涌现，共引网络则组成了知识基础。在分析中可以利用从题目、摘要等部分提取的突发性术语与共引网络的混合网络来进行分析（即共引文献和引用了这些文章术语的复合网络）。具体表述为：

一个研究领域可以被概念化成一个从研究前沿 $\Psi(t)$ 到知识基础 $\Omega(t)$ 的时间映射 $\Phi(t)$，即 $\Phi(t)$：$\Psi(t) \rightarrow \Omega(t)$。CiteSpace 实现的功能就是能够识别和显示 $\Phi(t)$ 随时间发展的新趋势和研究主题的突变。$\Psi(t)$ 是一组在 t 时刻与新趋势和突变密切相关的术语，这些术语被称为前沿术语。$\Omega(t)$ 由出现前沿术语的文章引用的大量文章组成，对它们之间的关系总结如下：

$$\Phi(t)：\Psi(t) \rightarrow \Omega(t)$$

$$\Psi(t) = \{term | (term \in S_{Title} \cup S_{Abstract} \cup S_{descriptor} \cup S_{indentifier} \wedge IsHotTopic(term,t)\}$$

$$\Omega(t) = \{article | term \in \Psi(t) \wedge term \in article_0 \wedge article_0 \rightarrow article\}$$

式中，S_{Title} 表示一系列标题专业术语，*IsHotTopic(term,t)* 表示布尔函数，*article*$_0$ → *article* 表示 *article*$_0$ 引用 *article*。

研究目的：研究热点 + 研究趋势 + 知识结构

节点类型：Keyword；Term

研究热点可以认为是在某个领域中学者共同关注的一个或者多个话题，从"研究热点"的字面上理解，其有很强的时间特征。一个专业领域的研究热点保持的时间可能有长有短，在分析时要加以注意。CiteSpace 中提供了对研究主题的词频、主题时间趋势、主题的突发性、主题的网络属性等分析的功能。

研究目的：科学领域结构

节点类型：Category，但是其他节点也可考虑（例如：期刊的共被引分析）

关于科学领域结构的研究视角，笔者认为最直接的方法就是使用 CiteSpace 提供的科学领域的共现网络进行分析，但是这样我们得到的结果是有些宏观的。此时，还可以结合期刊的共被引聚类来进行分析。

事实上，对科学结构的探索研究，从 CiteSpace 提供的其他节点的聚类也能够进行分析，如合作者的聚类、文献的聚类等。为什么呢？因为一旦文献的数据集确定，选定不同的知识单元进行分析仅仅是在揭示的立足点不同而已，得到的核心结果应该相同。

小提示 3.8：网络的剪裁思路。

网络的剪裁方法可以分为两类：一类是通过网络中连线的权值来进行剪裁（Threshold-based approach）；另一类是通过拓扑算法来进行剪裁（Topology-based approach）。在 CiteSpace 中使用的剪裁方法 Pathfinder 和 MST 是基于拓扑的算法。其中，Pathfinder 的作用是简化网络并突出其重要的结构特征。Pathfinder 的优点是具有完备性（唯一解），而 MST 则不具备这一特性。MST 的优点是运算简捷，能很快得到结果。更多关于两种方法的比较参见陈超美等 2003 年发表的论文 ❶。

表 3.2 给出了使用"恐怖主义"案例生成的文献共被引网络的原始网络、

---

❶ Chen, C.and Morris, S.(2003) Visualizing evolving networks: Minimum spanning trees versus Pathfinder networks.Proceedings of IEEE Symposium on Information Visualization, (Seattle, Washington, 2003), IEEE Computer Society Press, 67–74.http://cluster.ischool.drexel.edu/~cchen/papers/2003/2003InfoVis.pdf

Pathfinder 网络以及 MST 网络的比较。三者在其他参数设置上是相同的，仅仅采用的剪裁策略不同。通过结果可以得到，文献的共被引网络在不同的裁剪方式下，参数发生了一些明显地变化。

表 3.2　网络剪裁后的参数变化

剪裁方法	N	E	Density	Modularity	Silhouette
原始网络	122	1054	0.142 8	0.462 2	0.351 3
Pathfinder	122	214	0.029	0.682 8	0.504 6
MST	122	152	0.021	0.712 2	0.517 2

注释: N 表示节点数量，E 表示连线数量，Density 表示网络密度，Modularity 表示模块化值，Silhouette 表示剪影值。

小提示 3.9：CiteSpace 同时可以进行多任务分析。

CiteSpace 可视化界面可以打开多个，比如用户分析完文献共被引网络之后需要做共词网络，此时可以先不关闭文献共被引分析结果，而是直接去参数功能区中设置参数，进行共词分析。共词分析结束后，会出现一个新的网络可视化界面。

小提示 3.10：CiteSpace 年轮图例。

Tree Ring History（引文年环）代表着某篇文章的引文历史，年轮的整体大小反映论文被引用的次数。引文年轮的颜色代表相应的引文时间。一个年轮的厚度和相应时间分区内引文数量成正比（图 3.114）。

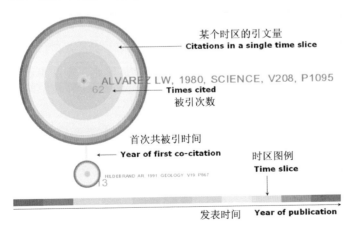

图 3.114　CiteSpace 年轮图例解释

小提示 3.11：关于被引次数的补充。

一篇论文被引用了多少次？具体的结果是由我们依据的数据库来决定的。如一篇相同的论文，分别通过 Google Scholar、Web of Science 或 Scopus 检索，引证结果会不尽相同。主要原因是他们基于的数据库所包含数据量是不同的，数据库的论文数量越大，通常 1 篇论文在此数据库中显示的被引次数也越多。通过数据库直接检索到的论文被引次数可以命名为整体引证次数（Global Citation Score）；此外，还有一种引用次数是基于下载后论文之间相互引用得到的。这种由本地数据得到的引证次数称为本地引证次数（Local Citation Score）。当然，引证次数多少只是评价学术影响的一种方法，在具体应用中要注意具体的评价目的。

小提示 3.12：CiteSpace 图谱结果的保存。

使用保存的可视化结果文件和使用保存的 PNG 图片文件，都会默认保存在对应的 project 文件下。可视化文件名称会自动按照当前网络的节点和连线数量进行命名。如可视化文件 5.7.R1（64-bit）-COTv277e118.viz，5.7.R1（64-bit）表示版本号；COT 表示所分析的网络类型，这里为 CO-Terms 分析；v 表示 vertices 节点，e 表示 edges，277 表示节点数量，118 表示边的数量。保存静态的 PNG 图片，则默认名称为 COT_v277e118.png。

用户也可以使用键盘 PrtSc 截取全屏或直接使用系统自带的截图工具 Snipping Tool 来截取分析结果。

小提示 3.13：CiteSpace 网络时间因素。

网络连线的颜色反映了首次共被引（或首次共现）的时间，那么从网络连线的颜色变化就能整体了解研究领域的新旧情况（图 3.115）。因此，可以通过网络颜色的变化来考察领域的演进。

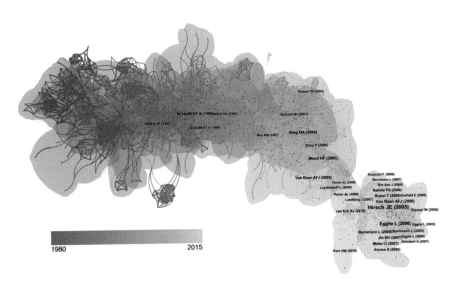

图 3.115　CiteSpace 网络聚类颜色的渐变（1980—2015 年 Scientometrics
文献共被引网络）

小提示 3.14：CiteSpace 中如何自定义聚类名称？

用户可以在 5.7.R1 或更高版本的 CiteSpace 中使用该功能。具体步骤是：首
先在 project 文件中创建一个纯文本，然后在文本中输入两列信息。第一列用来
输入聚类的编号，第二列属于自己定义的聚类标签。第一列和第二列之间使用
TAB 分隔，每一个聚类占一行。文档编辑完成后，将文件保存为 cluster_labels.
tsv。在可视化界面中，点击 USR，加载该文件即可。

My Label

7 My Label

小提示 3.15：中文文献聚类的注意问题。

在对 CNKI 和 CSSCI 的文献网络进行聚类时，一定要注意不要从标题或摘要提
取聚类命名。因为，该算法是专门用来提取英文术语的。中文分析时，可以从关
键词提取聚类命名来替代从标题提取聚类命名。在一些版本的 CiteSpace 中，将
中文数据中论文的英文标题放在了 TI 字段，此时使用 T 来进行聚类命名也是可以
的，但是所得到的聚类标签都为英文。

小提示 3.16：如何确定重要节点的补充。

节点按照不同的重要性进行显示有利于快速确定网络中重要的信息。在

CiteSpace 生成的网络节点中，常常通过节点的被引次数（或出现次数）和节点的中介中心性来对节点重要性进行测度，并提取重要的节点信息。在 Cluster Explorer 中则使用 Centrality 或 Pagerank 来提取重要的摘要句子。另外，软件中的 Sigma 指标结合了中介中心性（节点在网络结构中的影响）和突发性（节点在时间上的影响）来定义该参数 Sigma=Math.pow（Centrality+1, Burstness）。不同的节点测度方式，呈现了节点不同的重要度指标，用户在实践中需要根据分析的问题进行选择。

小提示 3.17：如何解决分析结果中介中心性为 0 的问题？

为了快速进入可视化界面，对网络进行可视化展示，因此当网络的节点大于 500 时，软件不会自动计算中介中心性。此时，在可视化界面左侧的表格中显示的中介中心性(centrality)的数值为 0。若用户需要得到网络中节点的中介中心性数值，可以点击可视化界面菜单栏 Nodes → compute Node centrality 来手动计算。

小提示 3.18：如何解决分析结果 Sigma 值为 0 的问题？

Sigma 值是中介中心性和突发性结果得到之后才能获得指标，在没有进行节点中心性和突发性探测时，Sigma 值会显示为 0。

小提示 3.19：巧用信息检索框。

信息检索框可以用来检索当前网络中节点的标签信息，该功能可以用于对相似作者、关键词的查询，并为下一步合并提供方便。如对安全科学知名学者 Hale 教授论文的合作网络进行分析，就可以通过其姓来检索其姓名的不同写法，进而对其进行合并。Hale 教授不同名字写法在网络中的检索结果，如图 3.116。

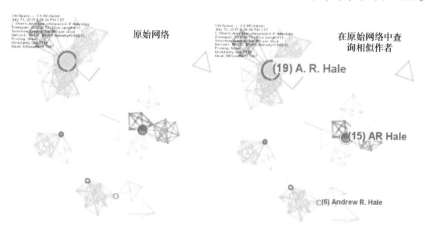

图 3.116　CiteSpace 节点查询功能（以 Hale 教授为例）

小提示 3.20：节点的突发性探测。

在 CiteSpace 中，使用 Kleinberg J. 于 2002 年提出的算法进行突发性探测。根据突发节点的不同可以分为突发主题、文献、作者、期刊以及领域等。在 CiteSpace 中，某个聚类所包含的突发节点越多，那么反映该领域就越活跃（Active Area），也可能是研究的新兴趋势（Emerging Trend）。在 CiteSpace 中，具有突发性特征的节点，在对应的突发年份会用红色填充（如图 3.117）。

图 3.117　CiteSpace 网络图中节点的突发性探测可视化（红色节点为有突发性特征的文献）

除了点击可视化界面 Citation/Frequency Burst 进行突发性探测外，还可以通过控制面板（ControlPanel）中的 Burstness 来计算。这两个功能的唯一不同是：快捷的突发性探测使用的是默认参数，而突发性探测的参数界面可以对参数进行调整，来增加或者减少突发性结果的数量。如图 3.118 所示，提高了第一个参数

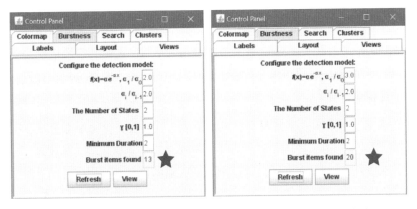

图 3.118　突发性监测默认参数（左），修改后的参数（右）

值（alpha 值），点击 Refresh 后，软件会重新计算突发性结果。经过比较，突发性主题的数量（Burst items found）发生了变化，具有突发性特征主题的数量从 13 增长到 20；用户也可以尝试修改值（gamma 值），来观察突发性结果的变化情况。

　　小提示 3.21：要特别注意 project 文件夹。

　　在进行完参数设置以及初步分析之后，在 project 文件夹中会产生大量文件。这些文件对于用户认识 CiteSpace 很有作用，用户可以尝试使用文本编辑器打开浏览。例如，在设置完参数后，点击 GO！就会在 project 文件夹中产生 citespace.config、citespace.parameters 等新文件。这里的 citespace.config 包含了该项目建立界面的基本参数配置，citespace.parameters 则包含了 CiteSpace 功能与参数界面中的具体参数设置情况（图 3.119）。

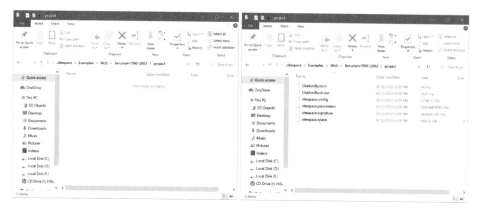

图 3.119　在参数功能区执行完计算过程后文件夹的变化

　　在功能参数区的数据处理过程结束后，软件提示 Visualize 结果。点击 Visualize 进入 CiteSpace 的可视化界面。此时，在 project 文件夹中会出现一个如 275.graphml 的文件（图 3.120）。该文件的命名为 275，说明当前网络中共有 275 个节点。Graphml 为一种图形保存的格式，可以使用可视化软件 Gephi 打开，并进一步用于可视化分析。

　　在可视化界面上依次完成网络聚类、聚类命名后，会在文件夹中会出现一个独立的 Cluster 文件夹（图 3.121）。该文件夹中包含了各类中详细的文献信息（每个聚类包含一个 .txt 和 .xml 文档），可以用于对该类进一步深入挖掘。

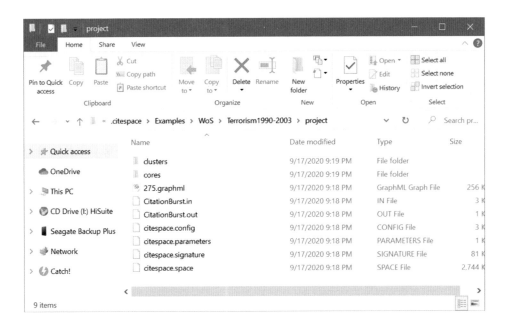

图 3.120　进入可视化界面后产生的图形文件

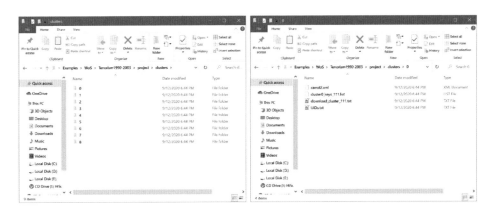

图 3.121　图形界面聚类信息的保存

小提示 3.22：半衰期的补充说明。

半衰期（half-life）是指某种特定物质的浓度经过某种反应降低到初始时一半所消耗的时间。半衰期是研究反应动力学的一个重要参数。在放射物理学领域中，半衰期被定义为放射性元素的原子核有半数发生衰变时所需要的时间。科学计量学将此定义引进来，用来描述文献的衰老速度。

文献半衰期有两种表达：

一是早期的表达，称为"历时半衰期"。1958 年，科学家贝尔纳（J.D.Bernal）首先提出了用"半衰期"来表征文献情报老化的速度，具体的含义是已发表的文献情报中有一半已不再使用的时间。该种对半衰期的定义被称为"历时半衰期"。

二是目前常用的"共时半衰期"。1960 年，巴尔顿和开普勒提出，文献半衰期是指某学科（专业）目前在利用的全部文献中较新的一半是在多长一段时间内发表的。此概念被称为"共时半衰期"。文献的半衰期越长，则代表文献越经典。

在 CiteSpace 中持续被高引用的文献通常可称为经典文献（classic articles），短暂时间内被高引用的文献通常称为过渡文献（transient articles）。虽然在整个科学领域中过渡文献更为普遍，但是这两种文献都在科学发展中起着重要的作用。

耦合和共被引网络分析

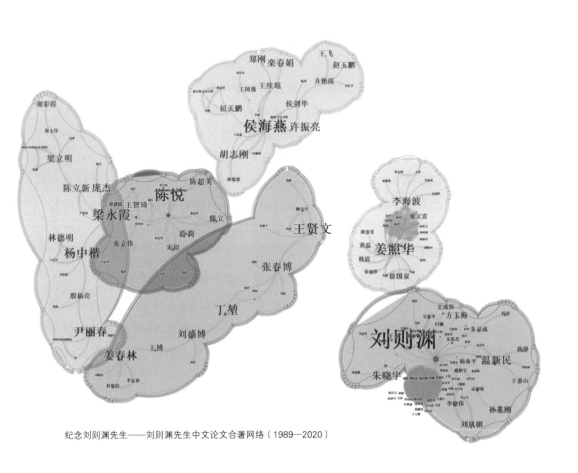

纪念刘则渊先生——刘则渊先生中文论文合著网络（1989—2020）

4.1　概述

引文分析是文献共被引及其耦合分析的基础。在文献计量学中，有学者认为引文分析法就是利用数学及统计学方法对科学期刊、论文、著者等分析对象的引用和被引现象进行比较、归纳、抽象、概括等，以揭示其数量特征和内在规律的一种信息计量研究方法。引文分析法的类型主要有引文数量分析、引文网状分析和引文链状分析（邱均平，2014）。下面对引文和引文网络的形成做如下简要介绍：

学者在其论文中参考了前人的研究成果，并会将之以参考文献形式列于其论文中。当然，学者引证一篇论文的原因是多方面的。1971 年，温斯托克（M. Weinstock）将其总结为：①对先驱者表示崇敬；②对相关工作表示赞赏；③对同行的尊敬；④对方法或仪器设备表示认同；⑤向读者提供阅读背景；⑥鉴别曾讨论过某个思想或概念的原始文献等 15 个方面的原因。从 M. Weinstock 提出的这些引用原因中不难得到，被引的文献与所研究的论文在内容上是相关的。而事实上论文引用其他参考文献的行为可以看作是知识在不同主题或者领域间的流动，是知识单元从游离状态到重组产生新知识的过程。由于这种引证行为的客观存在，随着科学研究的不断推进，引文网络也就自然形成了。科学文献之间的引证关系还说明：科学文献不是孤立的，而是相互联系、不断延伸的系统；科学文献的相互引证反映了科学发展的客观规律，体现了科学知识的累积性、连续性、继承性以及学科之间的交叉、渗透；通过引文网络向前可以追根溯源，向后可以追踪发展；科学文献的引用频次是不平衡的，引文网络的疏密反映了引文分布的分散与集中规律（尹丽春，2006）。

目前，从几个主要的引文数据库中能够获取这种引用和被引信息。例如在Web of Science 索引数据库中收录了大量高水平文献，该数据库中新收录的研究论文往往会引用该数据库之前收录的研究论文，这样随着时间的不断推移，引文网络就形成了。

4.1.1 文献耦合分析

文献耦合是 Kessler 于 1963 年提出的概念，具体是指两篇文献共同引用的参考文献的情况，两篇文章引用了同一篇文献，则两篇文献之间就存在耦合关系，此时的耦合强度为 1。当这两篇文献引用了 3 篇相同的文献，那么这两篇文献之间的耦合强度就为 3。以此类推，两篇文献引用的相同的参考文献数量越多，表示两篇文献耦合的强度越大，在研究主题上越相近。由于作者在发表论文之后，其参考文献不再改动，因此文献耦合形成的引文网络属于静态的结构。从论文的作者、机构、国家 / 地区以及期刊等角度出发（Glänzel W., Czerwon H.J.，1996），同理，也可以对作者、国家 / 地区或期刊的耦合网络进行分析，进而研究作者、机构、国家 / 地区的相似性。

文献耦合分析的基本原理，如图 4.1 所示（Van Raan A.F.J.，2014），图中施引文献 pa1 和 pa2 有 3 篇相同的参考文献，那么他们之间的耦合强度就为 3，pa2 与 pa4 没有引用相同的参考文献，那么他们之间的耦合强度就为 0。通过原始引证网络可以得到原始的引证矩阵，同样也可以通过对矩阵进行乘法运算而得到相应的文献耦合矩阵。

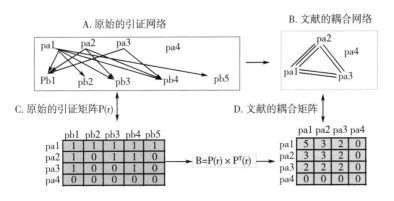

图 4.1　文献的耦合网络分析

4.1.2 文献共被引分析

文献共被引概念最早于 1973 年由前苏联情报学家依林娜·马沙科娃（Irena Marshakova Shaikevich, 1973）和美国情报学家亨利·斯莫 (Henry SmallH,

1973) 分别提出。共被引分析（co-citation analysis）是指若两篇文献共同出现在了第三篇施引文献的参考文献目录中，则这两篇文献形成共被引关系。对一个文献空间数据集合进行文献共被引关系挖掘的过程就是文献的共被引分析。

文献共被引分析的基本原理如图 4.2（Van Raan A.F.J.，2014）所示，图中A 施引文献为 pa1，pa2，…，pa4 以及它们的参考文献 pb1，pb2，…，pb5 共同组成了文献的引证网络。通过该网络我们可以建立如 B 所示的参考文献之间的共被引网络。A 中在引证网络 pb1 和 pb4 共被引的次数为 3 次，pb1 和 pb2 的共被引次数为 1 次。在实际操作过程中，通常是将原始的引证网络转化为矩阵，再通过矩阵运算得到文献的共被引矩阵。在得到文献共被引矩阵之后，我们就可以进行统计学和可视化处理了。

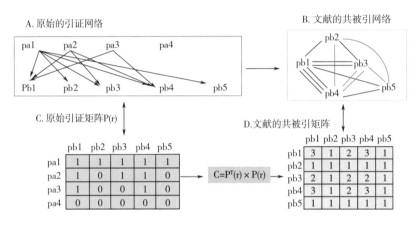

图 4.2　文献共被引网络分析

关于共被引的准则，埃格在《信息计量学导论》中给出如下准则：

准则 A：如果一共被引相关群的每一篇论文至少与某一篇给定论文被引一次，那么这几篇论文就构成了一个共被引相关群体。

准则 B：如果一共被引相关群的每一篇论文与该群中的其他论文共被引（至少一次），那么这几篇论文就构成了一个共被引相关群体。

由于一个最基本的被引文献单元还包含了作者和期刊的信息，因此除了对整体文献进行论文的共被引分析，还可以仅仅提取文献中作者信息或期刊信息，来进行作者（White H.D., Griffith B.C.，1981）或期刊的共被引分析（如图 4.3所示）。

图 4.3 共被引的类型解释

4.2 施引文献的耦合分析

本部分以 CiteSpace 经典论文的施引文献耦合分析为例进行演示。

第 1 步：数据检索和下载。

通过 Web of Science 检索 CiteSpace 的经典文献"CiteSpace Ⅱ：detecting and visualizing emerging trends and transient patterns in scientific literature"，共得到施引文献 286 条（数据获取时间：2017 年 2 月 20 日）。在检索结果页面中，点击该文献的施引文献链接，并导出得到的 286 篇文献。建立项目文件夹 data 与 project，并将下载的数据保存到 data 文件夹中，如图 4.4 所示。

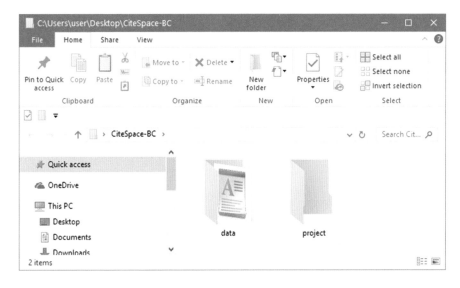

图 4.4 项目文件的建立

第 2 步：数据分析。

在 CiteSpace 功能与参数区中，点击 New 建立要分析的项目，并在新建项目区域（New Project）中配置相关参数。这里将项目命名为 CiteSpace-BC，在 Project Home 中加载 project 文件，在 Data Directory 中加载新建的 data 文件夹（图 4.5）。最后，点击 Save 返回到功能参数区。

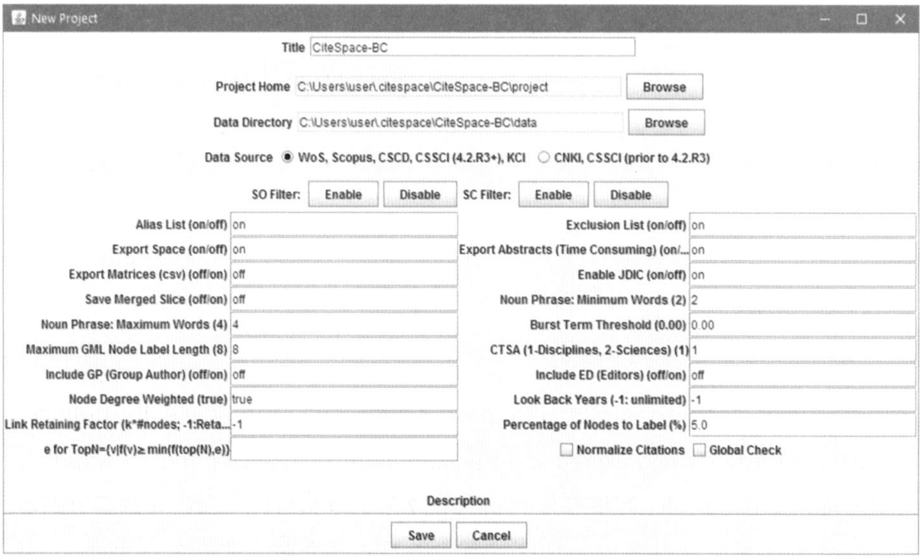

图 4.5　Project 文件夹的配置

在功能参数区中，对项目的参数进行设置。这里将时间切片和知识单元的提取阈值设置为 Slice length=1、TimeSpan=2007—2017 和 Top100 per slice，见图 4.6。在进行文献耦合分析前，需要将 Node Types（节点类型）选择为 paper（新版为 Article）。点击 GO 进行分析时，会提示"Do you want to split the network by year？ Yes/No"（是否按年划分网络），如果用户未按照时间分开的话，得到的网络可能比较密集，可进一步对网络使用 pathfinder 或者 MST 进行裁剪。

第 3 步：耦合网络的可视化。

在进入可视化界面后，依次完成布局、聚类以及图形外观上的编辑和美化。最后，得到 CiteSpace 施引文献的耦合网络如图 4.7 所示。

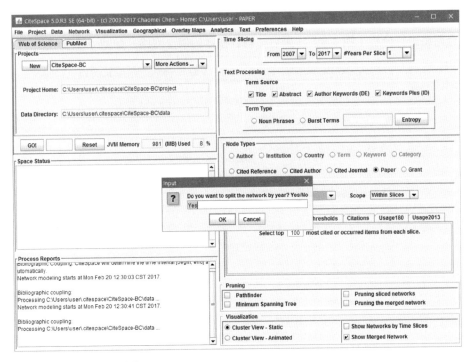

图 4.6 文献耦合分析

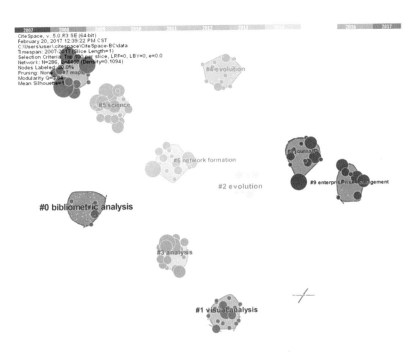

图 4.7 CiteSpace 施引文献分时耦合网络聚类

在分析过程中，若在提示的对话框中输入 No，那么 CiteSpace 将对整体的耦合网络进行分析（图 4.8）。最后，得到整体的耦合网络，如图 4.9 所示。

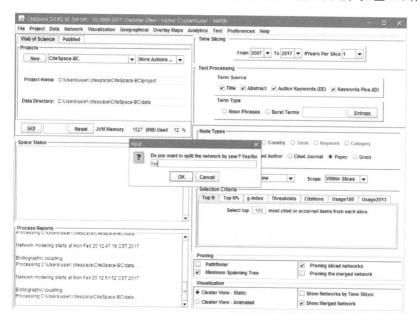

图 4.8　文献耦合的整体网络分析

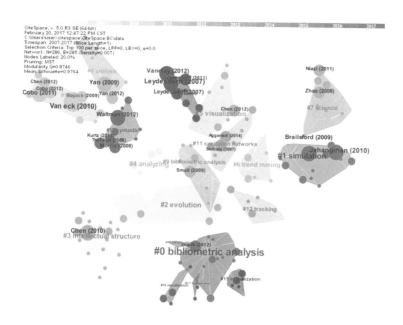

图 4.9　CiteSpace 施引文献整体耦合网络聚类

4.3 参考文献的共被引分析

4.3.1 共被引图谱的构建

文献共被引网络是 CiteSpace 最具特色和优势的功能，也是 CiteSpace 最大开发与投入使用的功能。在本部分中，采用的案例数据是来自 Web of Science 的，主题为锂电池火灾的研究论文。数据的采集策略如下，

Data from Web of Science Core Collection, Science Citation Index Expanded (SCI-EXPANDED), 1900–present

Searched for: (TS=("lithium-ion batter*" OR "Lithium ion batter*" OR "Li ion batter*" Or "Li-ion batter*" OR "lithium-ion cell*" OR "Lithium ion cell*" OR "Li ion cell*" Or "Li-ion cell*") AND TS=("fire*" OR "Explos*" OR "Thermal runaway" OR "Thermal hazard*")) AND DOCUMENT TYPES: (Article OR Review)

Refined by: [excluding] DOCUMENT TYPES: (EARLY ACCESS)

Timespan: 1900–2019.Results: 826

第 1 步：CiteSpace 数据分析参数设置。

进入 CiteSpace 功能参数区后，点击 New 来新建项目。在弹出新建项目窗口中，将项目命名为 LIBFS，并在 Project Home 和 Data Directory 中分别加载 project 文件和 data 文件，其他参数见图 4.10。点击 Save 保存新建的项目，并在功能参数区中，将时间跨度设置为 1996—2019，时间切片设置为 2，节点选择阈值方法切换到 TOP N，输入 30，最后，点击 GO！启动对文献共被引网络进行计算和分析（图 4.11）。

第 2 步：数据运算和可视化。

当网络计算完成后，会出现一个对话框提示用户 Visualize（可视化）、Save As GraphML（保存为 GraphML 格式）以及 Cancel（取消）。如果用户认为一切运行正常，那么此时可以点击 Visualize 对分析的数据网络进行可视化，并进入

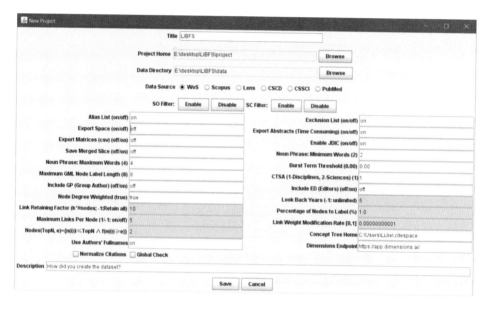

图 4.10　锂电池火灾文献共被引研究的新建项目参数设置

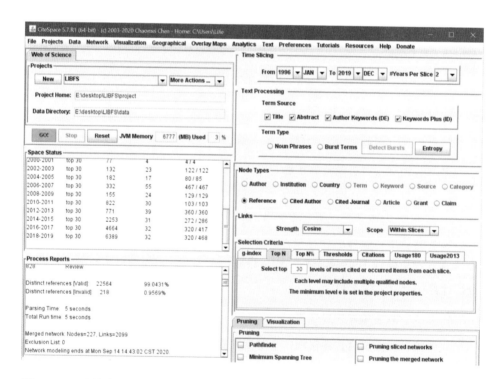

图 4.11　功能参数区的基本参数设置

网络的可视化界面（图 4.12）。

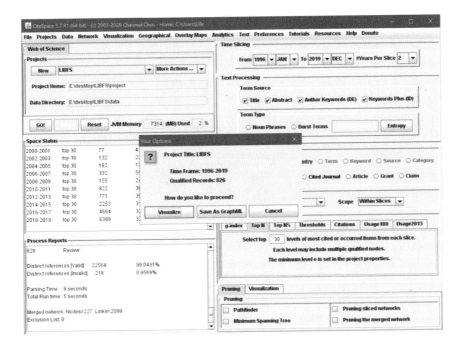

图 4.12 数据完成基本的计算

第 3 步：网络的可视化及调整。

点击 Visualize（可视化）后，用户将得到文献共被引网络的可视化结果。在可视化界面中，用户可以进一步对网络进行编辑、计算和保存。需要注意的是，当用户点击 Visualize，并刚开始进入可视化界面时，网络是动态变化的且图谱的背景颜色为黑色。这表明网络还在计算和布局，以得到一个优化的布局结果。用户只需要等待网络可视化界面的背景变为白色，即说明计算结束。

在可视化界面中，所得到的可视化结果可能没有在整个界面的中间或者显示还比较小。此时，用户可以通过该界面的水平和垂直滚动条进行位置的调整，使用可视化界面上的缩放功能来放大或者缩小图谱。最后，得到初步的文献共被引网络，如图 4.13 所示。在 CiteSpace 生成的文献共被引网络中，节点的大小与论文的被引次数呈正比，节点越大，则论文的被引次数越高。若两个节点之间存在连线，则表明两个节点所对应的文献存在共被引关系。节点与节点之间连线的颜色表示两篇论文首次共被引发生的时间。通过整个网络共被引连线颜色的变化，可以对领域研究趋势和演化进行分析。

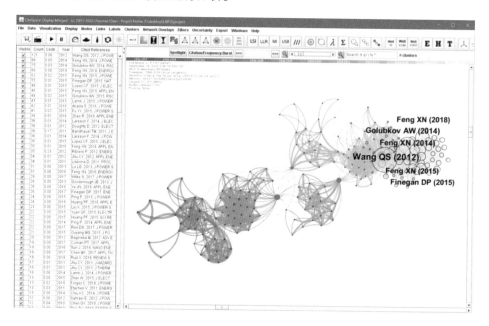

图 4.13　网络布局的基本调整

第 4 步：对可视化网络进行聚类分析。

在 CiteSpace 中，可以从施引文献的标题（T，Title）、关键词（K，Keyword list）或摘要（A，Abstract）来提取名词性术语，以对聚类进行命名。聚类标签提取的方法主要有 LSI（潜语义分析）、LLR（对数似然率算法）以及 MI（互信息算法）三种算法。在网络可视化界面的快捷按钮中，点击对网络进行聚类。当聚类处理完成后，聚类的标签会自动加在对应的文献群落上（默认算法为 LLR），网络的信息栏也会出现一些新的信息。聚类后，会在可视化界面中增加衡量聚类效果的参数 Modularity 值和 Silhouette 值（图 4.14）。

第 5 步：聚类轮廓与可视化调整。

为了提升分析结果的可读性，用户可以进一步使用相关功能对图谱进行优化和调整。对图形进行优化的策略主要是针对图形的元素进行调整，主要包含图中的节点类型、节点大小、连线透明度、聚类标签颜色、聚类标签大小、聚类标签字体的外轮廓、聚类边框的颜色以及边框的填充等。这需要用户在长期使用中不断总结，在不同的图形样式下选择合理的图形展示效果。

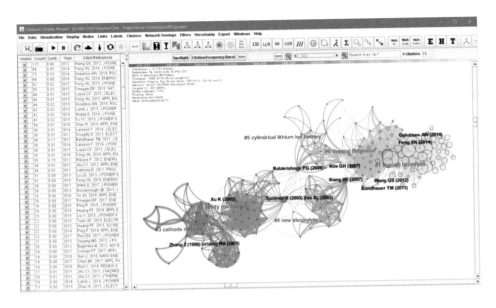

图 4.14　聚类完成后的网络

　　对聚类进行填充：在可视化界面中，依次点击菜单栏的 Clusters→Convex Hull:
Show/Hide，可以实现聚类填充的显示或隐藏，图 4.15 显示了聚类区域的填充结果。

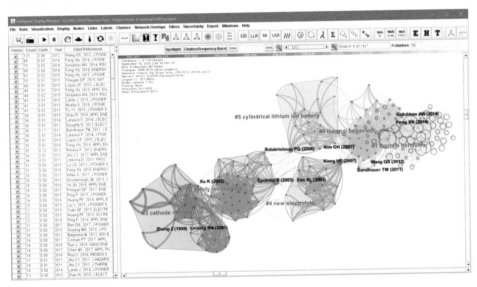

图 4.15　填充聚类功能

　　对聚类的标签大小进行调整（按照聚类规模成比例显示）：在可视化界面中，
依次点击 Labels→Label Font Size→Cluster：Uniformed/Proportional 可以实现

聚类标签按照聚类规模成比例显示，或按照标签按照统一大小来显示，结果见图 4.16。聚类标签按照规模显示后有可能存在字体太大或者太小的情况，此时可以拖动 Control Panel 界面右下方 Cluster Labels 功能区中的 Font Size 游标尺，对聚类标签的大小和聚类标签显示的数量进行调整。对聚类标签调整后的最终结果，如图 4.17 所示。

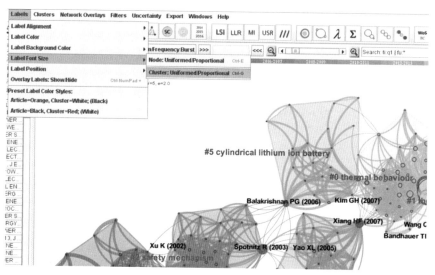

图 4.16　聚类标签等比例或统一大小显示功能位置

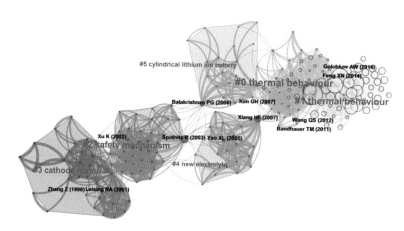

图 4.17　聚类标签按照聚类规模成比例显示

对网络连线透明度进行调整：①在控制面板（Control Panel）中，点击 Colormap 进入对图形元素的色彩配置和透明度调整页面。在该界面中移动 Link

Alpha 游标，可以实现对连线透明度的提高或者降低；②在菜单栏中依次点击 Links→Link Transparency（0.0–1.0），然后在界面中输入透明度的数值，输入的数字越大透明度越高。例如，图 4.18 显示了较低透明度下的文献共被引网络。

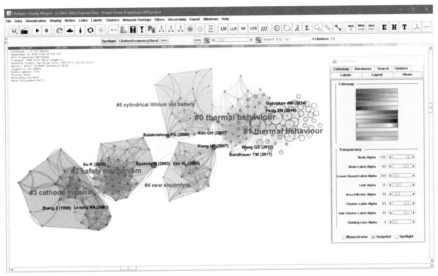

图 4.18　对网络连线的透明度进行调整

　　对聚类的轮廓显示进行调整：聚类轮廓的可视化调整分布在菜单栏 Clusters 中 Visual Encoding：Advanced Setings 菜单下的 Area 处理区域，如图 4.19 所示。

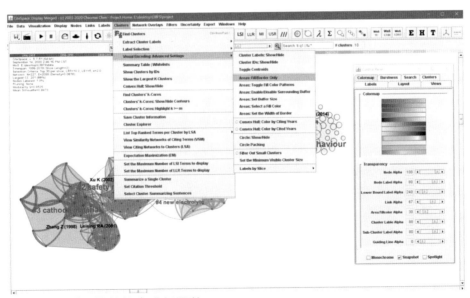

图 4.19　对网络的轮廓进行调整

对聚类填充的颜色进行调整：通过点击 Areas：Select a Fill Color 可以修改聚类的填充颜色，图 4.20 显示了将聚类的填充颜色修改为青色。

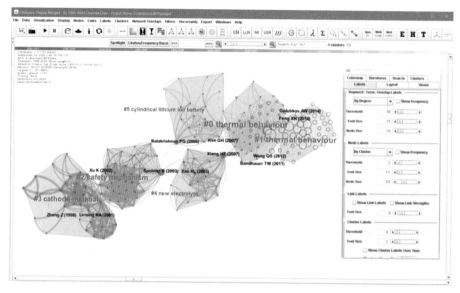

图 4.20　聚类的单色填充

对聚类填充显示 / 隐藏进行调整：通过点击 Areas：Fill/Border Only，可以实现聚类的填充和仅仅显示聚类边框之间的切换，图 4.21 给出的共被引网络仅仅

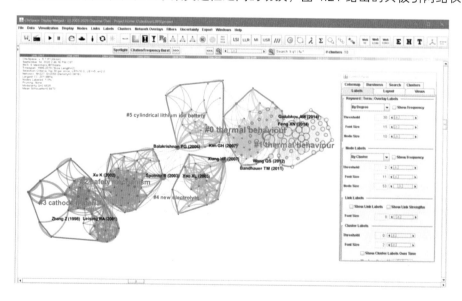

图 4.21　取消网络聚类的实心填充

显示了聚类的边框。

对聚类边框的显示与否进行调整：通过点击 Convex Hull：Show/Hide 可以实现对聚类的边界进行显示或隐藏，图 4.22 给出了隐藏聚类边框的结果。

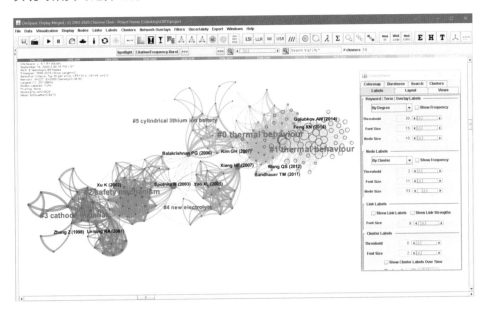

图 4.22　取消聚类的填充与边框

此外，在文献网络的分析中可以对节点进行突发性探测。当前在 CiteSpace 中有两个位置可以实现对节点的突发性探测，①点击可视化结果上面的 Citation/Frequency Burst；②点击控制面板 Burstness 功能区的 Refresh。若网络中存在具有突发性特征的节点，那么这些节点将有区域被红色填充（图 4.23）。

第 6 步：对聚类详细信息的查询。

虽然在得到的可视化网络中，能够显示聚类的标签，但对于整个网络来说，这样的查询显得效率低下，且获得的信息有限。在 CiteSpace 中，对聚类结果的查询有两种方法，都位于可视化界面中的 Clusters 菜单下。一是通过 Clusters→Summary Table|Whitelists 来查询，如图 4.24 所示；二是通过 Clusters→Cluster Explorer 来查询（图 4.25）。需要注意的是，若要使用 Cluster Explorer 功能，需要用户在完成网络聚类后，点击 Clusters 菜单栏的 Save Cluster Information 来保存聚类结果。

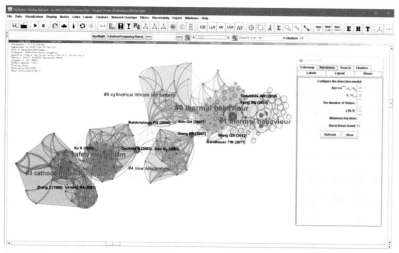

图 4.23　对文献共被引网络中文献被引频次突发性的探测

Summary of Clusters -

Save/Show as HTML: cluster_summary.html　　Save Label Terms as a Whitelist

Select	Cluster ID	Size	Silhouette	mean(Year)	Top Terms (LSI)	Top Terms (log-likeliho...	Terms (mutual informat...
	0	48	0.881	2010	lithium-ion batteries; th...	thermal behaviour (41.3...	mgo-coated lini0 (0.69)...
	1	42	0.897	2015	lithium-ion batteries; sa...	thermal behaviour (33.0...	mgo-coated lini0 (5.01)...
	2	38	0.874	2002	li-ion cell chemistries; r...	safety mechanism (32....	hybrid electric vehicle (...
	3	33	0.965	1999	cathode materials; elec...	cathode material (45.77...	licoo2 cathode material...
	4	21	0.929	2005	new electrolyte; phosph...	new electrolyte (26.44, ...	lithium-ion batteries (0...
	5	19	0.926	2006	critical review; thermal i...	cylindrical lithium ion b...	lithium-ion batteries (0...

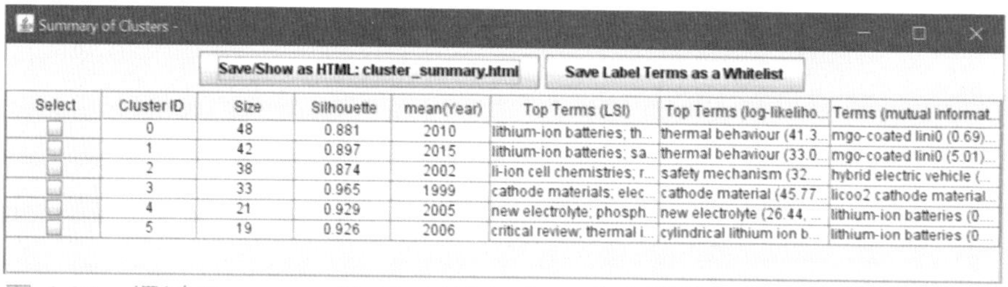

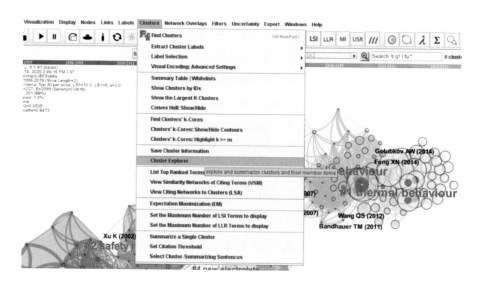

图 4.24　通过 Summary Table | Whitelists 查询聚类信息

图 4.25　Cluster Explorer 功能位置

Cluster Explorer 提供了一种深层次对聚类信息的认识途径，能够详细地获取施引文献和被引文献参与聚类的情况。关于 Cluster Explorer，在第 3 讲中已经有详细介绍，这里不再赘述。例如，图 4.26 展示了 Cluster Explorer 功能区所呈现的结果。

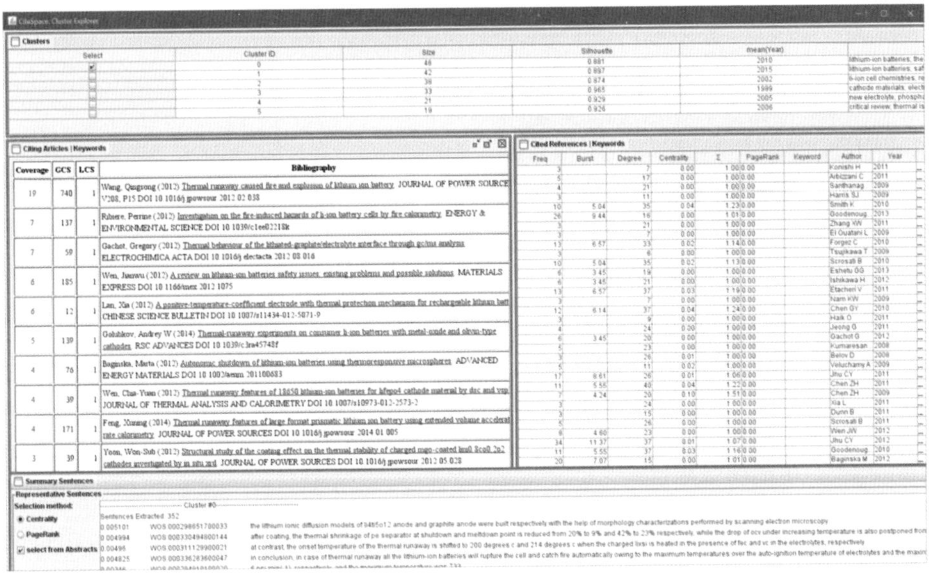

图 4.26　Cluster Explorer 所展示的详细聚类结果

4.3.2　共被引图谱功能补充

下面的这些功能主要是为文献共被引分析而设计的，但是在其他分析中也可以使用。

（1）调整节点与标签。

在 CiteSpace 可视化结果中，可能会存在标签或节点过大，进而影响到可视化的质量。这样的图形往往会导致图形混乱，不仅在视觉上缺乏美感，而且会直接影响到用户对可视化结果的深入解读。在 CiteSpace 网络可视化界面的控制面板（Control Panel）中，提供了专门对节点和标签调整的功能，如图 4.27 所示。用户只需要使用鼠标直接点击拖动相关项目上的游标，即可实现标签或节点大小的调整。向右拖动则相应项目变大，向左拖动则相应的项目变小。

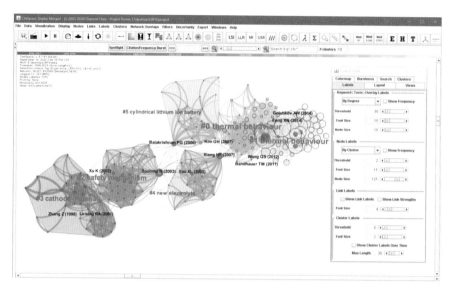

图 4.27　节点及聚类标签等大小的调整

（2）生成研究报告。

CiteSpace 可视化界面的 Export 菜单提供了快速生成分析报告的功能，运行该功能的具体步骤为 Export→Generate a Narrative，最后会得到一个 HTML 格式的分析报告（图 4.28）。报告中包含了所得到网络的 MAJOR CLUSTERS（主要聚类）、

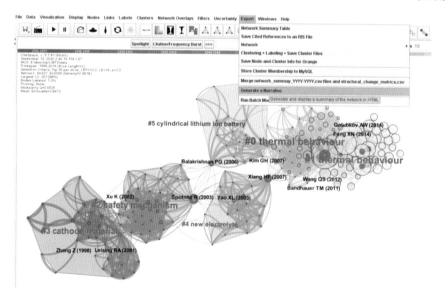

图 4.28　自动生成研究报告菜单

CITATION COUNTS（引证次数）、BURSTS（突发性）、CENTRALITY（中介中心性）以及 SIGMA，这些信息也可以直接用于研究报告或学术论文的撰写（图 4.29）。

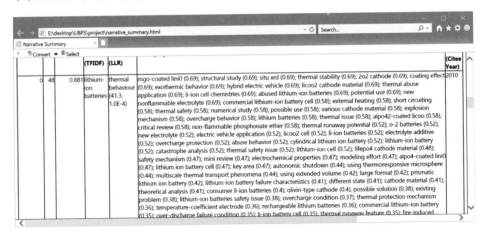

图 4.29　Generate a Narrative 生成的研究报告

（3）突发性探测。

在进行了突发性探测后，具有突发性特征的节点会被填充成红色。若要得到突发性文献的列表，可以通过依次点击控制面板中的 Burstness→Refresh→View 来查看突发性探测的结果。在突发性文献的列表界面，用户可以通过点击页面下方的 Sort by the Beginning Year of Burst（按照突发起始时间，图 4.30）和 Sort by Strength of Burst（按照突发强度）来实现突发性探测结果的排序（图 4.31）。

Top 25 References with the Strongest Citation Bursts

References	Year	Strength	Begin	End	1996 - 2019
Maleki H, 1999, J ELECTROCHEM SOC, V146, P947, DOI	1999	3.3184	1999	2003	
Zhang Z, 1998, J POWER SOURCES, V70, P16, DOI	1998	4.0057	2000	2003	
Leising RA, 2001, J ELECTROCHEM SOC, V148, P0, DOI	2001	4.9	2003	2006	
Xu K, 2002, J ELECTROCHEM SOC, V149, P0, DOI	2002	3.6703	2003	2006	
Botte GG, 2001, J POWER SOURCES, V97-8, P570, DOI	2001	3.6703	2003	2006	
Spotnitz R, 2003, J POWER SOURCES, V113, P81, DOI	2003	5.5755	2006	2008	
Balakrishnan PG, 2006, J POWER SOURCES, V155, P401, DOI	2006	5.041	2007	2011	
Xiang HF, 2007, J POWER SOURCES, V173, P562, DOI	2007	4.2108	2008	2012	
Yao XL, 2005, J POWER SOURCES, V144, P170, DOI	2005	3.3536	2008	2009	
Kim GH, 2007, J POWER SOURCES, V170, P476, DOI	2007	4.3834	2010	2012	
Chen ZH, 2009, ELECTROCHIM ACTA, V54, P5605, DOI	2009	4.2354	2011	2013	

Sorted by the Beginning Year of Burst　　Save and Display in a New Window as HTML　　Save As a Tab Delimited File　　Close

图 4.30　突发性文献列表的排序：按照突发起始时间

Top 25 References with the Strongest Citation Bursts

References	Year	Strength	Begin	End	1996 - 2019
Wang QS, 2012, J POWER SOURCES, V208, P210, DOI	2012	38.6742	2013	2017	
Lisbona D, 2011, PROCESS SAF ENVIRON, V89, P434, DOI	2011	13.5345	2012	2016	
Ribiere P, 2012, ENERG ENVIRON SCI, V5, P5271, DOI	2012	9.1667	2012	2017	
Jhu CY, 2011, J HAZARD MATER, V192, P99, DOI	2011	8.6104	2012	2015	
Jhu CY, 2011, J THERM ANAL CALORIM, V106, P159, DOI	2011	8.0988	2012	2015	
Etacheri V, 2011, ENERG ENVIRON SCI, V4, P3243, DOI	2011	6.5678	2012	2015	
Forgez C, 2010, J POWER SOURCES, V195, P2961, DOI	2010	6.5678	2012	2015	
Chen GY, 2010, J POWER SOURCES, V195, P1221, DOI	2010	6.1399	2012	2014	
Spotnitz R, 2003, J POWER SOURCES, V113, P81, DOI	2003	5.5755	2006	2008	
Chen ZH, 2011, ENERG ENVIRON SCI, V4, P4023, DOI	2011	5.5504	2012	2015	
Goodenough JB, 2010, CHEM MATER, V22, P587, DOI	2010	5.5504	2012	2015	

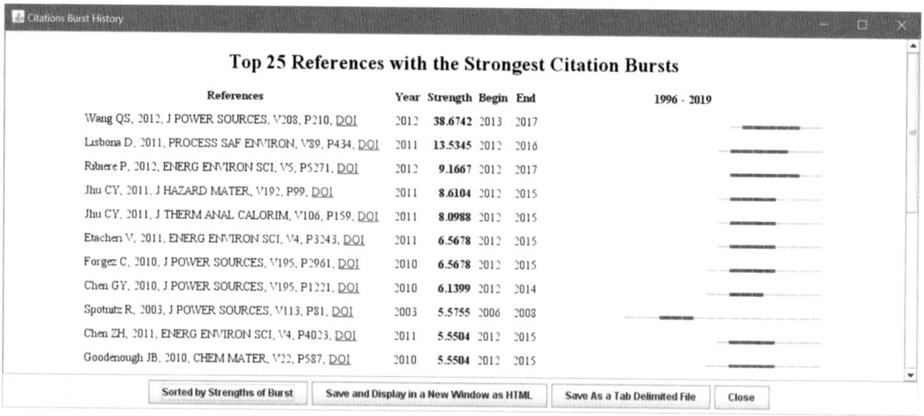

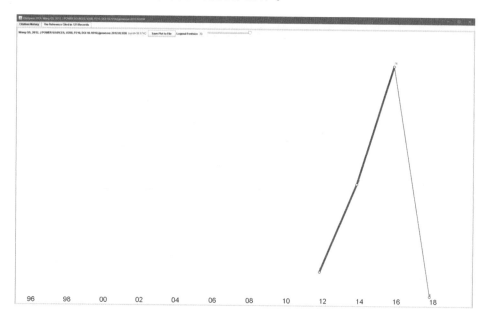

图 4.31　突发性文献列表的排序：按照突发强度

为了查询某个节点文献引证（或出现频次）的年度被引趋势线和突发性探测结果的发生年份，可以左击鼠标来选中目标节点，然后再右击鼠标来选择 Node Details。图 4.32 显示了某篇论文的被引趋势以及具有突发性现象的时间区域。此外，该窗口还提供了 The Reference Cited in *** Records，用户可以点击此标签进入引用该篇文献的论文列表（施引文献）。

图 4.32　WANG QS, 2012 论文被引用的年度分布

（4）图谱主题配色的选择。

点击控制面板（Control Panel）中 Colormap 标签，选择 Colormap 中不同的主题颜色，可直接更改主题的配色设置。例如，默认的图谱配色是 Colormap 中第一个，用户可以选择不同的配色方案来进行尝试。例如，图 4.33 展示了第二种配色方案的结果，图 4.34 展示了第九种配色方案的结果。

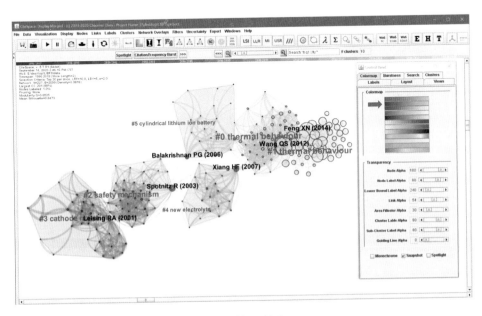

图 4.33　CiteSpace 图谱主题配色（第二种）

（5）时间线和时区图。

在 CiteSpace 中还提供了 Timeline（Focus context 技术）和 Time zone 等数据的可视化方式，如图 4.35 显示了这些可视化方式在控制面板区域的位置。这种技术不仅可以应用于当前的文献共被引网络，还可以应用于共词网络、期刊的共被引网络以及作者的合作网络等方面。

图 4.36 展示了采用 Timeline（时间线）方法对文献共被引网络的可视化。在时间线视图中，相同聚类的文献被放置在同一水平线上。文献的时间置于视图的最上方，越向右，则文献的时间越新。在时间线视图中，用户可以清晰地得到各个聚类中文献的数量情况和研究的时间宽度。聚类中文献越多代表所得到的聚

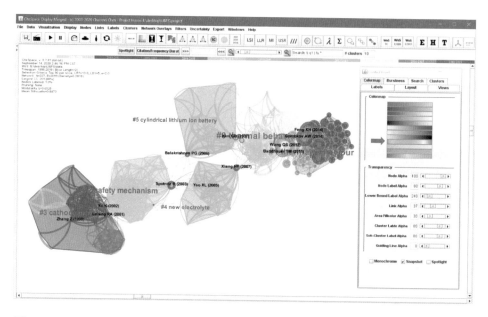

图 4.34　CiteSpace 图谱主题配色（第九种）

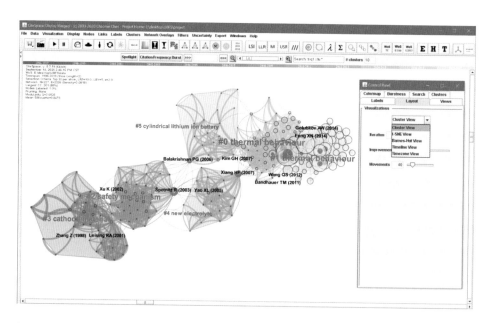

图 4.35　CiteSpace 不同视图方式的切换（默认为聚类视图，或称网络视图）

类领域越重要，时间跨度越大则反映该聚类持续的时间越长。此外，通过时间线上各类文献的时间跨度比较，还能对该领域不同时期研究的兴起、繁荣以及衰落过程进行分析，从而对科学研究的时间进行讨论。在时间线视图中，还可以通过添加节点的突发性探测结果和中介中心性的指标来分析不同聚类的活跃程度和可能发挥了"桥梁"作用的文献。为了使得这些重要信息能够清晰显示，用户可以使用右下角的 Fisheye 功能（拖动游标即可调整），来进行调整。

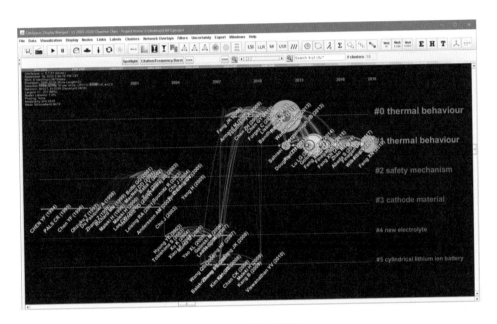

图 4.36　CiteSpace 文献共被引网络的鱼眼图

图 4.37 展示了使用 Time zone（时区图）对文献共被引网络的可视化。时区图将相同时间内的节点集合在了相同的时区中，这里的相同时间对文献共被引网络而言是文献首次被引用的时间，对于关键词或主题而言是它们首次出现的时间，对作者合作网络而言就是作者发表第一篇论文的时间，时间序列按照从远到近的顺序排列。这种形式的可视化，能够清晰地展示时间维度上知识领域的演进过程。例如某一时区的文献少、节点小，则表明该时区有影响的成果比较少；反之，一个时区的文献集聚的比较多，表明该时区积累了大量有影响的成果。时区之间节点的连线情况，表明了不同时期文献之间的共被引关系。

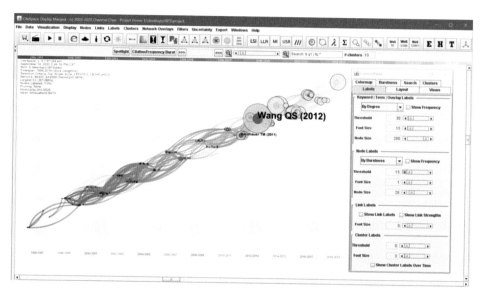

图 4.37　CiteSpace 文献共被引网络的时区图

4.3.3　作者和期刊共被引分析

作 者 的 共 被 引（Authors Co-Citation Analysis） 以 及 期 刊 共 被 引
（JournalsCo-CitationsAnalysis）是从论文共被引的基础上衍生出来的。为了
帮助认识不同层面的共被引分析，下面我们从对一篇引文的分析开始（如图
4.38）。

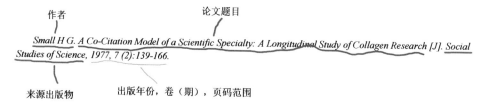

图 4.38　一篇参考文献的主要组成部分

该文献题录共包含了作者 Small H G，论文题目 A Co-Citation Model of a
Scientific Specialty: A Longitudinal Study of Collagen Research，该论文所发表
的期刊 *Social Studies of Science* 等信息。被引文献的共被引分析以单个文献题
录信息作为节点内容，作者的共被引分析则仅仅从整个文献题录中提取作者信息

分析，期刊的共被引则是从期刊位置提取信息。作者的共被引分析不仅可以得到某个领域中高被引作者的分布，确定该领域有影响的学者，而且通过作者的共被引网络及聚类还可以了解某一个领域中相似作者所组成的知识结构。期刊的共被引分析则提供了认识某一个领域中重要知识来源的方法，可以回答用户在该领域的研究都引用了哪些期刊（或者受到了哪些期刊的影响），这些期刊之间的联系（例如，知识流动）是怎样的以及期刊聚类组成的学科知识领域是如何分布的等问题。

下面以"热爆炸（1935—1990）"的数据为例，对作者的共被引分析进行演示。

准备好数据后，在功能参数区点击 New 来新建分析项目。在新建项目（New Project）的页面中，按照图 4.39 及图 4.40 来设置相关参数（注意参数需要用户结合所分析的数据特征来设置）。项目新建后，点击 Save 进行保存，返回功能参数区。在功能参数区中，将数据的时间设置为 1935—1990 年，时间切片为 1，各时间切片提取数据的阈值设置为 g-index（默认选项），参数为 10。此时的 Node types 选择 Cited Author，网络连线强度计算用 Cosine，使用 Pathfinder 对网络进行裁剪。

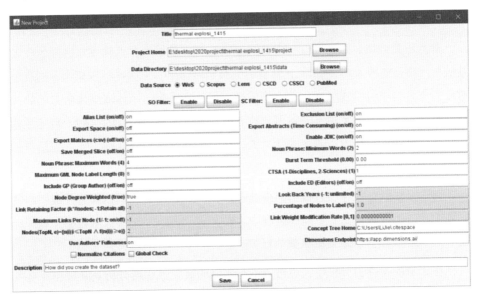

图 4.39　热爆炸作者共被引分析项目区域的参数设置

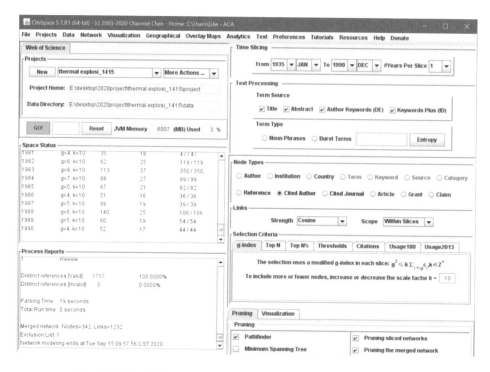

图 4.40　热爆炸作者共被引分析功能参数区设置

　　参数设置好后，点击 GO！对数据进行分析。最后，得到热爆炸研究的作者共被引网络，如图 4.41 所示。在作者的共被引网络中，节点或标签越大，则表示对应的作者的被引频次越高。节点与节点之间的连线表示了作者与作者之间的共被引关系。连线的颜色用来表示两位作者首次建立共被引关系的时间（也就是首次共被引时间），图中作者之间建立的共被引关系越早，则共被引连线的颜色越接近紫色。

　　对热爆炸研究的作者共被引网络进行聚类，见图 4.42。根据作者共被引的关系强度，将作者划分在了不同的类群中。在聚类后，软件将默认从施引文献的标题中，采用 LLR 算法来提取聚类的标签。

　　在作者的共被引分析中，也可以进行作者的突发性探测分析。共被引网络中作者被引频次的突发性探测结果见图 4.43 和图 4.44。图 4.43 是在网络图中展示了具有突发性特征的作者，表明这些作者在热爆炸的某些时间中受到了特别关注。图 4.44 是具有突发性特征的作者的列表，从列表中能够明显地识别出不同时期热爆炸被引活跃的学者，直观地呈现了不同时期热爆炸的代表学者。

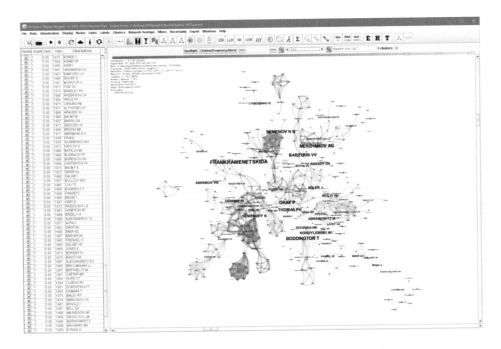

图 4.41　热爆炸研究的作者共被引网络

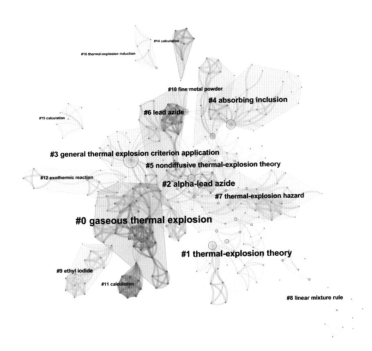

图 4.42　热爆炸研究的作者共被引网络聚类

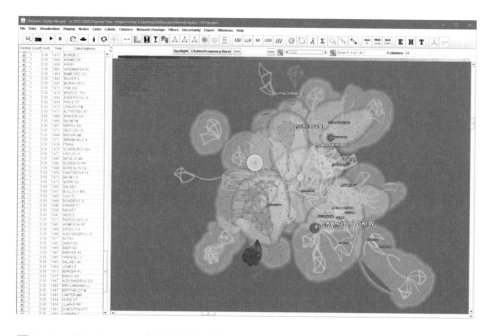

图 4.43　CiteSpace 对网络节点进行 Burst 分析

Top 18 Cited Authors with the Strongest Citation Bursts

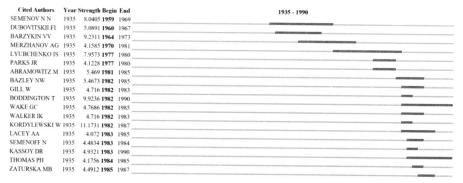

Cited Authors	Year	Strength	Begin	End	1935 - 1990
SEMENOV N N	1935	8.0405	1959	1969	
DUBOVITSKII FI	1935	5.0891	1960	1967	
BARZYKIN VV	1935	9.2311	1964	1973	
MERZHANOV AG	1935	4.1585	1970	1981	
LYUBCHENKO IS	1935	7.9573	1977	1980	
PARKS JR	1935	4.1228	1977	1980	
ABRAMOWITZ M	1935	5.469	1981	1985	
BAZLEY NW	1935	5.4673	1982	1985	
GILL W	1935	4.716	1982	1983	
BODDINGTON T	1935	9.9236	1982	1990	
WAKE GC	1935	4.7686	1982	1985	
WALKER IK	1935	4.716	1982	1983	
KORDYLEWSKI W	1935	11.1731	1982	1987	
LACEY AA	1935	4.072	1983	1985	
SEMENOFF N	1935	4.4834	1983	1984	
KASSOY DR	1935	4.9321	1983	1990	
THOMAS PH	1935	4.1756	1984	1985	
ZATURSKA MB	1935	4.4912	1985	1987	

图 4.44　热爆炸作者被引的突发性探测列表

　　下面仍以"热爆炸（1935—1990）"的数据集为例，进行期刊的共被引演示。

　　首先，在 CiteSpace 的功能参数区中进行性相关参数的设置（图 4.45）。这里将分析的时间设置为 1935—1990 年，时间切片为 2，各时间切片提取数据的阈值设置为 g-index，$k=5$。此时的 Nodetypes 选择 Cited Journal，网络连线强度计算用 Cosine，使用 Pathfinder 进行网络裁剪。参数设置结束后，点击 GO！对数据进行分析。

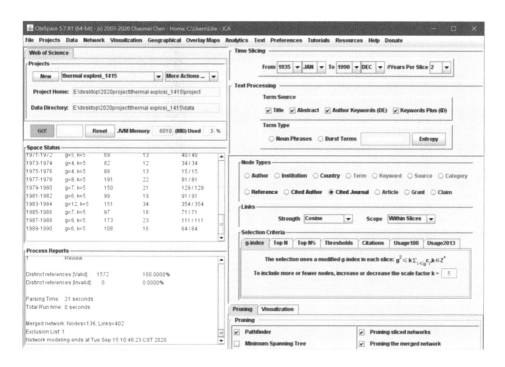

图 4.45　热爆炸期刊共被引分析的参数设置

注释：项目参数 DataSource:WoS；Begin:1935；End:1990；Link Retaining Factor:–1；Max Links Per Node:–1；Look Back Years:–1；Minimum Threshold Value:2

热爆炸研究论文的期刊共被引网络见图 4.46。在网络图中，节点的大小与期刊被引的次数成正比，节点越大，则表示该期刊的被引频次越大。网络中的连线表示了期刊之间的共被引关系，共被引关系越密切，连线越宽。当节点在年轮样式时，连线和节点的颜色所反映的趋势可以参考网络图上面的颜色带来进行判断。在当前的网络图中，网络连线从紫色向黄色过渡，连线越接近黄颜色，则共被引关系越接近 1990 年。

热爆炸期刊的共被引网络聚类结果，如图 4.47 所示。在期刊的共被引网络中，通过网络聚类把期刊划分在不同的类群中。通过聚类的结果，有助于认识所关注领域期刊维度的知识基础，以及期刊所表征的中观的知识结构。

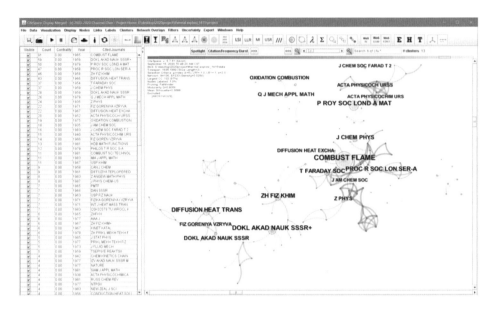

图 4.46　热爆炸研究的期刊共被引网络

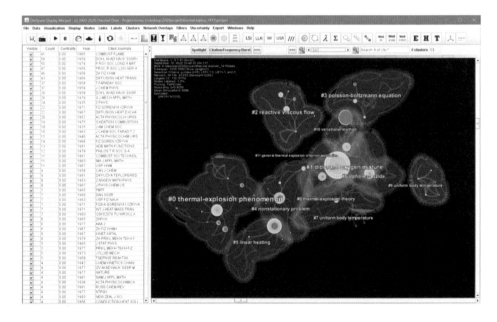

图 4.47　热爆炸研究的期刊共被引网络聚类

　　与文献的共被引分析类似，也可以对网络中节点进行突发性探测。若存在被引频次在时间上存在突发性的期刊，节点的颜色将会被填充为红色。通过默认的突发性参数，得到了 12 个具有突发性特征的期刊（图 4.48）。在这些具有突发性特征的被引期刊中，P ROY SOC LOND A MAT 的突发强度最大。在可视化界面中选中该期刊，鼠标右键点击 Node Details 可以查询该期刊在时序上的被引情况以及突发性发生的时间段（图 4.49）。

Top 12 Cited Journals with the Strongest Citation Bursts

Cited Journals	Year	Strength	Begin	End	1935 - 1990
ZH FIZ KHIM	1935	7.2392	1958	1974	
DOKL AKAD NAUK SSSR+	1935	4.5024	1959	1978	
PMTF	1935	4.1671	1965	1968	
FIZ GOREN VZRYVA	1935	5.1797	1966	1971	
DAN SSSR	1935	4.2579	1966	1968	
DOKL AKAD NAUK SSSR	1935	5.2609	1966	1980	
USP KHIM	1935	4.8953	1967	1978	
FIZ GORENIYA VZRYVA	1935	7.6864	1971	1980	
HDB MATH FUNCTIONS	1935	4.9504	1981	1985	
P ROY SOC LOND A MAT	1935	9.0953	1982	1990	
J CHEM SOC FARAD T 2	1935	5.8627	1984	1990	
J PHYS CHEM-US	1935	4.4332	1987	1990	

图 4.48　热爆炸被引期刊的突发性列表

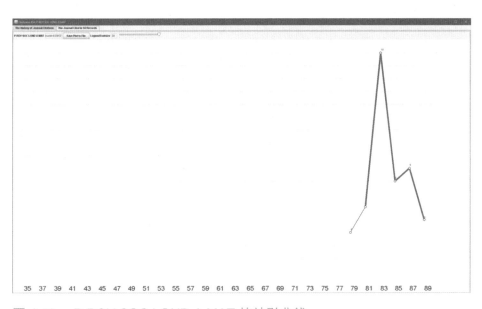

图 4.49　P ROY SOC LOND A MAT 的被引曲线

4.3.4　共被引网络分析案例

案例一：Fire Safety Journal 的文献共被引网络分析 [1]

Fire Safety Journal 所发表的 2 054 篇论文共引用了 31 612 篇参考文献，这些参考文献由于被成对引用而形成了共被引关系，整个参考文献集合则形成了共被引网络。提取 1980—2018 年每一年中被引 TOP 50 的论文，并构建共被引网络。如图 4.50（左）所示，分析提取了包含 4519 篇文献的共被引网络的最大子网络。通过 LLR 算法，从各个聚类的施引文献的标题中提取了能够表征对应共被引群落内容的主题，如图 4.50（右）所示。在网络中节点的大小代表了论文被引次数的大小，网络自上而下颜色由深到浅，表示研究从早期向近期的演化过程。网络中显示了被引不少于 5 次的文献的作者与发表时间，表 4.1 中列出了整个网络中被引频次超过 10 次的参考文献。

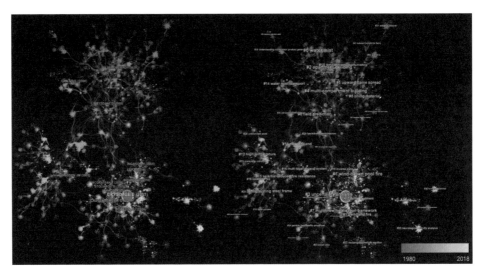

图 4.50　Fire Safety Journal 的文献共被引网络及聚类

---

[1]　李杰，刘家豪，汪金辉等 . 基于 FSJ 的火灾安全学术地图研究 [J]. 消防科学与技术，2019，38(12)：1760-1765.

表 4.1 FSJ 所发表论文的高被引参考文献（被引大于 10 次）

编号	参考文献	发表时间	期刊影响因子	研究主题	被引频次
a	DRYSDALE D, 2011, INTRO FIRE DYNAMICS	2011	——	火灾动力学	35
b	LAUTENBERGER C, 2009, FIRE SAFETY J	2009	1.888	固体热解	16
c	LI YZ, 2010, FIRE SAFETY J	2010	1.888	隧道火灾	15
d	GRANT G, 2000, PROG ENERG COMBUST	2000	25.242	水喷淋灭火	14
e	TOREYIN BU, 2006, PATTERN RECOGN LETT	2006	1.952	火灾识别	14
f	CHAOS M, 2011, P COMBUST INST	2011	5.336	固体热解	13
g	INGASON H, 2005, FIRE SAFETY J	2005	1.888	隧道火灾	13
h	INGASON H, 2010, FIRE SAFETY J	2010	1.888	隧道火灾	12
i	DRYSDALE D, 1999, INTRO FIRE DYNAMICS	1999	——	火灾动力学	11
j	STOLIAROV SI, 2009, COMBUST FLAME	2009	4.494	燃烧速率	11
k	FRANSSEN JM, 2005, ENG J AISC	2005	0.194	结构抗火	11

注释：这里的被引频次代表了对应文献被 FSJ 所引用的次数，不包含被其他期刊引用的次数；这里的影响因子为 JCR 2019 版本中的结果。

在网络中，被引编号为 a 和 i 的文献是知名火灾安全学者 DRYSDALE D 出版的专著《An Introduction to Fire Dynamics》（《火灾动力学导论》的不同版本），反映了其在火灾安全研究领域具有重要影响力。LAUTENBERGE C 在 FSJ 上发表的 "Generalized pyrolysis model for combustible solids"（可燃固体广义热解模型）排名第二；来自西南交通大学的 Ying Zhen Li 在 FSJ 上发表的 "Study of critical velocity and back layering length in longitudinally ventilated tunnel fires"（纵向通风隧道火灾的临界风速及回流长度研究）排

在第三位。除去编号 a 和 i 的火灾科学专著之外，FSJ 引用率最高的文献仍来源于该期刊，热点方向为隧道火灾和固体热解模型研究。从整个 FSJ 引用文献的聚类来看，以 DRYSDALE D 出版的《火灾动力学导论》为中心形成了较为庞大的共被引网络，串联起了火灾安全科学研究的大部分研究内容，且研究内容均在 2000 年以后，代表了近期研究的焦点问题。从研究主题的聚类可以看出，早期的火灾研究主要聚焦于细水雾灭火、建筑火灾以及火灾蔓延等方面，总体上偏重于建筑火灾中火灾动力学和消防灭火研究。而近期的火灾研究工作热点则为有风环境池火燃烧、不确定性分析及林野火灾等，更加倾向于实际火灾发展过程的实验、理论及模型研究。

案例二：《工业事故预防》施引文献的参考文献共被引分析 ❶

海因里希的《工业事故预防》施引文献的参考文献共被引网络如图 4.51 所示。其中，左图为原始的共被引网络，并显示了网络中的高被引文献的分布位置。右图显示了文献共被引网络的聚类结果，并对各个聚类使用 LLR 算法（对数似然率）进行了命名。在该网络中，节点的大小表示论文的被引次数，年轮的色带表示被引的时间。两篇论文之间的连线代表论文有共被引关系，连线的颜色代表了两篇论文首次共同被引用的时间。

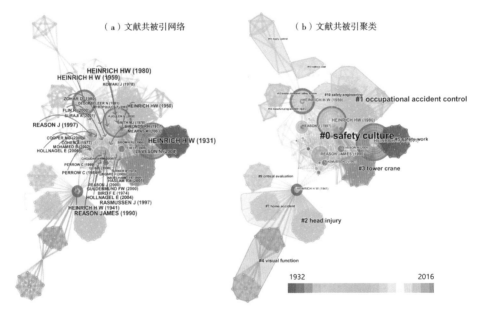

图 4.51　《工业事故预防》一书施引文献的文献共被引及聚类

---

❶　李杰等 . 海因里希安全理论的学术影响分析 [J]. 中国安全科学学报 ,2017,27(09):1-7.

从共被引图结果来看，海因里希的《工业事故预防》不仅具有高的被引频次，且具有高的中介中心性。从网络的时间特征来看，1931 年的版本主要被早期的一些研究引用，相比 1980 年版本的引用更加接近当前的时间。1941 年的版本在网络中有最高的中介中心性，将早期引用《工业事故预防》一书的聚类 #7 home accident（家庭事故）、#9 critical evaluation（关键评估）、2# head injury（头部伤害）以及 4# visual function（视觉功能）和近期的聚类 0# safety culture（安全文化）等连接在了一起。近期的安全文化研究更多地引用了 1980 年的版本。通过对文献聚类图和网络图的比较还发现，网络中的高被引论文主要集中在安全文化的聚类中。

案例三：我国学者发表《安全科学》论文的文献共被引分析 ❶

对我国学者在 Safety Science 发表的 339 篇论文进行共被引分析，见图 4.52。

图 4.52　国内学者在 Safety Science 发表论文的知识基础聚类

---

❶　李杰 . 国内学者《安全科学》刊文的知识图谱 [J]. 安全 ,2019,40(12):9–14.

共被引网络的上半部分文献密集，且聚类群落规模显著大于其他区域，是我国学者发表 Safety Science 论文知识基础的核心部分。该区域主要涉及安全氛围、事故模型以及基于模糊集的安全评价。文献共被引网络的下半部分是关于人员疏散的核心文献，是我国学者在 Safety Science 发表疏散方面论文的知识基础群。

在网络中，被我国学者引用排名前 5 的论文分别为 #1 Leveson N（2004），#2 Reason J（1990），#3 Glendon AI（2001），#4 Helbing D（2000）以及 #5 Zadeh LA（1965）。#1 Leveson N 是美国科学院院士和美国麻省理工学院教授，2004 年在 Safety Science 上发表的论文提出了一种新的系统安全工程研究方法（STAMP），该方法在我国安全科学研究中引用广泛。#2 Reason J. 是曼彻斯特大学（The University of Manchester）心理学教授，他在 1990 年出版的 Human Error 一书，对我国人的因素和事故的研究发挥了重要作用。#3 Glendon AI 的论文是关于安全氛围因素以及道路建设安全行为的研究，在安全氛围和安全行为研究中被我国学者广泛借鉴。#4 Helbing D. 教授 2000 年在 Nature 发表的论文是关于"逃离恐慌的动态特征模拟"，该篇论文对我国人员疏散的研究提供了有力的支撑。#5 Zadeh LA 是美国加利福尼亚大学自动控制理论学者，1965 年发表的"模糊集"论文开启了模糊数学的研究热潮。模糊集合的方法被大量地用于安全管理、评价和决策分析中。

案例四：我国社会科学领域知识图谱文献的作者共被引分析 ❶

我国社会科学领域知识图谱研究的作者共被引分析时区图，见图 4.53。在时区图中，首次被引时间相同的作者被放置在了同一个时区中，图形按照从左下角向右上角的趋势显示了被引作者的时间趋势。分析结果显示，国内外的图情学者很早就受到关注。这些作者中，被引排名前 10 的作者分别为 CHEN C.（263）、刘则渊（138）、陈悦（126）、邱均平（116）、陈超美（74）、侯海燕（73）、SMALL H.（65）、赵蓉英（58）、侯剑华（51）以及马费成（44）。被引排名第 1 位的陈超美教授来自德雷塞尔大学，第 4 位的也是陈超美教授。陈超美教授是国内外知名的信息可视化及科学计量学者，其在知识图谱理论、方法以及实践上都成果斐然。更加广为人知的是陈超美教授在 2003 年 9 月开发的知识图谱软件 CiteSpace。该软件自从对外免费使用以来，在全世界范围内得到了广泛的应用和引用。2008 年陈超美教授被大连理工大学聘为长江学者，并与刘则渊教授成立了 Drexel－DLUT 知识可视化与科学发现联合研究所。在陈超美教授和刘则渊

❶ 李杰,李慧杰等.国内社会科学研究中知识图谱应用现状分析 [J].图书情报研究,2019,12(01):74–81.

教授的带领下，该实验室的知识图谱和科学计量研究在近几年已经成为世界范围内的知名机构。其他高被引作者如陈悦、侯海燕、侯剑华、栾春娟以及姜春林都曾是 WISE 实验室（刘则渊教授在大连理工大学成立的网络—信息—科学—经济计量学实验室）的博士生或者研究人员，在刘则渊教授的指导下很早就进入到了知识图谱的研究中，并建立了自己的学术地位。知识图谱在国内的应用实践方面，武汉大学邱均平和赵蓉英教授所带领的团队对知识图谱研究的推广也有着重要影响。

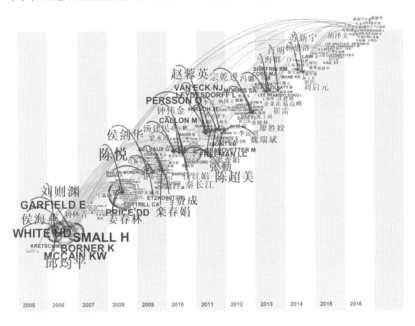

图 4.53　国内社会科学领域的知识图谱研究的作者共被引分析

思考题

（1）概念解析：

引文分析（citation analysis）；施引文献（citing article）；被引文献（cited article）；文献共被引分析（references co-citation analysis）；文献耦合分析（documents bibliographic coupling）；研究前沿（research front）；知识基础（intellectual base）；研究热点（research hotspots）；中介中心性（betweenness centrality）；结构洞（structure hole）；本地被引次数（local citation score）；全局被引次数（global citation score）；H 指数（H-index）

与 G 指数（G-index）。

（2）文献共被引和文献耦合都是进行文献相似性测度的方法，谈谈它们在进行相似性测度上有哪些特点。

（3）论述 CiteSpace 的概念模型。

本章小提示

小提示 4.1：关于常见软件中共被引和耦合分析的说明。

无论是作者的共被引分析还是作者的耦合分析，第一作者的共被引和耦合分析比较常见。在 VOSviewer 中提供了施引文献、作者、机构、国家 / 地区以及期刊的耦合分析，其中作者的耦合为施引文献全体作者的耦合分析。

小提示 4.2：通过共被引或耦合来推荐相关文献。

无论是文献的共被引还是耦合分析，都可以作为一种发现相似文献的方法。一些数据库将该原理应用在了相关文献的推荐上，如 Web of Science 提供的"查看相关记录"就是通过文献的耦合，推荐读者可能关心的相似文献。例如，在 Web of Science 中检索 CiteSpace Ⅱ: detecting and visualizing emerging trends and transient patterns in scientific literature，结果如图 4.54 所示。在检索结果界面右侧的"查看相关记录"就是数据库根据文献耦合原理推荐的与该论文相似的文献。

图 4.54　Web of Science 中的相关记录功能

点击"查看相关记录"后，即可得到 WoS 推荐的文献列表。对于列表中的每一个文献，提供了该文献在 WoS 中的被引频次、引用的参考文献数量以及共同引用的参考文献数量（图 4.55）。

图 4.55　Web of Science 中根据耦合强度推荐的文献列表

CoCites 是由美国埃默里大学罗林斯公共卫生学院 A.Cecile 和 J.W.Janssens 基于文献共被引原理开发的文献信息系统。用户登录 CoCites 后（CoCites 主页：https://www.cocites.com/），需要按照要求注册，并安装 chrome 插件（或 Firefox 插件）。目前该功能已经实现了与 PubMed 和 GoogleScholar 数据库的连接，用户在 PubMed 数据库中检索到结果后，会在每一条文献记录下面显示 View Co-Citations。点击 View Co-Citations（前面的数字表示种子文献的被引次数）就会链接到与该论文存在共被引关系的文献列表页面，如图 4.56。

在图 4.57 中，Times Cited 表示论文的被引频次，Times co-cited 表示共被引次数，Similarity 表示两篇文献共被引次数占"种子文献"被引次数的百分比。例如：图中"种子文献"被引次数为 29，在 List of co-cited articles 中的第一篇文献的共被引次数为 12。那么这两篇文献之间的 Similarity 就等于 12/29=41%。

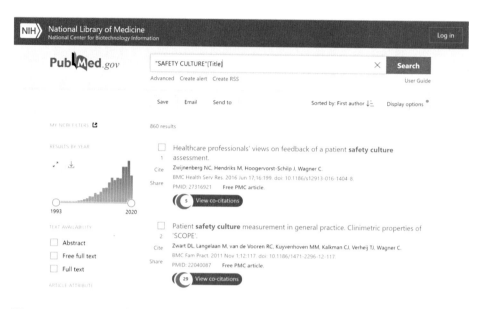

图 4.56　CoCites 在 PubMed 中的应用

图 4.57　CoCites 所推荐的与选择文献有共被引关系的文献列表

小提示 4.3：文献耦合与文献共被引的比较。

耦合分析：①反映了施引文献之间的关系；②必须由两个或两个以上施引文献共同建立；③关系媒介是被引文献；④使用"耦合强度"指标来衡量相似性，即相同参考文献的数量；⑤耦合强度不会随着时间发生变化；⑥表示引证文献之间固定而长久的关系，反映静态结构。

文献共被引分析：①反映被引文献之间的关系；②可以由一个施引文献单独建立；③关系媒介是施引文献；④使用"共被引强度"来衡量相似性，即"共同的施引文献数"；⑤共被引强度会随着是时间变化；⑥表示被引文献之间暂时的关系，反映的是动态结构。

小提示 4.4：CiteSpace 的 Signature 的含义解读。

下面以图 4.58 为例进行说明。

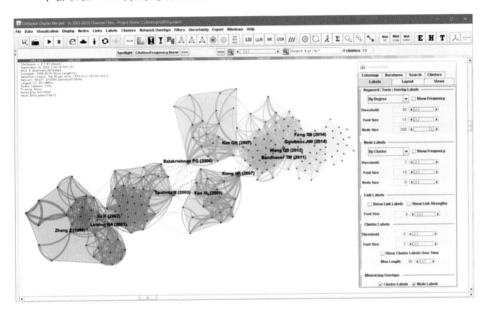

图 4.58　CiteSpace 图谱左上角 Signature 的含义

CiteSpace, V.5.7.R1（64 bit）表示使用软件的版本信息。

September14, 20202:46:16 PM CST 表示数据分析的详细时间。

WoS: E\desktop\LIBFS\data 表示数据来源及所存放的位置。

Timespan: 1996—2019（Slice Length=2）表示所分析的时间区间，括号中

的信息表示时间切片。也就是说把这个时间区间按照多少年为一段进行切割。

Selection criteria: Top 30 per slice 表示每个时间切片内知识单元选取的阈值。例如，这里表示提取了每个时间切片被引排名前 30 位施引文献来构建共被引网络。LRF=10，即 Link Retaining Factor: k，这个参数调节 link 的取舍。保留最强的 k 倍于网络大小的 link（这里的 k=10），剔除剩余的。LBY=5，即 Look Back Years: n，调节 link 在时间上的跨度不大于 n 年（这里 n=5），−1 为无限制。e 即 TopN={v|f(v)>=min(f(top(N), e)}，对节点最低频次的设置。这里 e=2，表示提取的对象至少出现（或被引）了 2 次。

Network 中 N=227, E=2099（density=0.0818），N 表示网络中节点的数量，E 表示连线数量。Density 表示网络的密度，是指网络中"实际关系数"与"理论上的最大关系数"的比值。在一个节点数量为 n 的无向网络中，最大可能的关系数为 C_n^2=（n（n−1））/2，假设实际的关系数为 m，那么该网络的密度就为 2m/[n（n−1）]。在 CiteSpace 中的 1 模网络都为无向网络，2 模混合网络通常是有向的（例如：混合 terms 和 references 时，从 terms 到 references 是有向的）。一个节点数为 n 的有向网络，其最大关系数量为 n（n−1），那么网络的密度就为 m/[n（n−1）]。

Largest CC 表示最大子网络的信息，这里的 201 表示子网络中共包含了 201 个节点，占整体网络 227 个节点的 88%。

Nodes labeled 表示可视化网络中有 1.0% 的节点显示了标签，这个数值可以在 Project 编辑界面中修改。

Pruning 表示网络裁剪的方法，这里 None 表示没有剪裁。若使用剪裁会显示为 Pathfinder（寻径算法）或者 MST（最小树算法）。

Modularity 和 Silhouette 是用来对聚类的效果进行评价的参数。

还要特别说明：在参数设置没有发生变化的情况下，有些用户在重新运行数据后，网络的布局发生了一些变化。是不是结果不一样了？这里需要提醒用户，只要左上角的参数没有变化则说明前后两次运行得到的网络是一样的，结果自然也是一样的。网络的布局在二维空间上的差异不影响实际的结果。这就好比一个人，之前是站着的，后面是坐着了。实际上从各个方面的指标来看，仍然是同一个人。

小提示 4.5：聚类命名算法的选择

网络在二维空间的布局稳定后，可以使用不同的方法对网络聚类进行命名。

通常推荐使用LLR算法对聚类进行命名。下面给出了三种算法所得结果的比较（图4.59）。对于聚类的具体效果评价，需要用户结合专业来进行判断。在具体解读时，用户也可以结合三种聚类命名方法的结果和所提取的施引文献的总结性句子（Summary Sentences）来进行解释。

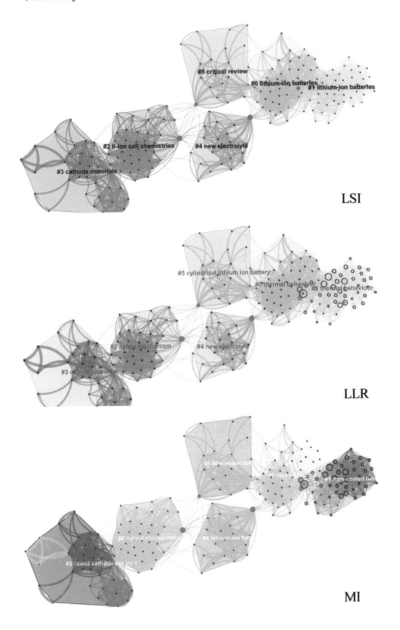

图 4.59　三种方法提取的聚类术语

小提示 4.6：通过科学领域或参考文献字段来提取聚类标签。

CiteSpace 除了可以依据 LLR 等算法从标题（T）、关键词（K）或摘要（A）来提取聚类标签外，还可以从研究领域（Subject Category）和被引文献（Cited Reference）中来提取。例如，图 4.60 分别给出了从 SC 与 CR 字段提取的聚类名称，SC 聚类名称是从施引文献所属领域名称中来提取的，CR 聚类名称则是从被引文献的期刊名称中来提取的。

图 4.60　聚类命名通过 SC 和 CR 字段来获取

小提示 4.7：CiteSpace 如何识别和确定一篇文献的唯一性？

在 CiteSpace 中，通过作者、年代、期刊以及卷期来确定一条文献记录的唯一性。

小提示 4.8：CiteSpace 概念模型与分析结果的对应。

在 CiteSpace 中，文献的共被引分析是其特色功能。用户可以通过 CiteSpace 的概念模型来深入认识 CiteSpace 中的文献共被引分析。CiteSpace 根据概念模型（图 4.61）设计了 Cluster Explorer 聚类信息展示界面（图 4.62），用户可以通过该界面更好地理解文献的共被引及其概念模型的含义。

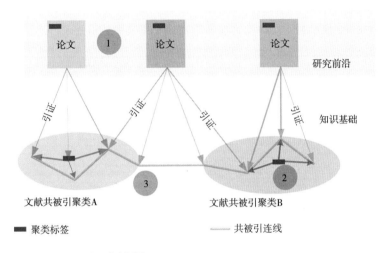

图 4.61　CiteSpace 概念模型

图 4.62　聚类信息查询与 CiteSpace 概念模型的对应

图 4.63 中的窗口显示的是施引文献，这些文献代表了研究前沿。Coverage 表示该论文引用对应聚类中的文献数量。GCS 表示对应文献在 Web of Science 中的被引次数；LSC 表示该论文在所下载数据集中的被引次数。例如：19|740|1|Wang, Qingsong (2012) Thermal runaway caused fire and explosion of lithium ion battery.JOURNAL OF POWER SOURCES, V208, P15 DOI 10.1016/j.jpowsour.2012.02.038，表示该论文引用了聚类 #0 中的 19 篇论文。该论文在 Web of Science 被引用了 740 次，在所下载的数据集中被引用了 1 次。

Citing Articles | Keywords

Coverage	GCS	LCS	Bibliography
19	740	1	Wang, Qingsong (2012) Thermal runaway caused fire and explosion of lithium ion battery. JOURNAL OF POWER SOURCES, V208, P15 DOI 10 1016/j jpowsour 2012 02 038
7	137	1	Ribiere, Perrine (2012) Investigation on the fire-induced hazards of li-ion battery cells by fire calorimetry. ENERGY & ENVIRONMENTAL SCIENCE DOI 10 1039/c1ee02218k
7	59	1	Gachot, Gregory (2012) Thermal behaviour of the lithiated-graphite/electrolyte interface through gc/ms analysis ELECTROCHIMICA ACTA DOI 10 1016/j electacta 2012 08 016
6	185	1	Wen, Jianwu (2012) A review on lithium-ion batteries safety issues: existing problems and possible solutions. MATERIALS EXPRESS DOI 10 1166/mex 2012 1075
6	12	1	Lan, Xia (2012) A positive-temperature-coefficient electrode with thermal protection mechanism for rechargeable lithium batteries CHINESE SCIENCE BULLETIN DOI 10 1007/s11434-012-5071-9
5	139	1	Golubkov, Andrey W (2014) Thermal-runaway experiments on consumer li-ion batteries with metal-oxide and olivin-type cathodes. RSC ADVANCES DOI 10 1039/c3ra45748f
4	76	1	Baginska, Marta (2012) Autonomic shutdown of lithium-ion batteries using thermoresponsive microspheres. ADVANCED ENERGY MATERIALS DOI 10 1002/aenm 201100683
4	39	1	Wen, Chia-Yuan (2012) Thermal runaway features of 18650 lithium-ion batteries for lifepo4 cathode material by dsc and vsp2 JOURNAL OF THERMAL ANALYSIS AND CALORIMETRY DOI 10 1007/s10973-012-2573-2
4	171	1	Feng, Xuning (2014) Thermal runaway features of large format prismatic lithium ion battery using extended volume accelerating rate calorimetry. JOURNAL OF POWER SOURCES DOI 10 1016/j jpowsour 2014 01 005
3	39	1	Yoon, Won-Sub (2012) Structural study of the coating effect on the thermal stability of charged mgo-coated lini0 8co0 2o2 cathodes investigated by in situ xrd. JOURNAL OF POWER SOURCES DOI 10 1016/j jpowsour 2012 05 028
3	72	1	Larsson, Fredrik (2014) Abuse by external heating, overcharge and short circuiting of commercial lithium-ion battery cells JOURNAL OF THE ELECTROCHEMICAL SOCIETY DOI 10 1149/2 0311410jes
3	88	1	Jhu, Can-Yong (2012) Thermal runaway potential of licoo2 and li(ni1/3co1/3mn1/3)o-2 batteries determined with adiabatic calorimetry methodology. APPLIED ENERGY DOI 10 1016/j apenergy 2012 05 064

图 4.63　施引文献信息

该类中施引文献的信息也可以通过左击聚类 #0 中的任意文献，再右击菜单中的 List citing papers to the Cluster 来获取。在新的界面中，可以得到关键词词频列表（Keywords）、该类中高被引施引文献列表（Citing Titles）、该类施引文献详细列表（Bibliographic Details）和引用该类中被引文献的数量（方括号中的数字）。如图 4.64 所示。

② 该窗口显示了三种方法得到的聚类命名（笔者认为这些施引文献和提取的术语反映了研究前沿或前沿主题领域）。该窗口信息还可以通过菜单 Cluster 中的 Summary Table|Whitelist 获得。

③ 该窗口显示的是被引文献（这些文献反映的是知识基础），这些文献是直

接在图谱中显示的信息。

④ 该窗口显示了从施引文献的摘要中，按照 Centrality 或 PageRank 算法提取的句子，这些句子有利于用户理解各类中论文的研究内容。

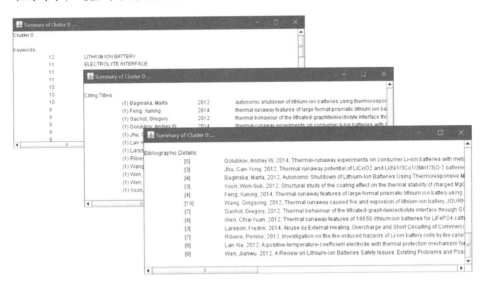

图 4.64　施引文献的查询

小提示 4.9：如何面对数据分析中的不相关结果。

从数据库中通过相关检索策略得到的数据难免会存在一些不相关的记录，这在数据检索中是难以避免的。有些用户在使用时会觉得有些困惑，且难以回答审稿或者答辩专家这些问题。在面对这种问题是，首先建议用户将注意力集中在对最大子网络的分析上，然后再分析一些规模比较大的子网络。

在结果中，用户可能会得到一些与分析的主题并不相关的结果，主要表现在两个方面：①内容上与所分析主题没有关系。这属于数据集存在的杂质，比如同样的缩写来自不同的主题。②内容上与主题是相关的，但是用户不知道，甚至其他学者也不知道。第 2 类情况是发挥 CiteSpace 价值的一个重要方面，它能导致新发现。

例如，在黑客（Hacker）文献的分析中文献的检索使用主题检索，目的是分析与 Hacker，Hacker Behavior 等相关的主题。关于 Hacker 的最大子网络分析结果如图 4.65 中（a）图所示。从 Hacker 文献共被引网络的最大子网络中能明显地得到关于 Hacker 研究的主题，如 Instruction detection system、Validating trust measure、Cyber Terrorism 以及 Vulnerabilities 等。而第二大子网络所显示的研究则与文献数据所要分析的 Hacker 是不相关的，如图 4.65 中（b）图。该网络显示的是一位哲学家 Hacker, P.M.S 在 1996—2003 年发表的一系列关于 Scepticism、Rules 以及 Language 的论文或书籍，但这些数据结果又确实包含在所分析的数据集中。通过该案例，我们还是建议用户尽可能使用广泛的检索策略来获取数据，不相关的主题会在实际的分析中暴露出来。

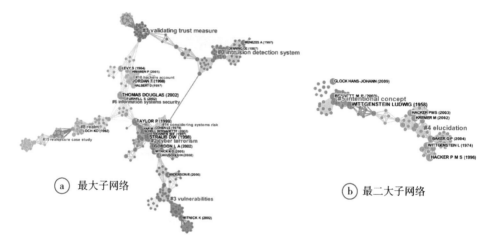

图 4.65　Hacker 研究的文献共被引网络

　　例如，陈超美教授等在分析再生医学的文献时，通过这种"不相关"的结果，发现了 graphene 在再生医学里新出现的作用❶。

---

❶　Chen C, Dubin R, Kim M C.Emerging trends and new developments in regenerative medicine: a scientometric update (2000 – 2014).[J].Expert Opinion n Biological Therapy, 2014, 14(9):1295.

科研合作网络分析

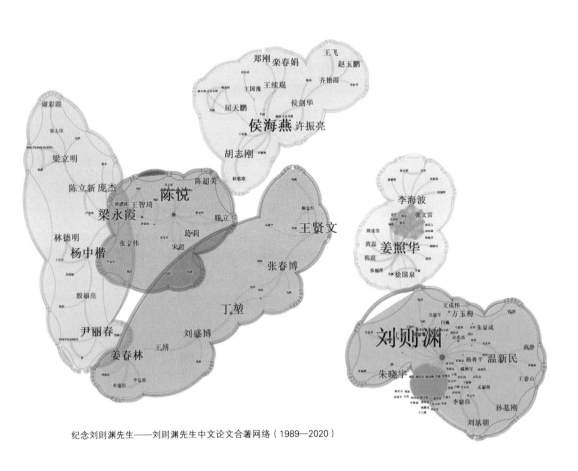

纪念刘则渊先生——刘则渊先生中文论文合著网络（1989—2020）

5.1 概述

早在 20 世纪 60 年代初，被誉为科学计量学之父的普赖斯（Price）就对科研合作进行计量研究。他从《化学文摘》中抽取数据并经过检验，发现从 20 世纪开始，多作者合著论文呈直线增长，他还预言合作论文的平均合作者会增加（梁立明，武夷山等,2006）。随后，又有一些学者对科学合作进行了研究，其中比弗（D.Beaver）在科学计量领域最具代表性，他在 1978—1979 年连续在 *Scientometric* 期刊上发表了 3 篇《科学合作的研究》论文，详细地对合作问题进行了系统讨论（Beaver D, Rosen R.,1978,1979a, 1979b）。目前，科学研究中的合作特征分析仍然活跃，且有多篇研究成果发表在了国际权威期刊上。例如，2007 年，美国西北大学的研究人员在 *Nature* 发文，通过对 Web of Science 中 1955—2005 年（50 年）的 1 990 万篇论文数据和 1975—2005 年（30 年）的 210 万份专利数据的分析得出：除了艺术与人文领域的合作保持稳定外，其他几大类中都明显呈现团队合作发表成果比例越来越高以及团队规模越来越大的趋势。统计表明，除了人文艺术类，其他论文和专利中，合作者的平均数都明显上升，且多个作者合作的论文，影响力也明显高于唯一作者的论文（Wuchty S., Jones B. F., Uzzi B., 2007）。2019 年，Lingfei Wu 和 Dashun Wang 等通过分析 60 年来的（1954—2014）6 500 多万篇论文 / 专利 / 软件等数据，在 *Nature* 上发表了"大型团队成长性发展科学技术、小型团队则破坏性创造科学技术"的论文，从论文作者的规模角度讨论了在创新性中的团队影响（Wu, L., Wang, D. 和 Evans, J., 2019）。

那么什么是科研合作呢？科学计量学家 Katz 和 Martin 将科学合作定义为：科学合作就是研究学者为生产新的科学知识这一共同目的而在一起工作（Katz J. S., Martin B R, 1997）。在实际过程中，科学合作有多种形式以及表现，这里所提到的科学合作是指若在一篇论文中同时出现不同的作者、机构或者国家 / 地区，那么我们就认为这些不同的作者、机构、国家 / 地区之间存在合作关系。如论文 Identification of, and Knowledge Communication Among Core Safety Science Journals 的两位作者为合作关系，两位作者的单位分布在 4 个不同的国家或地区，分别为 China，Germany，UK 和 Netherlands。在科学合作分析中，我们认为这 4 个机构以及 4 个国家是存在合作关系的，如图 5.1 所示。

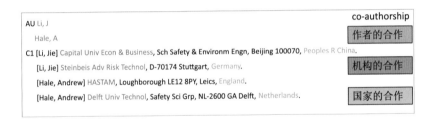

图 5.1　Web of Science 中论文的合作演示

5.2　科研合作网络分析

CiteSpace 提供了三个层次的科学合作网络分析，分别为微观的作者合作网络（Co-Author Analysis），中观的机构合作网络（Co-Institutions Analysis）和宏观的国家/地区的合作 Co-Country/Territory。在 CiteSpace 科研合作网络中，节点的大小代表了作者、机构或者国家/地区发表论文的数量，节点之间的连线代表了不同主体之间的合作关系。下面详细介绍使用 CiteSpace 构建科研合作网络的过程：

第 1 步：数据准备与项目建立。

本部分以 Web of Science 中采集的热爆炸（1935—2017）研究论文为例进行演示说明。在 CiteSpace 中，热爆炸作者分析的项目参数见图 5.2。

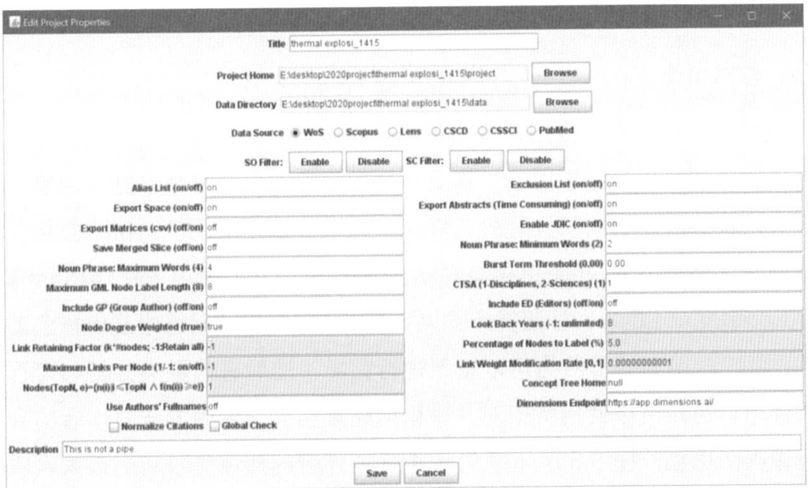

图 5.2　热爆炸项目的参数设置

第 2 步：数据分析。

在 CiteSpace 功能参数区，将 Node Types 选择为 Author，其他参数的设置方法与前文类似。然后，点击 GO！待出现提示对话框后，点击 Visualize（图 5.3）。

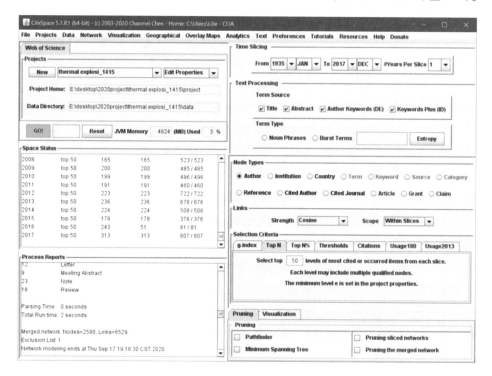

图 5.3　热爆炸研究作者合作网络分析

第 3 步：数据可视化。

进入可视化界面后，将会得到初步的作者合作网络。为了使网络更加清晰以及关键的合作群落能够比较好地展示，需要对原始网络的可视化结果进行调整。首先，用户可以根据原始网络所呈现的可视化结果来选择要呈现子网络的数量。如图 5.4 所展示的案例，在可视化菜单栏选择 Filters 中的 Show the Largest k Connected Component Ony，按照提示输入 5，表示选择原始网络中规模排名前 5 的子网络。用户对得到的子网络可以重新进行布局，然后进行聚类分析和可视化调整。同样地，用户可以使用类似对共被引网络聚类和命名的方法对作者的合作网络进行聚类。例如，图 5.5 展示了包含 453 位作者的热爆炸研究的最大合作网络。

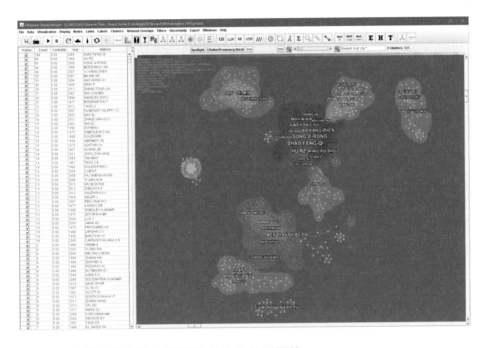

图 5.4　热爆炸合作网络规模排名前 5 的子网络

注释：TimeSpan=1935–2017（Slice Length=1）；Selection Criteria：Top 50 per slice, LRF=−1, LBY=−1, e=1；N=2580，E=5752 (Density=0.0017)；Largest CC：778（30%）；Pruning：Pathfinder.

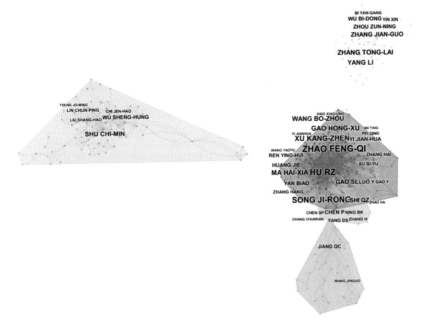

图 5.5　热爆炸作者合作的最大子网络

在合作网络中，同样可以使用 Burst 分析功能来探测作者发文的突发性情况，以识别不同时期活跃的热爆炸研究学者，如图 5.6 所示。图中结果显示了不同时期活跃的热爆炸学者，早期的爆炸研究学者主要从事理论研究，包含 Merzhanov AG、Barzykin VV 以及 Gray P 等，中后期则产生了一批主要以实验实践研究为主的学者。

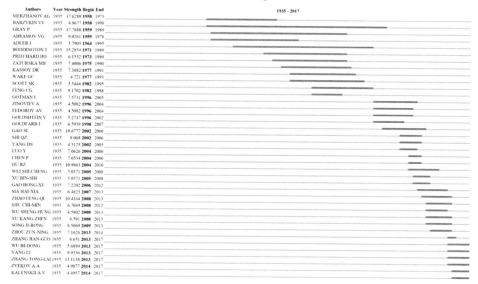

图 5.6　热爆炸学者发文的突发性探测

在作者合作网络中，选中某一节点，右击 Node Details 可以查询该作者发表论文的时间分布以及详细的论文信息。例如，我国学者冯长根教授位于早期的热爆炸合作群落中，他在英国利兹大学留学期间与他的导师 Gray P. 和 Boddington T. 发表了大量的热爆炸理论研究论文，见图 5.7 和图 5.8。该功能在国家 / 地区、机构的合作分析中也同样适用。

通过类似的流程，在功能参数区中将 NodeTypes 切换成 Institution，然后点击 GO! 就可以得到热爆炸研究机构的合作网络，如图 5.9。在得到机构的合作网络后，同样我们可以对该网络进行聚类，以了解各个机构群落的研究主题，如图 5.10。若要得到国家 / 地区的合作网络，将功能参数区的节点类型换成 Country，点击 GO！就能得到热爆炸研究中的国家 / 地区的合作网络。

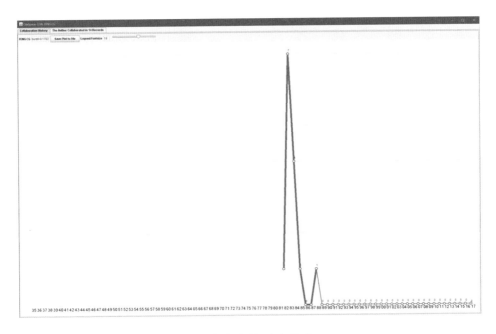

图 5.7 冯长根教授所发表热爆炸论文的时序分布

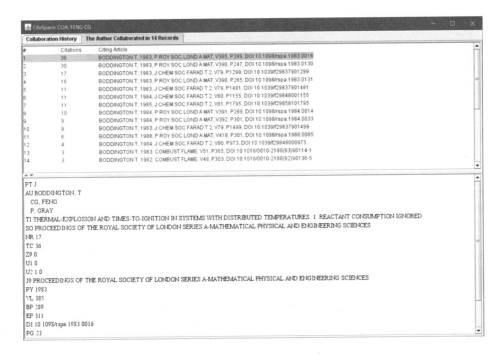

图 5.8 冯长根教授的论文具体信息

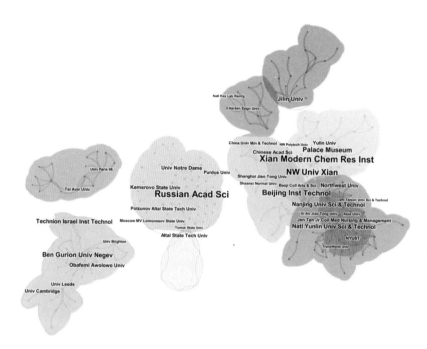

图 5.9　热爆炸研究机构的合作网络

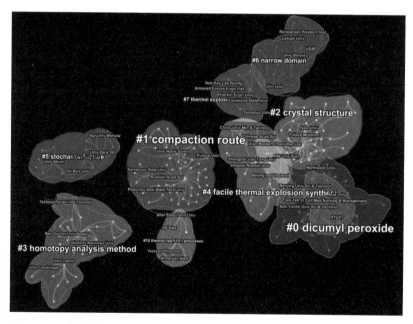

图 5.10　热爆炸机构合作网络的聚类

参数注释：TimeSpan=1935–2017（Slice Length=1）；Selection Criteria：Top 50 per slice, LRF=–1, LBY=–1, e=1；N=693，E=662(Density=0.0028)；Largest CC：245（35%）。

案例 1：国内建筑火灾的机构合作 ❶

为了认识我国建筑火灾机构的空间合作分布情况，使用 CiteSpace 对国内建筑火灾研究论文的机构合作进行分析。TimeSpan 为 1992—2017 年，时间切片设置为 2，设置提取每一个时间切片里面排名前 100 的机构，且提取的机构发文量在每个时间切片内最低为 1 篇。最后，得到了机构数量为 351、合作关系数为260 的建筑火灾机构合作网络，如图 5.11 所示。在该图中，节点的大小代表机构论文的产出量，网络中的连线代表了机构之间的合作关系。

图 5.11　国内建筑火灾研究的机构分布

国内建筑火灾研究的高产机构主要来源于南京工业大学、中国科学技术大学、中国人民武装警察部队学院、清华大学、中国矿业大学、重庆大学、西安建筑科技大学以及同济大学。这些机构在建筑火灾研究中产出活跃，组成了我国建筑火灾研究的科学中心。从网络的整体来看，以这些高产机构为核心已经形成我国建筑火灾研究的不同群落。从这些单位的性质来看，我国建筑火灾研究的主要力量集中在高校。从机构在网络中位置的重要性来考虑，西安建筑科技大学、清华大学、

❶ 李杰, 陈伟炯. 建筑火灾研究现状的可视化分析 [J]. 消防科学与技术 ,2018,37(02):250–254.

中国科学技术大学、北京工业大学以及中冶建筑研究总院有限公司等机构在网络中具有高的中介中心性，反映了这些机构在建筑火灾合作关系中显著的桥梁作用。

案例 2：知名学者科学知识图谱学者刘则渊先生的合作网络分析

2020 年 9 月 12 日在中国知网数据库中，使用检索条件：作者 = 刘则渊、单位 = 大连理工大学，共检索到了 1989—2020 年刘则渊教授所发表的 344 篇论文。使用 CiteSpace 得到刘则渊教授论文的产出年度分布，如图 5.12 所示。

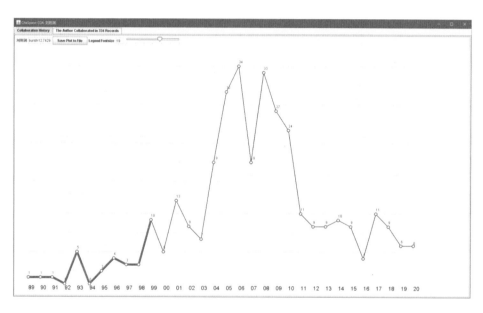

图 5.12　刘则渊先生的论文在中国知网中的产出分布

进一步使用 CiteSpace 对这些论文进行作者合作网络的绘制，如图 5.13 所示。在分析中，为了能呈现出更加清晰的合作结构，对分时网络和整合后的网络进行了 Pathfinder 剪裁。从分析结果来看，刘则渊先生的合作者主要来源于大连理工大学 WISE 实验室。与其合作论文最多的前五位学者分别为陈悦（39 篇，首次合作时间 2005 年）、侯海燕（35 篇，首次合作时间为 2005 年）、姜照华（27 篇，首次合作时间为 1998 年）、王贤文（25 篇，首次合作时间为 2007 年）以及梁永霞（24 篇，首次合作时间为 2006 年）。在合作网络中，主要以刘则渊先生的学生（包含学生的学生）为主，例如：陈悦、侯海燕、杨中楷、尹丽春、许振亮、姜春林以及胡志刚等。从分析的结果来看，刘则渊先生的团队成员在研究方向上存在一定的差异，并由此分割成了不同的团队。

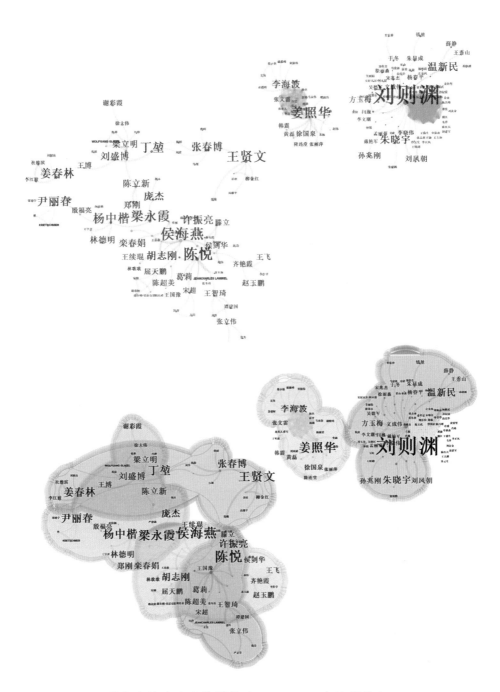

图 5.13　刘则渊先生的论文合作网络（Pathfinder 方法裁剪）

5.3 合作网络的地理可视化

CiteSpace 软件设计了对 Web of Science 数据的科研网络地理可视化分析功能。在实际的分析过程中，用户在地理可视化界面中，直接按照步骤加载 data 文件夹即可。对数据进行分析后，会在 data 文件夹中生成一个 kml 文件。生成的 kml 地理可视化文件可以使用 Google Earth 打开，建议在进行科研网络的地理可视化分析之前安装 Google Earth 软件。

下面详细介绍在 CiteSpace 中如何进行科研网络的地理可视化分析（案例数据为 1991—2013 年在 Safety Science 上发表的论文）：

第 1 步：进入 CiteSpace 科研网络地理可视化模块。

进入 CiteSpace 功能参数区后，在 Geographical 菜单下打开 Generate Google Earth Maps（KML2.0），如图 5.14 所示。

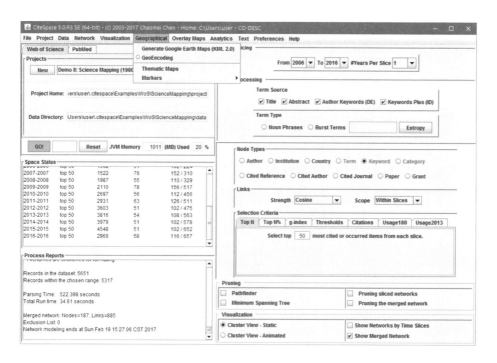

图 5.14　CiteSpace 合作网络地理可视化功能

第 2 步：数据加载与参数设置。

在科研网络的地理可视化设置区域，输入所分析数据的时间跨度，并加载所分析数据的路径（其他参数默认即可），点击 Make Map 即可开始数据的地理解析。

数据分析执行结束后，Message 窗口会提示 kml 文件的保存位置以及所成功解析的地址数量和未被识别的地址数量（图 5.15）。科技论文合作地理可视化的分析结果将被保存在 data 文件夹中的 kml 子文件夹中，分析的结果文件包含了提取的论文地理信息（CSV 文件）以及用于可视化的 kml 文件。在该文件夹中，还生成了一个用于更正解析问题的 geocoding_log_tab.txt 文件。当出现了地址解析的错误后，可以通过该 txt 文件对存在解析错误的地址进行编辑，编辑完成后，再运行地理可视化功能即可（图 5.16）。

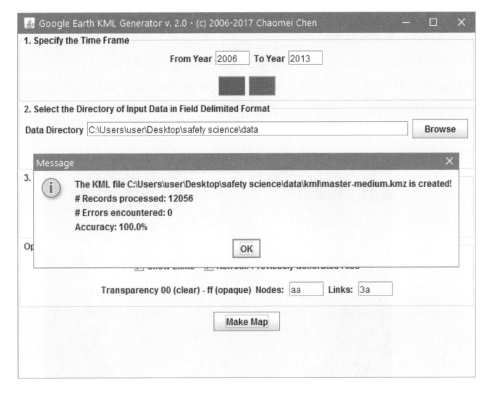

图 5.15　合作网络的地理可视化参数与分析结果情况

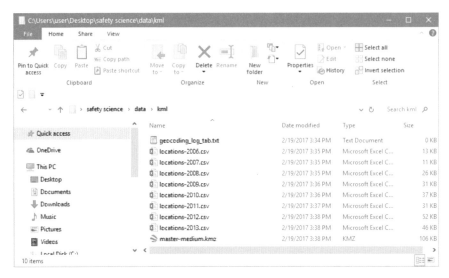

图 5.16　地理可视化分析结果文件夹

第 3 步：数据可视化。

在已经安装了 Google Earth 的前提下，用户可以直接双击打开 kml 文件，实现对科研合作网络的地理可视化（图 5.17）。在 Google Earth 中，用户还可以对节点和连线的样式进行编辑（颜色、透明度以及线宽），编辑后的结果如图 5.18 所示。

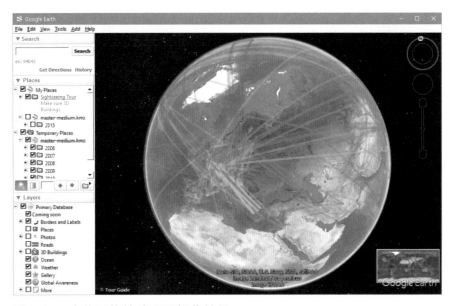

图 5.17　合作网络的地理可视化结果

图 5.18　使用 Google Earth 编辑后的结果（左）和局部显示（右）

此外，在 Google Earth 中，用户还可以通过点击地理可视化结果中的节点来获得对应地址处的文献全文链接。点击链接后，用户可以进入文献的主页下载或阅读文献，参见图 5.19。

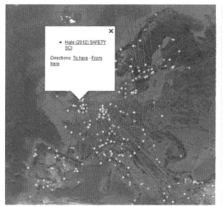

图 5.19　在 Google Earth 中获取文献信息

用户还可以进一步在 Google Earth 中，以分区或分时的模式来查看科研地理可视化网络的时间演化和不同区域科研合作情况。图 5.20 的案例展示了国际大数据科研合作网络在 Google Earth 中随着时间的演变，分区域显示的结果如图 5.21 所示。

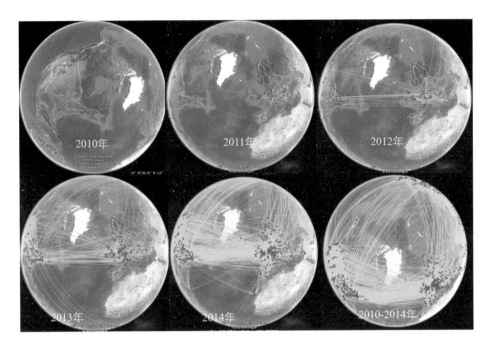

图 5.20　大数据研究的地理合作网络时间演化

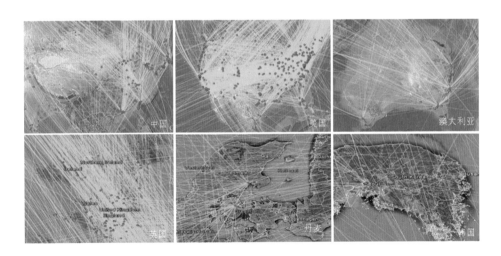

图 5.21　大数据研究的地理合作网络的分地域比较

　　对于生成的 kml 文件，也可以使用 Google Fusion 来进行可视化。若在智能
手机上安装有 Google Earth，也可以将结果在手机上打开浏览。图 5.22 为国际洪
水风险与安全问题研究的地理可视化结果在手机 GoogleEarth 上的可视化结果。

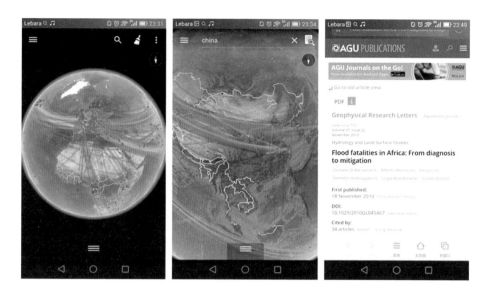

图 5.22　通过智能手机 Google Earth 来展示洪水风险与安全的研究合作

此外，用户还可以结合 Google Map、Mapsengine、GPS Visualizer、Display-KML、Google-Fusiontables 和 CartoDB 等地理可视化工具对 KML 数据或者 Excel 格式的地理数据进行可视化。下面给出使用 netscity 分析的 Loet 教授论文在城市层面的合作情况（图 5.23）。

图 5.23　Loet 教授论文城市层面的合作网络 ❶

❶　Li Jie,Scientometric Map of Loet Leydesdorff.2020-1-26.http://blog.sciencenet.cn/blog-554179-1215617.html.

思考题

（1）谈谈科学家为什么要合作，给出至少5点原因。

（2）你认为学术合作分析的机理是什么？

（3）作者、机构、国家/地区的合作网络各有什么特点，它们之间有何联系？

（4）通过CNKI数据库检索分析《中国安全科学生产技术》的作者合作网络。

（5）试绘制2020年全球恐怖主义研究的合作网络。

（6）试绘制你所在专业领域学者的合作网络，从网络中你是否能够确定该领域当前的研究中心在哪里？都有哪些人在做？该领域学者团队之间的合作如何？

本章小提示

小提示5.1：知识单元的计数问题。

科学合作分析中没有考虑作者排名的先后。网络中节点大小反映论文的数量，这种统计方法通常为整体计数（full counting）。感兴趣的用户可以通过相关文献查询关于整体计数（full counting）和分数计数（fractional counting）的区别。

小提示5.2：合作网络分析中要注意作者姓名的处理。

例如，李开伟教授是安全人机工程领域的知名学者，在Safety Science合作网络中他的名字有两种写法，一种是全称KaiWay Li，还有一种简称KW Li。A.R.Hale则有好几种写法：AR Hale、A.Hale、A Hale以及Andrew R.Hale。而对于中文姓名辨识，就更有难度，如J Li的名字就可能对应李洁、李杰、李捷、李健、李建以及李江文等姓名。此外，无论是中文还是英文，重名作者分析也是一个重要的难题。

目前为了避免在姓名上的混淆，投稿系统都建议作者使用学术身份证ORCID，此外相关数据库也提供了作者之间进行区分的身份标识（如Web of Science提供的Researcher ID，Scopus提供的Scopus Author ID）。

小提示 5.3：CiteSpace 中处理作者合作分析的技巧。

首先，在作者合作网络可视化结果中，使用菜单提供的功能进行合并。如要将 HU R Z 合并到 HU RZ，此时先单击左键选中节点 HU RZ，然后右击 Add to the Alias List（primary）；再以同样的步骤选择 HU R Z，然后邮寄选择 Add to the Alias List（secondary）；完成上面步骤后软件会提示用户重新回到软件功能与参数区，重新运行数据以完成节点的合并。

用户操作完上面的步骤后，也可以到该项目的 project 文件夹下使用文本编辑器打开 citespace.alias 文件，并按照软件自动合并的作者格式来手动添加（图5.24）。

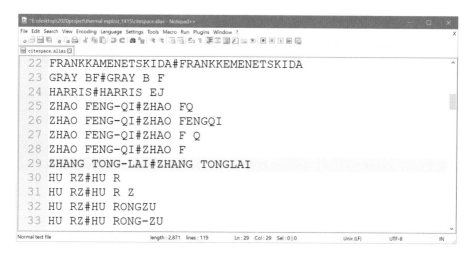

图 5.24　相同作者的合并文件

若用户想在网络中排除某些节点，则可以直接选中该点，并右击选择 Add to the Exclusion List，重新运行软件以完成数据的排名。或者用户直接在 project 文件夹中打开 citespace.exclusion 文件，按照如图 5.25 所示的格式来进行批量剔除，被排除的作者名单将在可视化网络界面的 Signature 下方显示。

小提示 5.4：作者合作网络的应用思考。

通过对发文作者、机构、国家/地区的研究，可以帮助我们回答某项研究的主要学者都有谁？他们分布在哪些机构中，并隶属于哪些国家/地区？可为我们进行学术资源引进、开展学术合作以及进行学术成果的评估提供参考。此外，在一些研究中（如层次分析法、德尔菲法等）需要借助专家打分或者主观判断来对对象进行评价，这时可以通过挖掘这一领域的学者合作网络，有针对性地选择合适的专家。

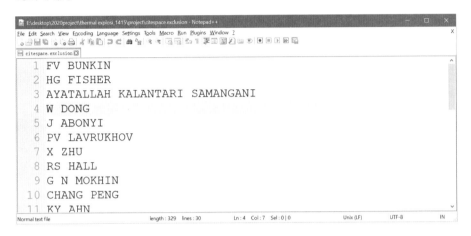

图 5.25　排除作者的列表文件

小提示 5.5：关于科学知识叠加图分析。

在 CiteSpace 中，共包含 3 种不同的叠加功能，分别为作者合作网络在 Google Earth 上的叠加，期刊的双图叠加（JCR Journal overlay maps）以及网络的叠加分析（图 5.26）。

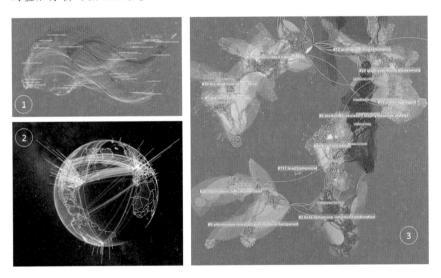

图 5.26　CiteSpace 中的叠加分析

注释：①期刊的双图叠加；②合作网络的地理可视化；③网络的叠加分析。

　　目前，在科学知识图谱工具 SCI of SCI 和 VOSviewer 中也可以实现叠加图的分析，当然各个软件所呈现的叠加图功能也有一定差异。VOSviewer 可以实现将部分数据结果叠加在整体数据分析结果图上的功能。在《安全科学学术地图》（火灾卷）❶ 中，使用所采集的所有数据绘制了如图 5.27 所示的火灾科学研究的主题聚类图。如为了研究主题的趋势，可以计算每一个主题出现的平均时间，并叠加在整体主题图上；若想了解所采集 Fire and Materials 的或我国火灾科学研究的数据所表征的研究主要分布在整体图的哪些位置，可以通过叠加图分析，Fire and Materials 和我国火灾科学的研究主题集中分布在聚类 #1 材料热解、着火及燃烧参数测试中。

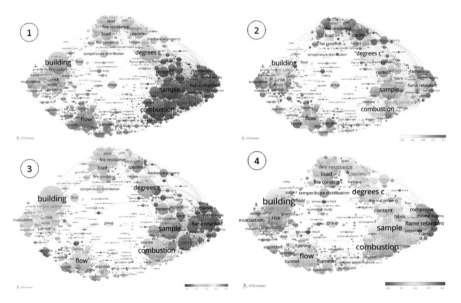

图 5.27　VOSviewer 对火灾科学研究主题的叠加图分析

注释：①火灾科学研究的整体主题聚类图；②火灾科学研究主题的趋势分布；③ Fire and Materials 研究主题在整体聚类图上的分布；④中国火灾科学研究在整体主题地图上的分布。

　　SCI of SCI 提供了将数据叠加在科学领域分布图上的功能。例如，图 5.28 展示了使用 SCI of SCI 叠加的锂电池火灾期刊在整个科学领域图上的分布情况，图中的圆圈表示了一个期刊，不同的颜色表示了这些期刊隶属于不同的科学领域。不难得出，关于锂电池研究的成果主要分布在化学和化工领域，代表性的期刊有

❶　李杰，冯长根等 .《安全科学学术地图》（火灾卷）[M]. 科学出版社 .2020.

Journal of Power Sources（159篇）、*Journal of the Electrochemical Society*（61篇）、*Electrochimica Acta*（32篇）、*Applied Thermal Engineering*（25篇）、*Journal of Thermal Analysis And Calorimetry*（23篇）以及*Applied Energy*（20篇）。

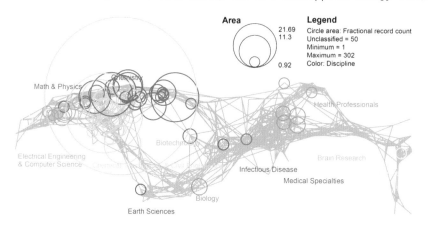

图 5.28　锂电池火灾研究期刊在科学领域上的叠加

此外，还有专门的数据库，提供了数据检索结果的叠加可视化。如图5.29所示，Paperscape 实现了在线的 arXiv 论文检索结果的叠加展示，为用户提供了不一样的论文检索体验。登录 http://paperscape.org/ 即可进入 arXiv 的可视化检索界面。例如，通过该系统检索了关键词中包含 safety 的论文，发现这些论文主要集中在计算机领域（computer science），少数分布于统计学（statistics）及量化生物学（quantitative biology）领域。

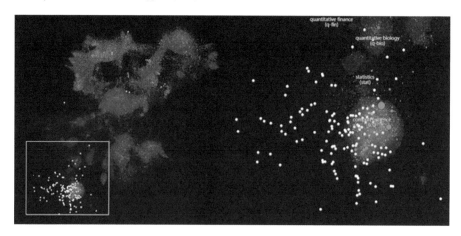

图 5.29　通过 Paperscape 检索到关于 safety 的论文分布

6

主题和领域共现网络分析

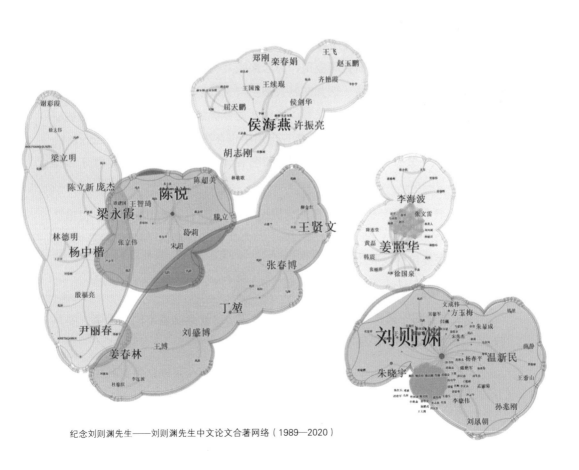

纪念刘则渊先生——刘则渊先生中文论文合著网络（1989—2020）

6.1 词频和共词分析

词频是指所分析的文档中词语出现的次数。在科学计量研究中，可以按照学科领域建立词频词典，从而对科学家的创造活动作出定量分析。词频分析方法就是在书目文件中提取能够表达文献核心内容的关键词并通过主题词频次的高低分布，来研究该领域发展动向和研究热点的方法。例如，有学者对爱因斯坦和普朗克一生的论文标题做词频分析，结果发现爱因斯坦共用过 1 207 个词，而普朗克只用了 777 个词，据此可以推知爱因斯坦的科学兴趣和涉猎领域可能要比普朗克广泛。

从词的共现模式中提取更高层次的研究可以追溯到 20 世纪 80 年代的共词分析方法。当时来自法国科学研究中心的 Callon 等人出版了《科学技术动态图谱》（Michel Callon, John Law, Arie Rip, 1986），当时还称为 LEXIMAPPE（是该时期进行共词分析的一款软件的名称，Leximappe 在法语中是"关键词"的意思）。Callon 等人系统性的共词研究与应用，为后来的共词分析奠定了基础。共词分析与其他类型的文献网络分析（例如文献共被引与文献耦合分析）相比，其得到的结果是非常直观的。即研究者直接可以通过共词分析的结果，对所研究领域的研究热点和趋势进行解释。虽然共词分析在应用中也存在一些争论（Leydesdorff L., 1997），但共词分析仍然是科学计量研究和图书情报研究中的一个重要部分（He Q., 1999）。

当然，任何一种分析都必须在一定假设条件下进行。Whittaker 最早提出了共词分析的假设前提（Whittaker, 1989），为共词分析提供了基础依据。共词分析的假设主要包括以下几个方面：

（1）作者都是很认真地选择他们的技术术语；

（2）当在同一篇文章中使用了不同的术语，这就意味着不同的术语之间存在一定的关系，它们一定是被作者认可和认同的；

（3）如果有足够多的作者对同一种关系认可，那么可以认为这种关系在他们所关注的科学领域中具有一定意义；

（4）当针对关键词时，经过专业训练的学者，在其论文中给出的关键词是能够反映文章的内容的，是值得信赖的指标。在作者标引关键词时，通常也会受到其他学者成果的影响而在论文中使用相同或者类似的关键词标引自己的论文。

基于以上假设，使用共词方法分析学科研究的热点内容、主题的分布和演化等问题就成为了可能。

共词分析的基本原理是：对一组词两两统计他们在一组文献中出现的次数，通过共现次数来测度它们之间的亲疏关系。成对共现次数多的，那么在关系上就更加密切，也更加容易在语义上产生联系。共词分析的一般过程如图 6.1 所示。这里 P1 表示文献 1，K1 表示关键词 1，相同的关键词使用相同的字母和数字组合表示。这样就可以得到一个"文档—关键词"矩阵，该矩阵为 0–1 矩阵，表达的含义是某个关键词语和某个文档是否存在隶属关系。通过该过程得到 0–1"关键词 – 文档"隶属矩阵，是用来对文档相似性进行测度的基础。为了进行共词分析，需要进一步对 0–1 矩阵进行乘法运算，以得到关键词和关键词的共现矩阵。在得到共现矩阵之后，可以使用多元统计方法（例如，MDS 多维尺度分析法）或者知识网络方法（例如：CiteSpace 的共词网络）对共词分析结果进行可视化。

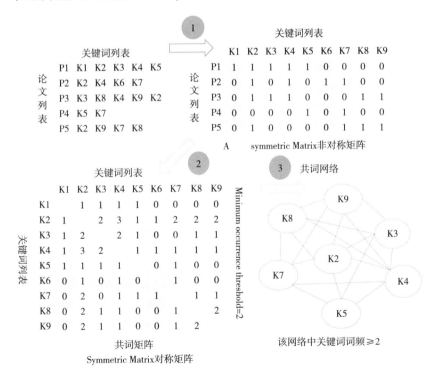

图 6.1　共词分析的一般过程

6.2 关键词共现网络

关键词共现分析（Keyword Co-occurrence Analysis）就是对数据集中作者和数据库提供的关键词的共现分析。以 Web of Science 数据为例，就是对 DE 和 ID 字段所储存的作者关键词和补充关键词进行的共现分析。在使用 CiteSpace 对关键词进行分析时，需要将 Node Types 选择为 Keyword。在功能参数区中设置完相关参数后，点击 GO！即可得到关键词的共词网络。

下面以 2019 年发表在《安全与环境学报》上的论文为基础数据，来构建关键词共现网络。数据采集于 2020 年 9 月 18 日，数据来源于为 Web of Science 平台的 CSCD 数据库。数据采集后，建立项目文件夹 SEJ 以及两个子文件夹 data 和 project，将下载的数据命名为 download_1-307，并保存在 data 文件夹中（图 6.2）。

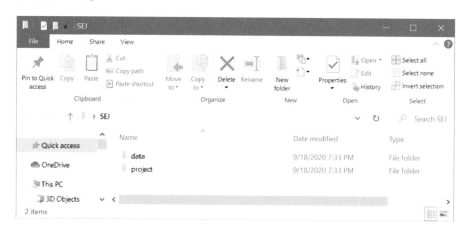

图 6.2　项目的建立

启动 CiteSpace 后，点击功能参数区中 New 来新建项目。进入新建项目区域后，在 Title 位置输入自定义的项目名称，如 SEJ。然后分别在 Project Home 和 Data Directory 中加载 project 和 data 文件（图 6.3）。点击 save 后，返回功能参数区。

在功能参数区中，首先按照数据的实际时间区间，将时间范围设置为 2019—2019，时间切片为 1 年，Node Types 选择 Keyword，每个时间切片提取知识单元的阈值设置为 Top100，连线强度使用默认的 Cosine，然后点击 GO！进行数据分析。数据分析后,点击Visualize进入关键词共现分析的可视化界面(图6.4)。

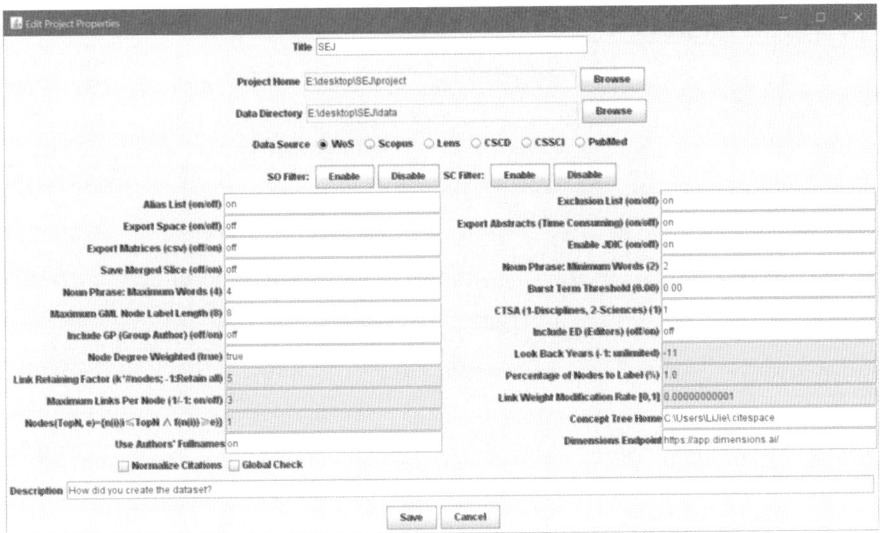

图 6.3 参数的设置

图 6.4 关键词共现网络的分析

最后，得到《安全与环境学报》的关键词共现网络如图 6.5 和图 6.6。

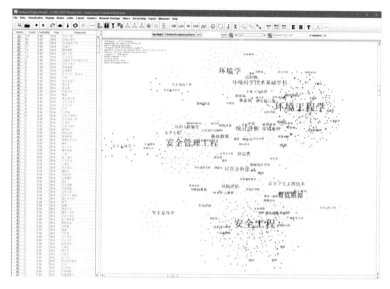

图 6.5　关键词共现的可视化分析

图 6.6　2019 年《安全与环境学报》关键词的共现网络

6.3　术语的共现网络

　　CiteSpace 术语的共现分析（Co-term）是通过自然语言处理的过程，首先从标题（TI）、关键词（DE）、辅助关键词（ID）以及摘要（AB）中提取名词性术语（Noun Phrase），然后再通过提取的名词性术语来构建共词网络。本部分将使用 Web of Science 中 1935—1990 年主题关于热爆炸研究的论文进行名词性术语共现网络的构建演示，本案例项目数据的加载和配置见图 6.7。

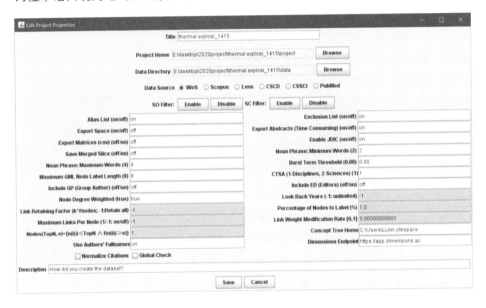

图 6.7　热爆炸主题研究的项目配置

　　下面对构建术语共现网络的详细步骤做如下介绍：

　　第 1 步：在 CiteSpace 功能参数页面中，点击 Noun Phrases，此时会弹出 Part-of-Speech Tagging Opinions 对话框。若是首次运行术语的提取功能，用户需要点击 Create POS Tags（图 6.8）。若是用户曾运行过该项目的名词性格术语提取，则会弹出 Use existing POS Tag 和 Refresh POS Tag 的提示，用户可以选择使用已经分析过的结果（Use existing POS Tag）。

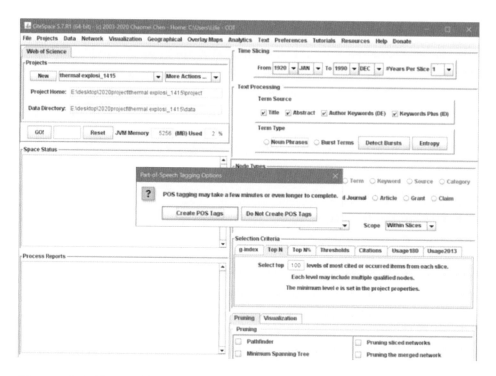

图 6.8　名词性术语的提取

Create POS Tags 过程结束后，在 Space Status 中会显示类似下面的英文字母（图 6.9）：

CiteSpace is pre-processing data files.Please wait ...

Years: 70

Unique source records: 1415

第 2 步：继续在功能参数区中，将 Node types 选择为 Term，然后点击 GO！进行术语的共现网络构建。需要注意的是，在首次对数据集进行名词性术语提取的时候，计算时间相对会比较长。运行结束后，得到的热爆炸研究术语的共现网络见图 6.10 和图 6.11。在对术语的共现网络进行解读的过程中，建议用户密切与专业背景结合。

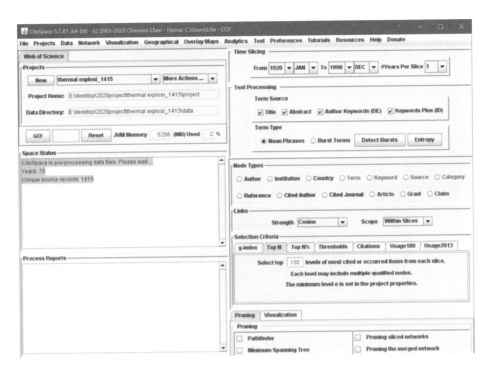

图 6.9 名词性术语的提取结果

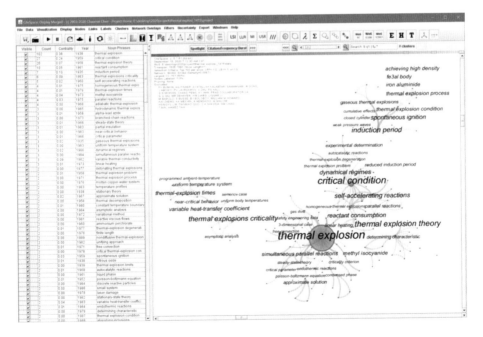

图 6.10 1935—1990 年热爆炸研究主题的分析结果（1）

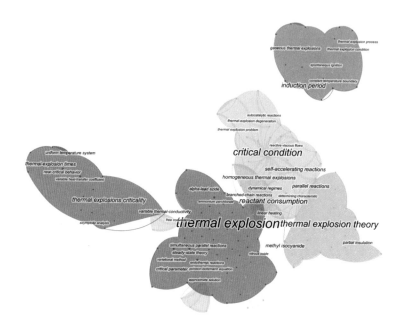

图 6.11　1935—1990 年热爆炸研究主题的分析结果（2）

6.4　领域的共现网络

科学领域共现分析的思路和关键词共现分析思路基本一致，不同的是科学领域的信息是从样本论文中的 WC（Web of Science Category）和 SC（Subject Category）字段提取。SC 和 WC 字段是 Web of Science 中对论文所刊载的期刊在更大尺度上的科学分类，用来表征所关注的研究在科学领域中的分布。在科学领域的分类上，WC 比 SC 分类更要加细致。

在 CiteSpace 中，对热爆炸研究（1935—2017）领域共现网络进行分析。首先，对相关参数进行设置。将数据分析的时间设置为 1935—2017，时间切片设置为（# Years Per Slice）=1，节点类（Node Types）选择 Category，最后点击 GO！启动数据分析。数据分析运行结束后，点击 Visualize 进入可视化界面。最后，通过对领域共现图谱的节点、标签等信息调整，得到最终的可视化结果见图 6.12。在目前版本中，CiteSpace 同时提取了 Web of Science Category（WC）和 Subject Category（SC）两个字段数据来构建领域的共现网络，并使用领域名

称的英文大小写来区分数据的来源位置。在领域的共现网络中，大写的标签来自
SC 字段，小写的标签来自 WC 字段。

在科学领域的共现图谱上，选中某个领域的节点后，右击可以选择 Node
Details 来查看某一领域热爆炸研究的时序趋势（图 6.13）。同样，也可以对热
爆炸不同领域发文的突发性进行探测，以了解不同时期热爆炸研究活跃领域的分
布（图 6.14）。

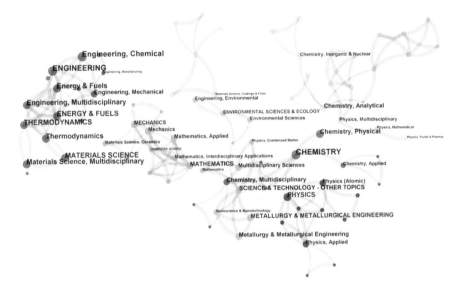

图 6.12　热爆炸研究的领域分布

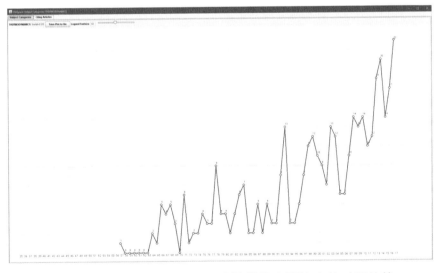

图 6.13　THERMODYNAMICS 领域热爆炸主题论文的时间趋势

图 6.14　热爆炸研究领域的突发性探测

思考题

（1）论述共词分析的概念、原理与基本过程。

（2）谈谈你对科学领域共现的概念和意义的认识。

（3）你认为共词分析的结果可以用在哪些方面（例如：研究热点、科学结构、研究前沿），为什么？

（4）Co-keyword 和 Co-terms 在共词分析上有何异同？你更愿意使用哪一个，为什么？

（5）从 Scopus 数据库中下载标题包含"核能安全（Nuclear Energy Safety）"的研究论文，并构建共词网络。

（6）通过 Web of Science 检索主题为"物联网（Internet of Things）"的论文，并对研究热点和领域分布进行分析。

（7）通过 CNKI 检索主题为"应急管理"的论文，并构建共词网络。

本章小提示

小提示 6.1：CiteSpace 中共词分析的类型。

CiteSpace 中有两类共词分析方式：一种是对作者原始关键词和数据库补充关键词的共词分析。在分析中，Node Types 需要选择 Keyword；另一种是通过自

然语言处理的过程，从标题、作者关键词、补充关键词以及摘要中提取名词性术
语来构建共词网络。在分析中，Node types 应选择 Term（图 6.15）。两者的区别
在于，关键词共现分析是直接提取关键词来进行分析，而后者需要通过自然语言
处理过程，先提取名词性术语后，再构建共词网络。

图 6.15　关键词共现与主题共现

小提示 6.2：CiteSpace 术语提取中 POS 的解释。

POS 全称为 part of speech，可以翻译为词类或词性。POS 是一个语言学术语，
以语法特征（包括句法功能和形态变化）为主要依据，兼顾词汇意义对词进行分类。
CiteSpace 所采用的 POS 技术是 Stanford NLP Group Part-of-Speech tagger，来
从 Title、Abstract、Author Keywords（DE）和 Keywords Plus（ID）中提取名词
性术语（Noun Phrase），并进一步生成共词网络。

小提示 6.3：主题的突发性探测及熵值曲线。

（1）在执行 Burst detection 后，会在 project 文件中产生一个 burst.csv 文
件，该文件就是突发性主题的列表（图 6.16）。

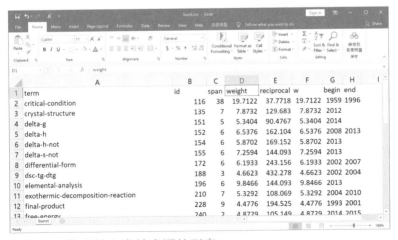

图 6.16　热爆炸突发性术语的列表

（2）当主题网络（Co-term）计算完成后，可以在 CiteSpace 功能与参数区中点击。得到的熵值图曲线，如图 6.17 所示。在得到熵值曲线的同时，项目文件夹中也生成了 relative-term-entropy.csv 和 term-entropy.csv 两个结果文件。

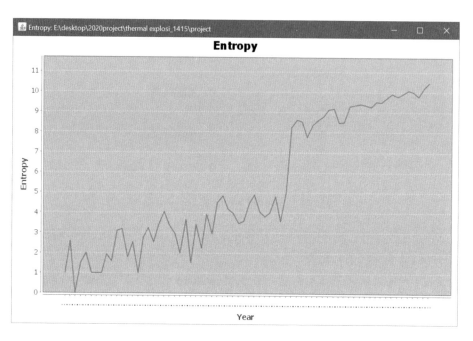

图 6.17　热爆炸主题熵曲线

小提示 6.4：主题的合并或替换。

在主题共现分析中（包含关键词和名词性术语），要注意主题的异形同义现象，如英美写法、单复数、缩写、词性等问题。

在 CiteSpace 中，提供了主题的合并（或替换）功能，具体步骤如下：①在可视化界面中，选中对象节点（例如：thermal explosion limits）；②右击鼠标进入该节点的查看和编辑菜单，然后选择 Add to the Alias list（Primary）；③再按照类似的步骤，选中节点 thermal-explosion limit，然后右击进入节点查看和编辑菜单，选择 Add to the Alias list（Secondary）。此时，在可视化界面中，出现提示信息 The Alias will be in effect when you run GO！Next time，表明节点的合并已经完成，需要在功能参数区中重新点击 GO！来运行数据。重新运行数据后，新的网络中 thermal explosion limits 与 thermal-explosion limit 就会被合并，合并后的词汇统一为 thermal explosion limits。在可视化界面中，只要进行过节点的合并操作，那么就会在 project 文件夹中生成一个 citespace.alias 文件，可以通过该文件查看或者进行节点的合并，即 @PHRASEthermal explosion limits#@PHRASEthermal-explosion limit。例如，有比较大规模的节点需要合并时，可以按照类似的格式直接在该 TXT 文件中进行编辑（图 6.18）。

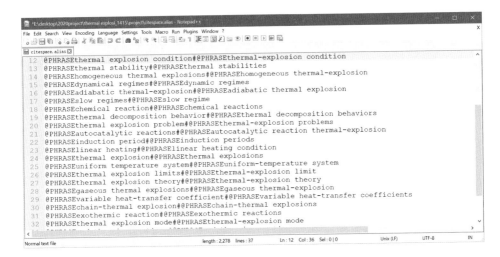

图 6.18   热爆炸研究中的合并词集

在 CiteSpace 中，这种用于节点合并的方法也适用于其他类型的网络。例如作者的合并、参考文献的合并以及机构的合并等。

CiteSpace 高级功能

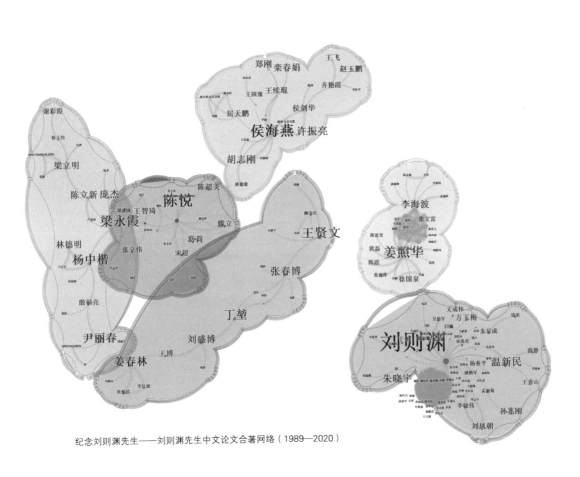

纪念刘则渊先生——刘则渊先生中文论文合著网络（1989—2020）

7.1 网络图层的叠加分析

第 1 步：绘制待叠加网络。

在 CiteSpace 中，加载 Loet Leydesdorff 所发表的论文数据，来生成 2019 年论文参考文献的共被引网络（时间切片设置为 2019—2019）。在得到文献的共被引网络后，选择可视化界面菜单中的 Overlays（图 7.1），并点击 Save as a Network Layer 来保存所生成的图层。CiteSpace 会将该图层命名为 DCA_ network24.layer（这里 DCA 表示 DocumentCo-citationAnalysis，24 代表所保存网络节点的数量）。

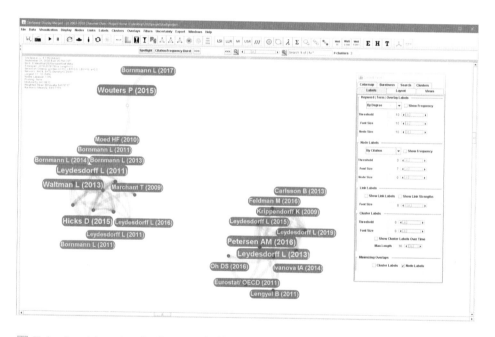

图 7.1　Loet Leydesdorff 2019 年的文献共被引网络（待叠加网络）

第 2 步：绘制网络底图。

在第 1 步得到的图层基础上，重新分析数据来获取新的图层。在 CiteSpace 中将 Loet Leydesdorff 数据分析的时间切片重置为 1980—2019，并点击 GO！

来进行数据分析。最后，得到新的文献共被引网络如图 7.2。

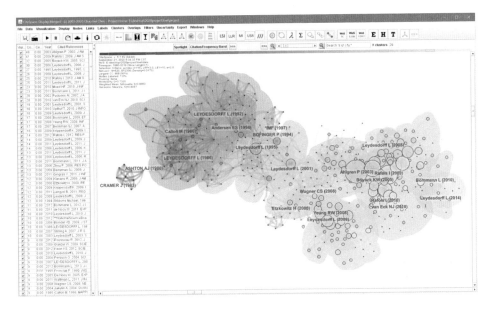

图 7.2 1980—2019 年 Loet Leydesdorff 的文献共被引网络（背景网络）

第 3 步：叠加分析。

在第 2 步所得到的网络基础上，点击可视化界面 Overlay 菜单，选择 Add a New Network layer(Tab Delimited)以添加第 1 步分析得到的网络，如图 7.3 所示。文献共被引待叠加网络，如图 7.4 所示。

在完成图层叠加后，待叠加网络的连线会突出显示在整体图层上，结果见图 7.5。用户可以在 Overlays 菜单下选择 Show/Hide Overlay Nodes Labels，来显示或隐藏叠加图的标签。

实际上，若用户需要获得某一时期共被引网络在整个网络上的分布，可以使用 CiteSpace 所提供的逐年（或事件切片）来显示共被引网络连线的功能。在 CiteSpace 可视化界面中，点击可视化界面上方即可逐年显示共被引连线。通过比较，这里所叠加的 2019 年共被引关系和通过该方法得到的结果是一致的（仅仅是颜色存在差异），如图 7.6 所示。

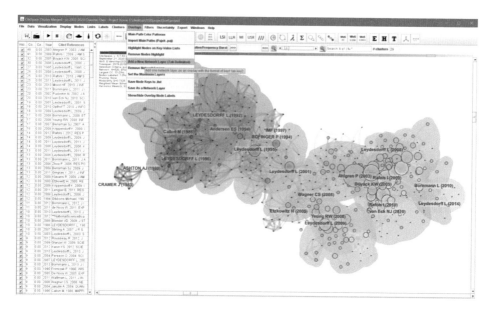

图 7.3　网络叠加功能的选择

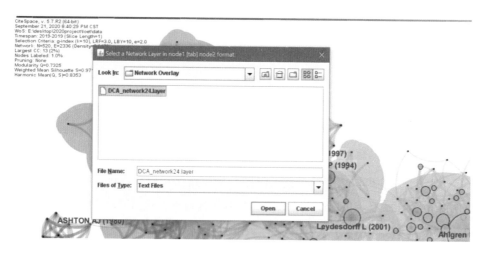

图 7.4　待叠加网络的加载

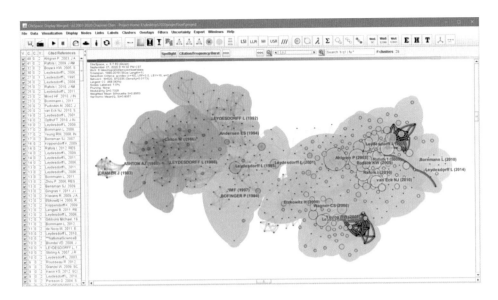

图 7.5 Loet Leydesdorff 共被引网络加载结果（红色实线）

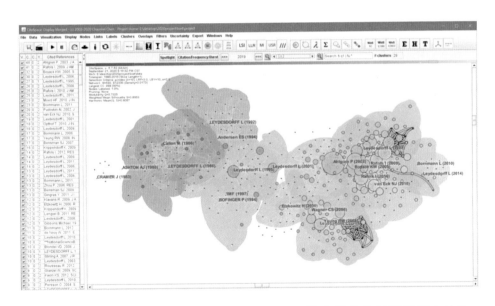

图 7.6 2019 年共被引关系在 Loet Leydesdorff 论文整体共被引网络上的位置（黄色实线）

本部分仅仅是网络双图叠加的一个操作案例，在实际的科学研究中，用户可以根据实际的研究目的来比较和分析不同的网络之间的区别和联系。例如，图 7.7 分析了 Science Mapping 在 2010 年的文献共被引网络，并保存为 DCA_ network62.layer。按照类似的步骤，可以将 Science Mapping 在 2010 年的共被引网络叠加在 Loet Leydesdorff 的文献共被引网络上（图上使用绿色实线表示，红色是第一个图层的结果）。

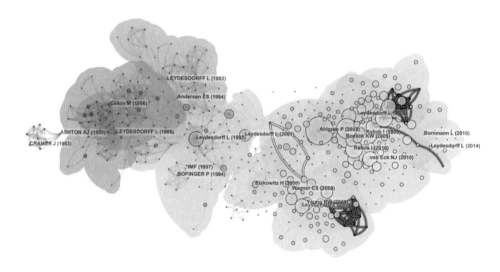

图 7.7　2010 年 Science Mapping 共被引网络叠加（绿色实线）

7.2　网络的结构变异分析

2012 年，陈超美教授在 JASIST 期刊上发表《结构性变化预测被引次数的效果》，正式提出了结构变异理论（theory of structural variation），并在 CiteSpace 中加入了结构变异分析模块（structural variation analysis，简称 SVA）。SVA 基本思路是在文献共被引网络结果的基础上，关注施引文献给文献共被引网络带来的变化，以探索一篇或者多篇论文在发表后，对网络整体结构产生影响的大小，并以此来探测文献在创新性方面潜在的影响力。

SVA 基于科学创造方面的研究，尤其是新颖的重组在创造性思维中的作用和影响。即基于以下观察：①科学发现或创新在很大的程度上都具有一个共性，就是新思维能够容纳原本看似风马牛不相及的观念。换句话说，类似于在不同岛屿之间架起的一座新桥梁。②用来验证这座"新桥"上是否确实吸引了相关研究，领域之间很快变得车水马龙。

在 CiteSpace 的结构变异分析中，包含了 3 个可以用来测度网络结构变化的指标，分别为 MCR（modularity change rate，模块性变化率）、CL（cluster linkage，聚类连接）以及中心性分散度（centrality divergence）。

（1）模块性变化率。

模块性变化率的含义是指由于文献系统中增加了某一（或一些）论文 a，使得原来的文献系统增加了新的连接，并引起文献网络模块化的变化。例如，在一个文献共被引的基准网络中，节点 n_i 和 n_j 没有连接。当 a 论文在参考文献中同时引用了 n_i 和 n_j，那么将在 n_i 和 n_j 之间会产生一个新的连接，并添加到新的共被引网络中。在一个网络中新添加的连接，会引起网络模块性的变化。这种变化并不是单调的，而是根据连接添加的位置不同而使模块性增加或者降低。计算公式如下：

$$MCR(a) = \frac{Q(G_{baseline}, C) - Q(G_{baseline} \oplus G_a, C)}{Q(G_{baseline}, C)} \cdot 100$$

式中，$G_{baseline}$ 为基准网络，$G_{baseline} \oplus G_a$ 是由论文 a 信息更新的基准网络。

$Q(G, C)$ 按照下式计算：

$$Q(G, C) = \frac{1}{2m} \sum_{i,j=0}^{n} \delta(c_i, c_j) \cdot \left(A_{ij} - \frac{deg(n_i) \cdot deg(n_i)}{2m} \right)$$

其中，m 是网络 G 边的总数；n 是 G 中节点总数；$\delta(c_i, c_j)$ 为克罗内克增量，若 n_i 和 n_j 属于相同的集群，则 $\delta(c_i, c_j) = 1$，否则 $\delta(c_i, c_j) = 0$，其中 $Q(G, C) \in [-1, 1]$。

（2）聚类连接。

聚类连接定义为由所增加的论文 a 所产生的聚类间新连接，将这种状态下的"连接"与之前的进行比较，所产生的区别。

计算公式如下：

$$CL(\alpha) = \Delta Linkage(\alpha) = Linkage(G_{baseline} \oplus G_a, C) - Linkage(G_{baseline}, C)$$

$Linkage(G + \Delta G) \geqslant Linkage(G)$，因此 CL 是非负的。

其中，$Linkage(G, C)$ 为连接计量指标：

$$Linkage(G, C) = \frac{\sum_{i \neq j}^{n} \lambda_{ij} e_{ij}}{K}, \quad \lambda_{ij} = \begin{cases} 0, n_i \in c_j \\ 1, n_i \notin c_j \end{cases}$$

λ_{ij} 为边函数，它与 δ（c_i, c_j）的定义相反。若一条边穿过不同的聚类，那么 $\lambda_{ij}=1$；对于同一个聚类中的边来说，$\lambda_{ij}=0$。与模块性相反，λ_{ij} 主要是将注意力放在聚类之间的联系上，而不去考虑相同聚类内部的联系。聚类连接这一新的计量指标是所有聚类间连线 e_{ij} 被 K 等分之后的权重总和，K 是网络的聚类总数。

（3）中心性分散度。

中心性分散度是根据基准网络节点 v_i 的中介中心性 $Cb(v_i)$ 分布的分散度来进行测度。即通过文献 a 所引起的 $Cb(v_i)$ 分布的分散度来进行计算。计算公式如下：

$$C_{KL}\left(G_{\text{baseline}}, a\right) = \sum_{i=0}^{n} p_i \cdot \log\left(\frac{p_i}{q_i}\right)$$

其中，$p_i = CB\left(v_i, G_{\text{baseline}}\right)$，$q_i = C_B\left(v_i, G_{\text{updated}}\right)$；对于 $p_i=0$ 或 $q_i=0$ 的节点，为了避免出现 $\log$（0）的情况，将其设置为一个很小的数 10^{-6}。

在 CiteSpace 进行 SVA 分析的基本过程见图 7.8。下面详细对 CiteSpace 中 SVA 的分析进行介绍：

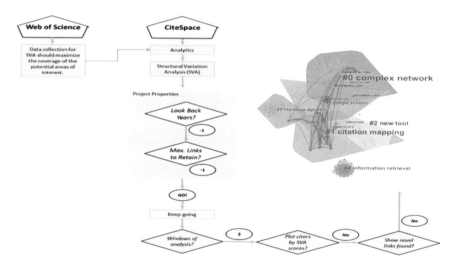

图 7.8　CiteSpace 中 SVA 的分析步骤

第 1 步：开启 SVA 功能。

在功能参数区界面中，选择 Analytics 菜单中的 Structural Variation Analysis (SVA) 功能，开启 SVA 分析功能（图 7.9）。下面使用 Science mapping 案例数据来具体进行演示。

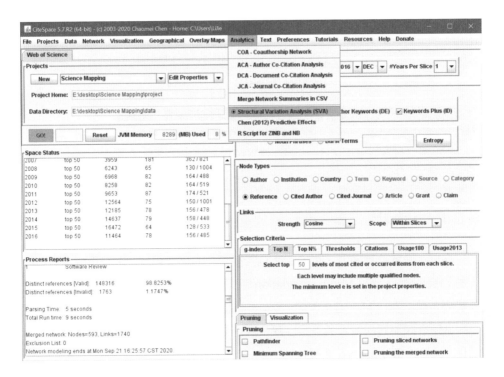

图 7.9　开启结构变异分析功能

第 2 步：数据分析。

点击 GO！进行文献共被引的分析和可视化网络的绘制。在功能参数区的数据分析结束后，按照提示点击 Continue（图 7.10）。其他的选项需要用到特定的资源，用户目前可以暂时忽略其它选项。点击 Continue 之后，需要设置 Choose Windows of analysis。这里提供的两个选项类似于生成文献共被引网络时用到的参数 Look Back Years，选定后将作为参照网络跨度，从每年往回追溯 n 年或全部。跨度越大效果越好，但是计算成本也随之增加。在使用初期，建议选择默认参数，并点击 ok 即可。紧接着将进入 Choose the type of citing papers to be saved to SVA_2006-2016.csv，这里使用默认 0-all papers regardless，并点击 ok 来保存 SVA 的分析结果。该过程会在 project 文件夹中生成一个命名为 structural_changes_metrics.csv 的文件，可用于进一步统计分析。

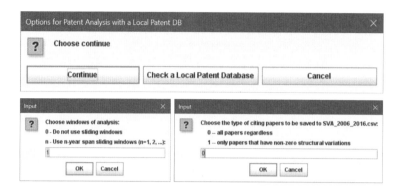

图 7.10　SVA 分析

在以上设置的基础上，进一步对 SVA 分析中的可视化参数进行设置。图 7.11（左）Plot citers by Structure variation？（Y/N）决定是否生成一幅施引文献的点状分布图。图 7.11（右）Show novel links added by citers？（Y/N）决定是否列出所有探测到的新颖的连接。默认点击 OK 后，软件会提示用户是否进行可视化，此时点击 Visualize 即可。

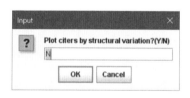
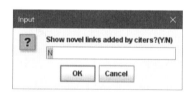

图 7.11　SVA 相关功能设置

第 3 步：数据可视化。

进入网络可视化界面后，在可视化界面的左侧不仅列出了引用的参考文献，还列出了施引文献的信息。在 SVA 网络中，用户可以进行聚类和聚类命名，如图 7.12 所示。在左侧的列表中，新增施引文献的列表包括了三个反映结构变化的指标：①模块变化率（Modularity change rate），文献列表中表示为 ΔModularity；②聚类间连接变化（Cluster Linkage），在文献列表中表示为 ΔC–C Linkage；③中心性分布的变化 ΔCentrality。每个指标都量化了由一篇施引文献的发表所引起的基础网络结构的改变程度。

在施引文献的列表中，可以选择一个或者一组文献，来考察由这些文献引起的共被引网络结构的变化。当选中施引文献后，会出现红色虚线（新增加连接）、

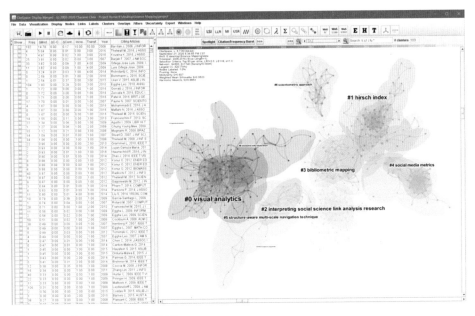

图 7.12　网络的聚类和设置

粉红色实线（已有连接）以及红色五角星的文献（本身被引达到选择要求的新文献）。在默认情况下，叠加图的标签是隐藏的（图 7.13），用户可以在菜单栏中选择 Overlay Show/Hide Overlay Node Labels 来显示标签（图 7.14）。

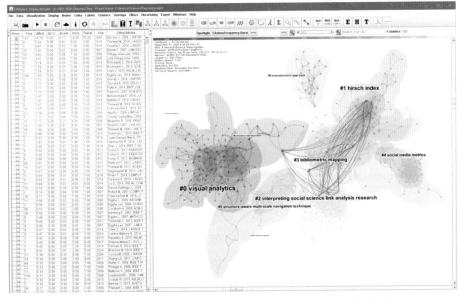

图 7.13　Bar-Ilan J 的论文发表后引起的网络的变化（无标签）

例如，图 7.14 中显示了 Bar-Ilan J 的论文 Informetrics at the beginning of the 21st century – A review 发表后所引起的网络变化。图中实线为已有连接，虚线为新增连接。Bar-Ilan J 论文发表引起网络的模块度变化达到了中心性分布变化度。这反映了综述性论文更容易构建起文献之间新的连接，是以往知识的高度提炼和集合。

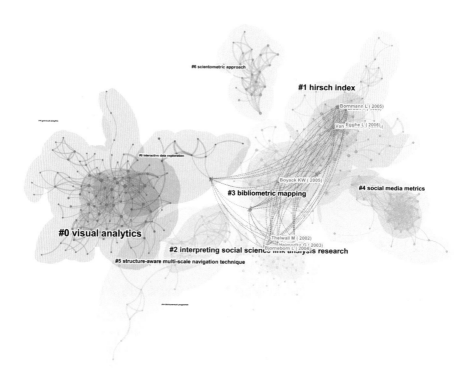

图 7.14　Bar-Ilan J 的论文发表后引起的网络的变化（有标签）

7.3　期刊的双图叠加分析

2014 年 10 月，期刊的双图叠加功能被首次嵌入到 CiteSpace3.8.R7（64-bit）中，用于分析和显示各学科论文的分布、引文轨迹、重心漂移等信息。在 CiteSpace 期刊双图叠加分析中，用户最多能够增加 12 个图层，即 12 个不同的主题数据，来对不同数据进行期刊双图叠加的比较。用户可以在 CiteSpace 功能参数区的 OverlayMaps 菜单下的 JCR Journal Maps 中开启期刊的双图叠加功能，如图 7.15 所示。

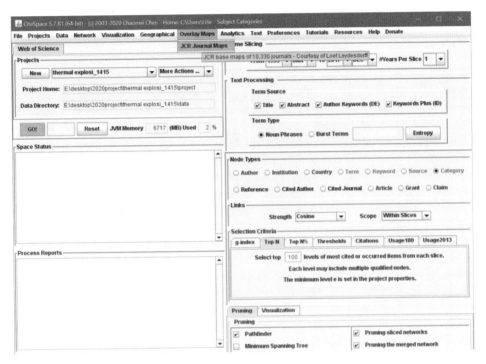

图 7.15 期刊叠加分析功能位置

期刊的双图叠加分析界面见图 7.16。File 菜单可以将可视化结果保存为 png 图片文件。Display 菜单中包含的 Background color 用来调整画布的背景颜色；Filled or Open Circles 用来实现图谱节点实心和空心的转换，Filled 为填充式的，Open 为非填充式的；Refresh Display 用来刷新结果；Clusters 用来处理图形的聚类信息；Blondel/VOS 用来以不同的聚类方式来呈现图谱；Circle/Number 用来将图谱节点切换为圆形或者聚类的序号；Show/Hide Cluster Labels 用来显示或隐藏聚类标签（期刊群的聚类命名采用 LLR 算法从所在类中的期刊名称中提取）；Borders 用来显示聚类的边界；Curve or Arc 表示施引期刊与被引期刊之间的连线为曲线或者为弧线。Overlay 菜单中包含了 Add Overlay，用来加载要叠加的数据；View/Edit Overlays 用来查看或编辑图层；Remove Overlays 用来移除图层；Color citation Arc by Cluster or Source 用来依据聚类显示连线的颜色或者依据作者定义的数据源来显示颜色。Label 菜单 Text Color 用来对聚类标签的颜色和 Outline Color 聚类标签的边框颜色进行调整。Trajectories 用来对施引轨迹信息进行调整，主要包含了施引路径（Citing Paths）、被引路径（Cited Paths）以及共被引轨迹（Cocitation Links）等调整。

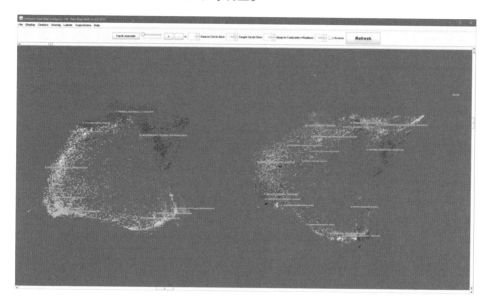

图 7.16　期刊双图叠加分析界面

　　案例：关于热爆炸研究的期刊双图叠加分析。

　　从 Web of Science 中，检索并下载了 1 415 篇 1935—2017 年主题为热爆炸的论文，本部分将以此数据为样本，进行期刊的双图叠加演示。

　　第 1 步：在期刊双图叠加界面中，点击菜单栏 Overlay 中的 Add overlay，以添加关于热爆炸研究论文的数据。点击后，软件会提示选择数据的来源，w 代表数据来自 Web of Science，p 代表数据为专利（patents）。目前，CiteSpace仅仅提供对来自 Web of Science 科技期刊论文的数据进行双图叠加分析。因此，这里选择默认的 w，并点击 ok 进入下一步（图 7.17）。

图 7.17　关于数据格式选择的提示

第 2 步：选择要分析的数据。CiteSpace 各个功能模块所分析的数据格式是相通的，因此在期刊的双图叠加分析中，用户可以直接加载 data 文件夹来进行数据的分析。当然，用户也可以专门建立一个数据文件夹来进行期刊的双图叠加分析（图 7.18）。

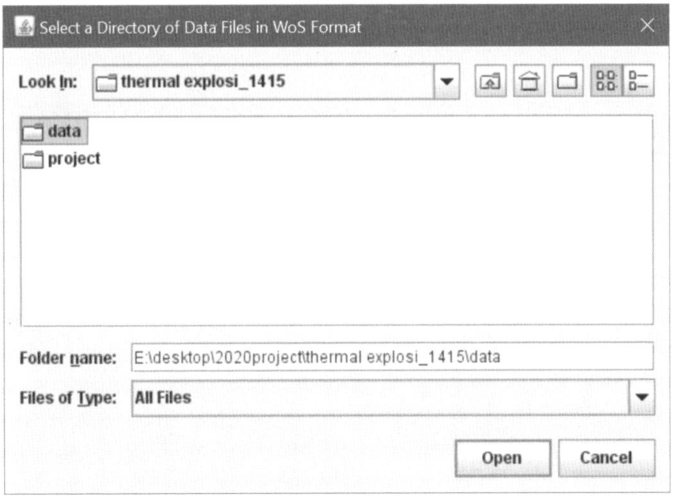

图 7.18　按照提示来选择所分析的数据

第 3 步：用户定义当前所添加数据图层的连线颜色，默认为 red，用户可以直接点击 OK（确定），如图 7.19 所示。

图 7.19　图层颜色的选择

第 4 步：对可视化进行调整。为了突出期刊所在科学领域（这里表现为聚类）的分布及其施引领域和被引领域的知识流动，用户可以通过 Z-score 功能来合并连线。具体的操作步骤为：选中界面中的 Z-Score，然后点击 Refresh。例如，图 7.20 经过 Z-Score 后的结果为图 7.21。

Z-score 的计算公式如下：

$$z = \frac{v - \mu}{\sigma}$$

式中，v 为观测值，μ 为平均数（mean of the population），σ 为标准差（standard deviation）。

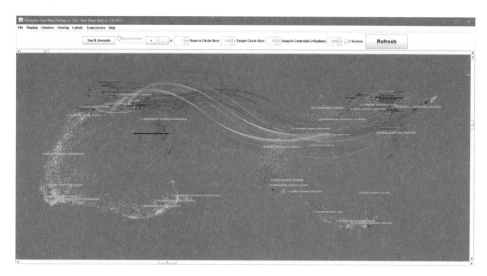

图 7.20　热爆炸研究的期刊双图叠加

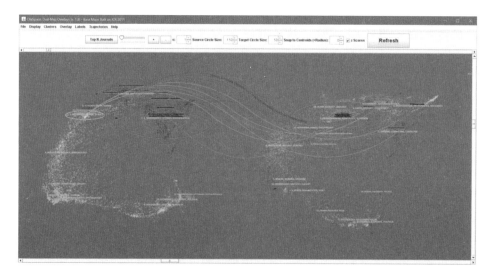

图 7.21　热爆炸研究的期刊双图叠加（Z-Score）

在期刊的双图叠加结果上，左边是施引图，右边是被引图。曲线为引证连线，用来展示引用的来龙去脉。在左侧图中，椭圆的横轴越长，则代表在对应的期刊上发表的论文越多。椭圆的纵轴越长，则代表作者越多。

为了使图形更加协调和美观，在可视化界面中，可以进一步对图形颜色和显示进行调整。图 7.22 展示了国际大数据研究的期刊双图叠加分析。重复上面的步骤，可以添加 12 个不同的主题数据，这样用户就可以使用 Color by Cluster 对来自不同主题的数据进行比较分析。

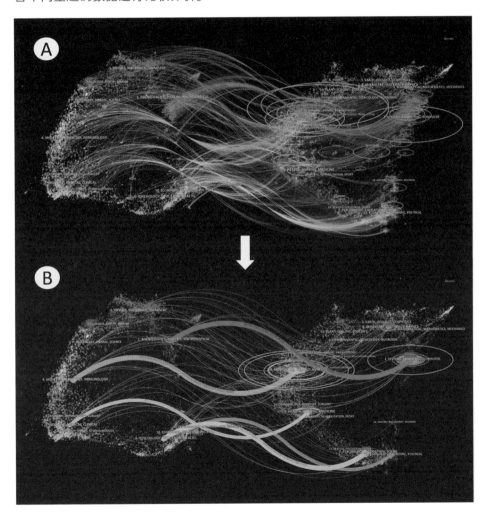

图 7.22   大数据研究的期刊双图叠加

7.4　全文本挖掘及可视化

7.4.1　概念树和谓词树

7.4.1.1　Cut and Paste 功能

通过万律·中国法律法规双语数据库 ❶ 获取英文版的《中华人民共和国安全生产法》（后文简称为《安全生产法》）全文，并将检索结果下载为 word / wordperfect （rtf）格式。

在 CiteSpace 功能参数区的 Text 菜单下选择 Build Concept/Predicate Trees（Cut and Paste），将下载的法律文本全文复制到新窗口中（图 7.23）。然后，点击 Process，即可得到如图 7.24 所示的概念树和如图 7.25 所示的谓词树。

在概念树或谓词树的界面，由左右两个窗口组成。左边的窗口用来显示树形图上某个词汇在上下文中的位置，右边的窗口是具体的概念图或谓词图。通过点击某个词汇可以将该词汇定位到树形图的中心；按住鼠标左键，可以任意拖动树形图；按住鼠标右键，鼠标前后移动则可以任意放大树形图。

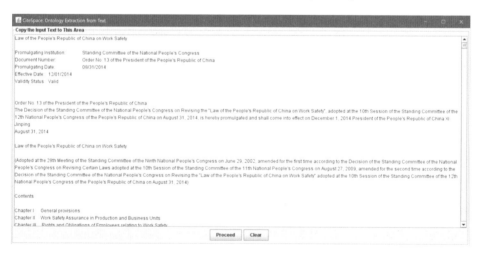

图 7.23　分析文本的准备

---

❶　Westlaw China, http://edu.westlawchina.com/.

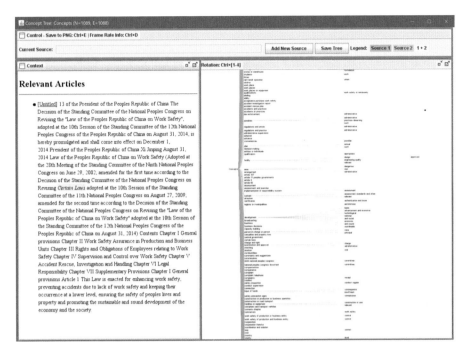

图 7.24 《安全生产法》（英文版）的概念树

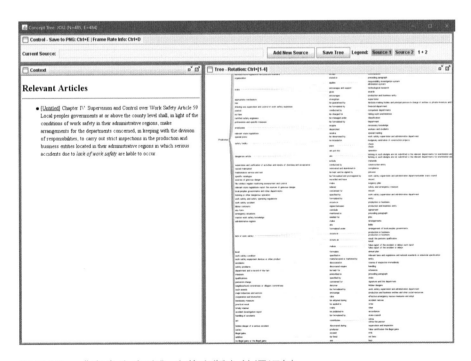

图 7.25 《安全生产法》（英文版）的谓词树

7.4.1.2　Full text Files 功能

将下载得到的《安全生产法》英文版内容复制到 txt 文本中，命名为 Law of the People's Republic of China on Work Safety.txt。在功能参数区的 Text 菜单中选择 Build Concept/Predicate trees（from full text files），然后按照步骤加载准备好的 txt 文本文件（图 7.26）。文件加载结束后，会自动生成概念树和谓词树，如图 7.27 和图 7.28 所示。

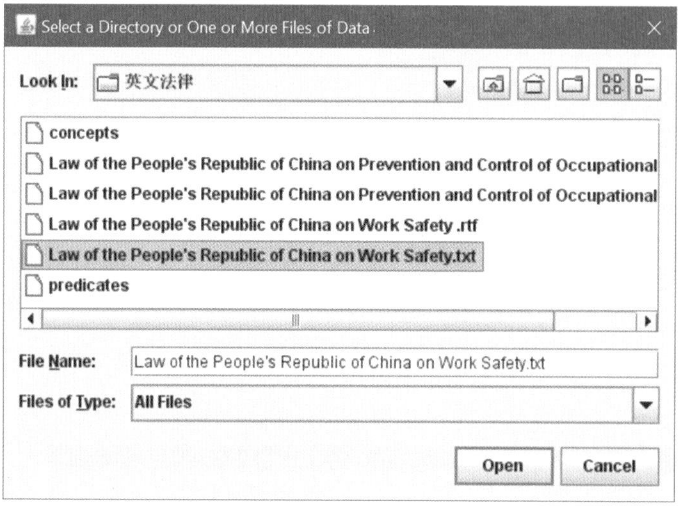

图 7.26　纯文本数据的加载

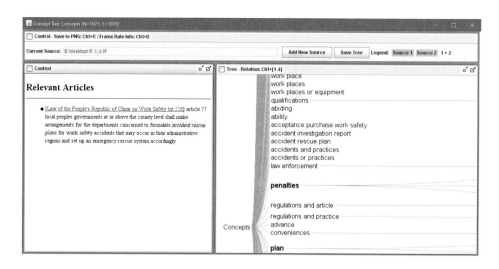

图 7.27　《安全生产法》（英文版）的概念树

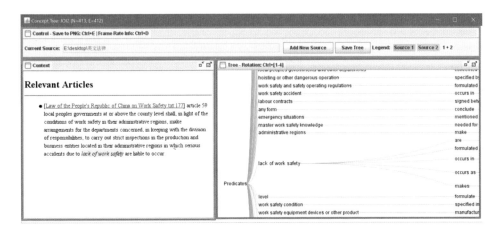

图 7.28　《安全生产法》（英文版）的谓词树

7.4.1.3　WoS Files 功能

在功能参数区的 Text 菜单中，选择 Build Concept/Predicate trees（from WoS Files），按照提示加载包含有 WoS 的数据文件夹。例如，用户可以通过该区域的功能直接加载 project 中的聚类信息文件夹，来对特定聚类进行谓词树和概念树分析。这里加载了热爆炸文献共被引聚类 #0 中的施引文献数据 download.txt（图 7.29），绘制了由聚类 #0 中的施引文献所生成的概念树和谓词树（图 7.30 和图 7.31）。

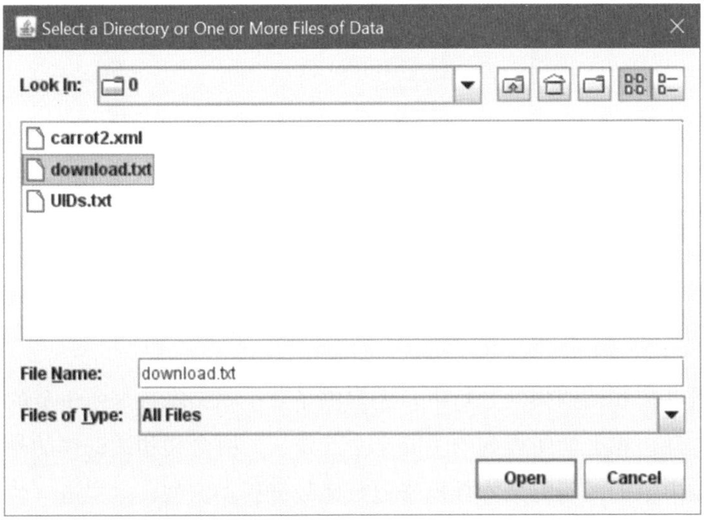

图 7.29　WoS 数据的加载

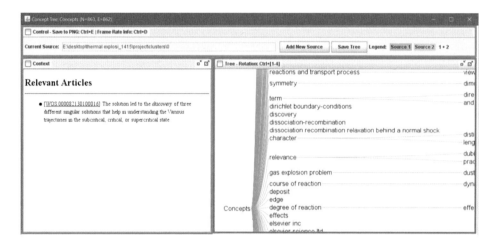

图 7.30　WoS 文本分析的概念树

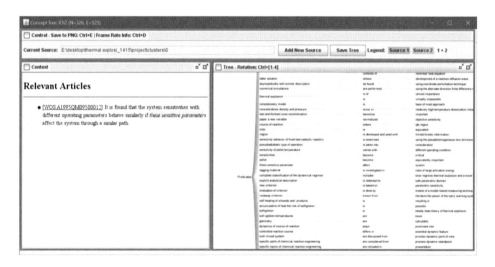

图 7.31　WoS 文本分析的的谓词树

7.4.1.4　概念树或谓词树的比较

在 CiteSpace 概念树和谓词树的分析中，还提供了对不同文本数据所生成的概念树和谓词树的比较。在上面所得到的《安全生产法》的概念树和谓词树的基础上，还可以在其结果中加入新的文本数据来进行比较分析。例如，这里进一步从万律·中国（Westlaw China）中下载了《中华人民共和国职业病防治法》（英文版）的数据，然后，在《安全生产法》的概念树和谓词树页面中，点击 Add

New Source 加入《中华人民共和国职业病防治法》（以下简称《职业病防治法》）（英文版）的文本数据（图 7.32）。在两个文本的概念树和谓词树比较图中，分别用红色和绿色来区分不同的文本来源，用黄色来代表共有的单元（图 7.33）。

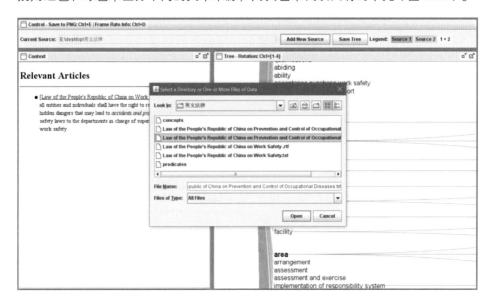

图 7.32　《职业病防治法》数据的加载

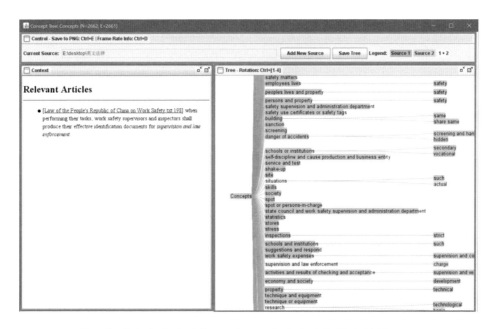

图 7.33　英文版《安全生产法》和《职业病防治法》的比较结果

7.4.2　全文本主题挖掘

本部分的全文本主题挖掘仍然以分析英文版的《安全生产法》为例（仍然为txt 文档）。在功能参数区 Text 菜单中选择 Extract terms from a full text file（图7.34），加载该 txt 文件。当运行完成后，所分析的结果将直接显示在 ProcessReport 窗口（图 7.35），同时在所分析的文档中会产生一个保存了结果的 Excel文件（图 7.36）。

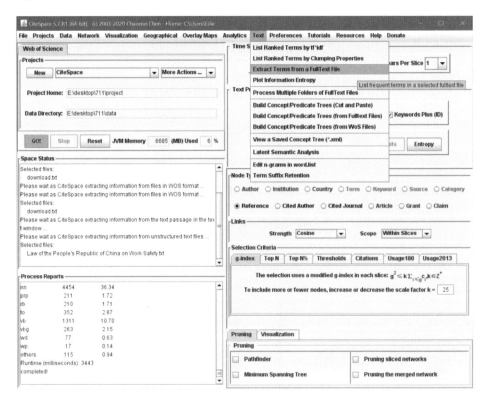

图 7.34　全文本挖掘功能的选择

在 Excel 表格中，列出了 tf*idf 所提取的主题词和相关指标。tf*idf 全称为词频权重—逆向文本频率权重（Term Frequency-Inverse DocumentFrequency），该方法分为 tf 和 idf 两部分。tf 代表的是主题在文档中出现的次数，该方法的缺点是对高频词过度依赖，对大量低频词的分析不足。idf 反比文档频率是由 Spark Jones 在 1972 年提出的，idf 可以使用来进行表示，这里 n 为总文档数，是第 k 个特征词出现的文档数。idf 方法削弱了那些在语料中过于频繁出现的词的重要程度，因为这些词语常常没有显著的区分能力。idf 的缺点是忽略了分散度和频率因素。tf*idf 将 tf 和 idf 两个因素结合起来，相比更加合理。表格中，Clumping 是簇的意思，具体说明参见（Bookstein A., Klein, S.T. 和 Raita T.1998）。

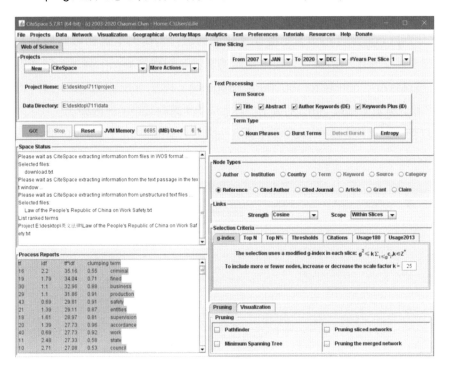

图 7.35 从《安全生产法》（英文版）中提取的主题词

tf	idf	tf*idf	clumping	term
16	2.2	35.16	0.55	criminal
19	1.79	34.04	0.71	fined
30	1.1	32.96	0.88	business
29	1.1	31.86	0.91	production
43	0.69	29.81	0.91	safety
21	1.39	29.11	0.87	entities
18	1.61	28.97	0.81	supervision
20	1.39	27.73	0.96	accordance
40	0.69	27.73	0.92	work
11	2.48	27.33	0.58	state
10	2.71	27.08	0.53	council

图 7.36 从英文版《安全生产法》中提取的主题词

如果对某一主题 Web of Science 执行了主题共现的分析（Co-terms），并生成了主题网络，那么可以在 CiteSpace 的功能参数区通过 Text→List ranked terms by clumping properties（提示为：list frequent terms in the current project）或 list ranked terms by clumping properties（提示为：list frequent terms in the current project condensation）来提取主题词列表。本案例中对热爆炸的研究论文进行了名词性术语的提取，通过这里的功能可以得到 terms 列表，例如有 thermal explosion、critical temperature、degrees c 以及 critical condition 等，tf 为项目在相应参数下提取 Term 的频次（与生成的主题共现中主题的频次一致），如图 7.37 所示。用户也将在 project 中得到一个命名类似于 idf_1406.csv 的文件，如图 7.38 所示。

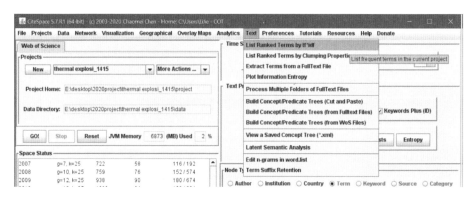

图 7.37　按照 tf*idf 的主题排序

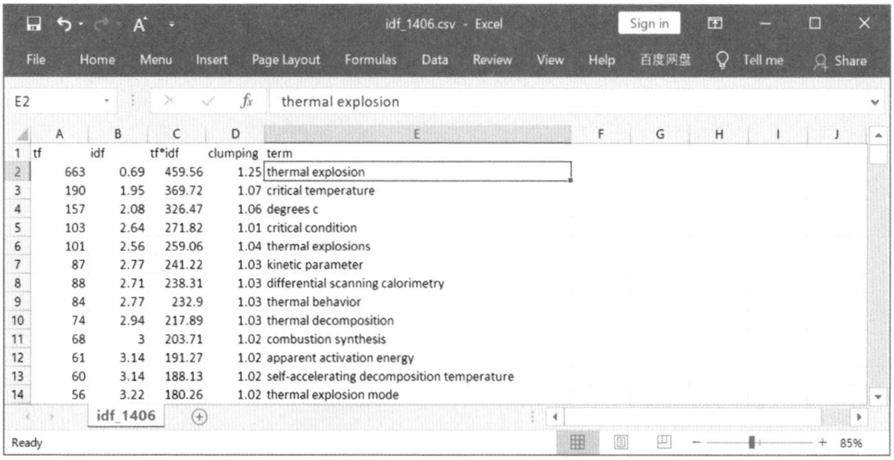

图 7.38　项目文件夹中保存的表格结果

7.4.3　文本潜语义分析

潜语义分析（Latent Semantic Analysis）是一种文本降维方法（Deerwester, S., Dumais, S.T., Landauer, T.K.,et al.1990），该功能位于 CiteSpace 功能参数区 Text 菜单的 Latent Semantic Analysis 中。点击 Latent Semantic Analysis 后进入潜语义分析界面，然后选择需要加载的数据文件（图 7.39）。在本例中，一共加载了两个文本文件夹，分别为 2014 年发表在 Management Science 和 Safety Science 上的论文。这里首先以加载 2014 年在 Safety Science 上发表的论文数据为例：点击 Browse 对应数据所保存的文件夹（Data type 此时要选择为 Web of Science），然后再点击 Add to the List。然后，按照同样的步骤将 Management Science 的数据文件加载到当前的界面中来。

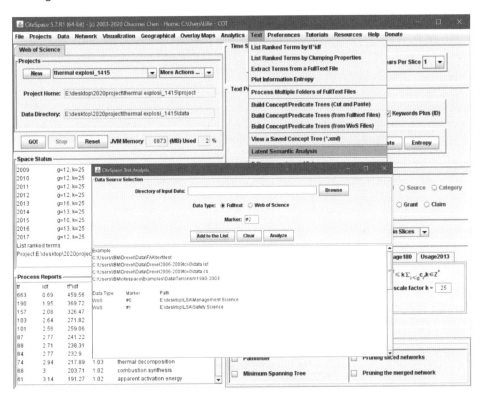

图 7.39　潜语义分析界面

在数据加载完成后，点击 Analyze 进行数据分析。数据计算可能要耗费一定的时间，用户需要等待软件结果计算完成。数据分析结束后，在该窗口中会列出各个维度中排名前 5 的术语（图 7.40）。同时也会新打开几个窗口，显示各个维度的可视化结果（图 7.41）。需要注意的是，使用 Latent Semantic Analysis 功能时，至少要加载两个分析文件。

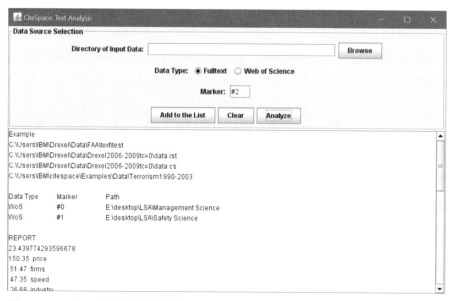

图 7.40　LSA 分析的基本结果

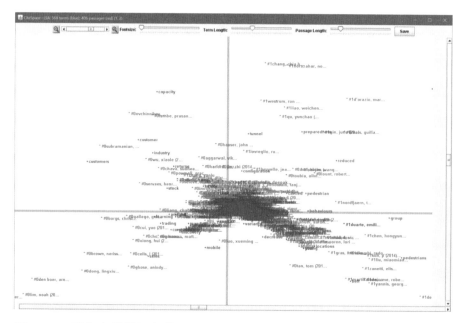

图 7.41　语义空间的可视化

7.5   CiteSpace 与 MySQL

7.5.1   连接与统计分析

第 1 步：软件准备。

首先，用户需要确保电脑上已经安装了 MySQL 软件。若没有安装，需要登录 MySQL 主页，下载并安装 MySQL 软件（如图 7.42 所示）。用户需要下载名称为 mysql-installer-community-8.0.21.0 的文件，并完成安装。注意在安装过程中需要用户配置相关账户和密码。

图 7.42   MySQL 的下载主页 ❶

第 2 步：CiteSpace 连接 MySQL。

CiteSpace 与 MySQL 连接的界面位于功能参数区 Data 菜单栏的 Import/Export 中，如图 7.43 所示。在 MySQL@localhost 界面中，点击 Database 菜单

---

❶   MySQL 下载主页：https://dev.mysql.com/downloads/mysql/.

中的 Connect to MySQL，按照提示输入 user 和 password 来完成数据库的连接。

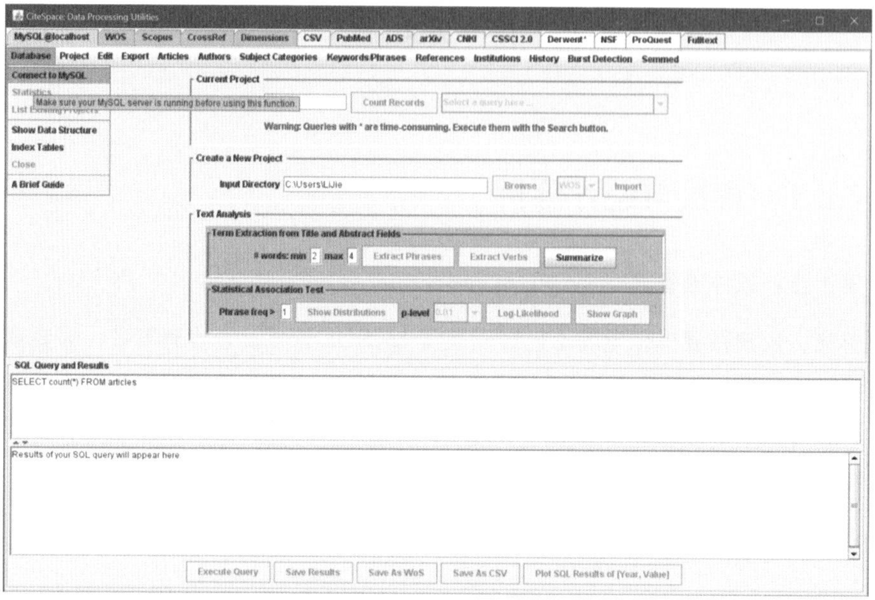

图 7.43　数据处理界面

第 3 步：项目建立与数据导入。

点击 Input Directory 后的 Browse，加载 data 路径文件。然后，点击 Import，按照提示输入项目的名称，如图 7.44 所示。最后，点击 ok 来完成数据的导入，如图 7.45 所示。

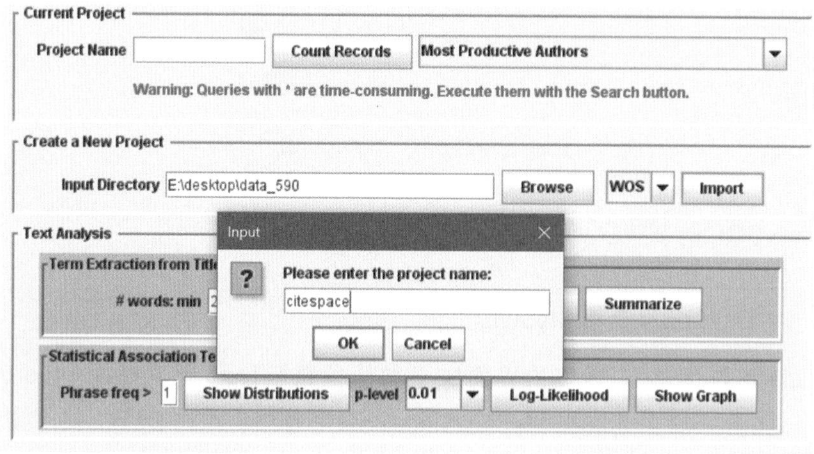

图 7.44　项目的建立

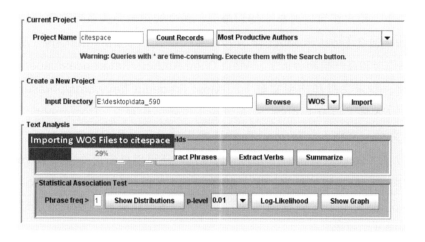

图 7.45　数据的导入

第 4 步：数据的分析

数据导入后，用户可以在菜单栏的 Project 中选择 Distribution of Records by Year，来分析论文的年度产出情况，如图 7.46 所示。

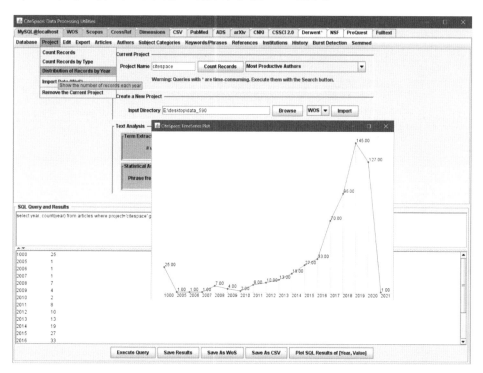

图 7.46　CiteSpace 绘制数据的年度分布曲线

在该模块中，用户还可以对单个知识单元、两个知识单元关系矩阵进行统计分析，例如，包含 Most Productive Authors/First Authors/Institutions（高产作者、第一作者和高产机构分析）、Most Cited Authors/References/papers（高被引学者、参考文献和施引文献）、Most Frequent Keywords/phrases（高频关键词 / 术语）以及 Author × Author（作者—作者）、Document × Document（文档—文档）、Term × Term（术语—术语）共现矩阵等分析。例如，图 7.47 为所提取的高被引作者的列表，用户还可以点击页面下的 Save as CSV 格式来保存所提取的结果。图 7.48 为选择 Keyword × Keyword co-occurrence counts 后得到的关键词共现列表，可以将该结果导入 BibExcel 软件中进一步构建共词网络。

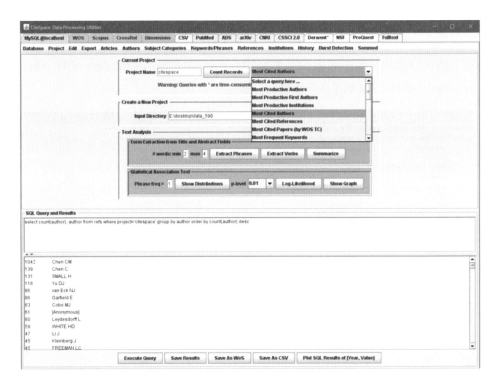

图 7.47　高被引作者的分析

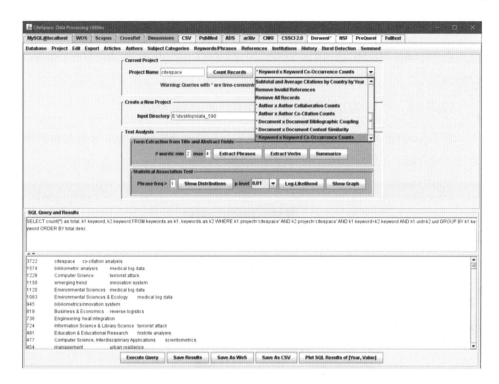

图 7.48　关键词共现列表的提取

7.5.2　文本主题挖掘与可视化

在 CiteSpace 的 MySQL 数据处理界面中，还提供了对导入 WoS 数据的文本挖掘和可视化（图 7.49）。

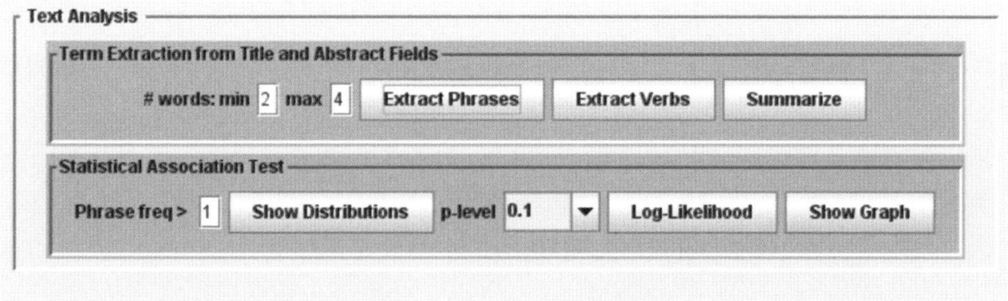

图 7.49　CiteSpace 的 MySQL@localhost 主题挖掘界面

在导入数据以后，点击文本分析（Text Analysis）界面的 Extract Phrases，

等待主题提取结束后会显示如下的信息：

Wed Sep 30 15:26:48 CST 2020 Extracting phrases for the project citespace ...

Wed Sep 30 15:27:26 CST 2020 Extraction completed!

点击 Log-likelihood 来进行计算，最后可以点击 Show Graph 来对分析结果进行可视化展示（图 7.50）。

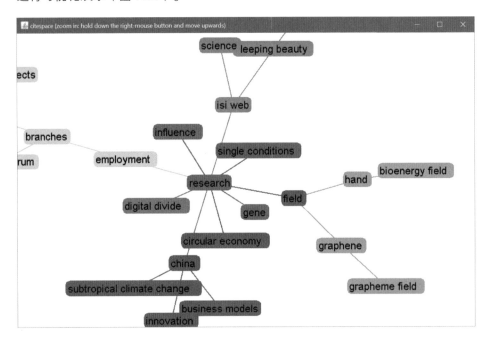

图 7.50　分析结果的可视化

7.6　CiteSpace 与外部软件

7.6.1　CiteSpace+Carrot2

Carrot2 是一款免费的文本挖掘软件，具有强大的文本聚类和可视化功能。在 CiteSpace 的数据预处理模块中，提供了将 Web of Science 数据转换成 Carrot2 数据格式的功能。在 Carrot2 提供了 K-means、Lingo、Passthrough、

STC、By Source 以及 By URL 文本聚类算法对来自 Bing、News、PubMed 及 Wiki 等的数据进行分析的功能。在进行数据分析之前，用户需要提前安装好 CiteSpace 和 Carrot2 软件 ❶。

第 1 步：数据转换预备工作。

从 Web of Science 中下载数据后，需要建立两个文件夹。一个用来保存原始数据，另一个用来保存转换后的数据。通过下面步骤进入 WoS 的数据预处理功能区：①打开 CiteSpace 进入功能参数区，点击 data 菜单中的 Import/Export 功能，进入数据的预处理界面。②在数据的预处理界面中，点击 WoS 进入 Web of Science 数据预处理的模块。在 CiteSpace 的数据预处理界面中提供了 Remove duplicates（WoS）数据去重；WoS（tab）格式向 WoS 格式的转换；WoS 格式向 Carrot2（XML）和 WoS 格式向 Jigsaw 的转换（图 7.51）。

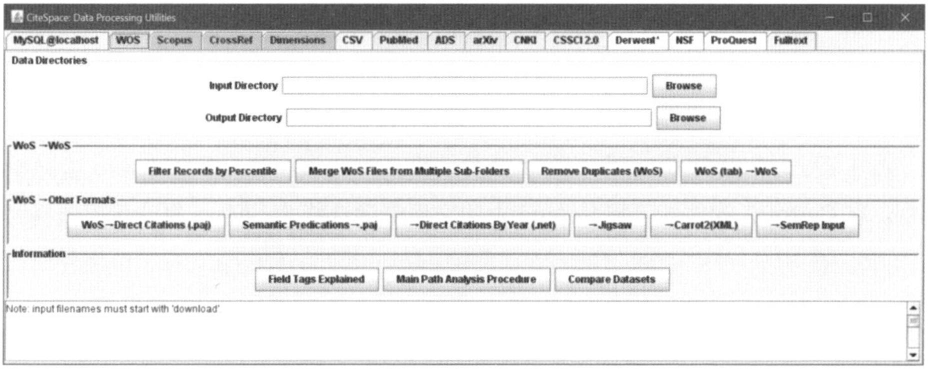

图 7.51　　Web of Science 数据预处理模块

下面以分析 1935—2017 年热爆炸研究的文献数据为例。

第 2 步：数据转换。

首先，进行数据的加载。在数据加载功能中，Input Directory 用来加载原始数据所在文件夹的路径（这里加载的为 data 文件夹），在 Output Directory 中加载转换后数据保存的文件夹（这里加载的为名称为 output 的空文件夹），如图 7.52 所示。数据加载完成后，点击 "→Carrot2（XML）" 即可完成数据转换。转换成功后，在界面下面的空白处显示转换的基本情况，并在 output 文件夹里面生成一个新文件 data_file_for_carrot2.xml。

❶　Carrot2 免费下载地址 http://project.carrot2.org/download.html

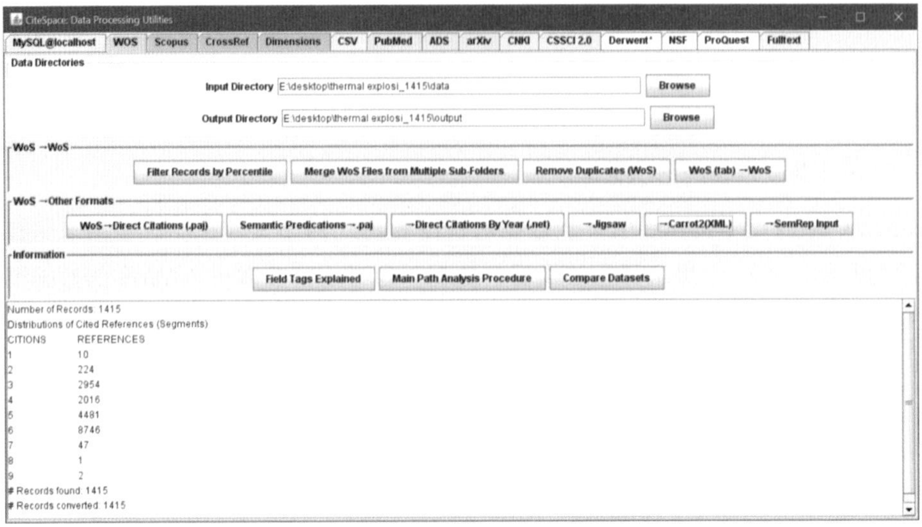

图 7.52　WoS 数据预处理模块中加载数据文件夹

第 3 步：分析数据。

下载 Carrot2 并解压缩下载的文件，双击 carrot2-workbench.exe 运行软件。在 Carrot 2 软件中，将 Source 中的文件来源选择为 XML，算法可以选择为 Lingo。在 XML resource（Required）中加载 data_file_for_carrot2.xml 文件所在的路径（图 7.53）。数据和算法等准备工作结束后，点击 Process 对数据进行分析。

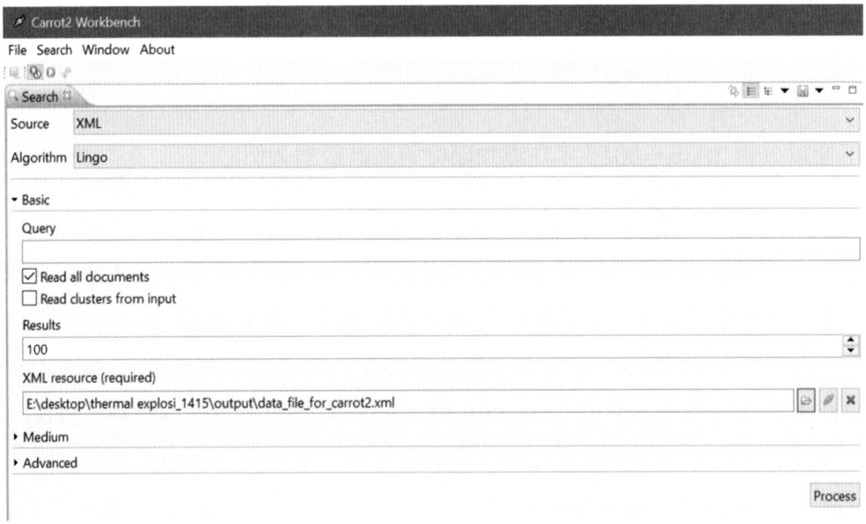

图 7.53　导入 XML 数据到 Carrot2

第 4 步：数据可视化。

Carrot2 所分析的结果，如图 7.54 所示。用户可以点击功能模块的 Circle Visualization（图 7.55）或 Foam Tree Visualization（图 7.56），从而通过不同的可视化手段来呈现所分析的结果。

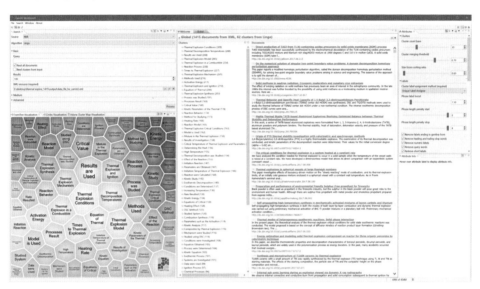

图 7.54　Carrot2 分析结果页面

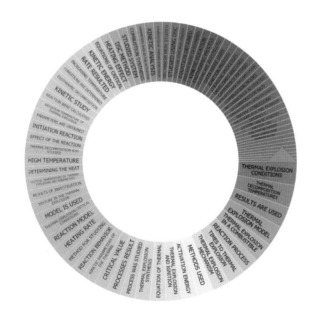

图 7.55　Circle Visualization 可视化

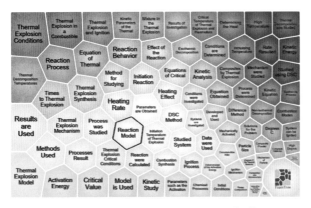

图 7.56　Foam Tree Visualization 可视化

需要特别补充的是，用户在使用 CiteSpace 完成文献共被引聚类并保存聚类后，会在 project 文件夹中生成一个 clusters 文件。在该文件中，保存了每一个聚类中施引文献的 txt 格式和 carrot2.xml 格式文件。例如，对热爆炸的文献共被引网络进行聚类后，点击 CiteSpace 可视化界面中的 clusters → Save cluster information，就会在 project 文件下生成 clusters 文件。在聚类 #0 中，共包含了 96 个节点（被引文献），这 96 篇被引文献所对应的施引文献被保存在 Clusters 文件中的 0 号文件夹中。在 0 号文件夹中，carrot2.xml 可以直接导入 carrot2 中进行分析，如图 7.57 所示。

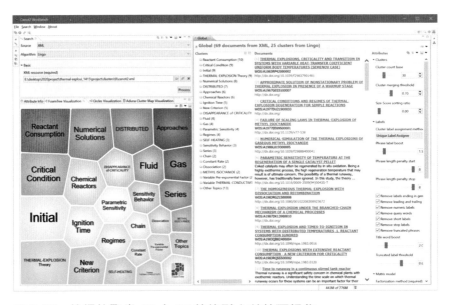

图 7.57　热爆炸聚类 #0 中 69 篇施引文献的可视化

7.6.2 CiteSpace+Jigsaw

Jigsaw 软件是美国佐治亚理工大学 John Stasko 主持开发的文本处理与可视化软件，可以对 txt、pdf、doc、xls、csv 以及 htm 等多个文件格式进行数据分析和可视化。

在 Jigsaw 主页获取软件后（图 7.58），可以按照与前文 Carrot2 类似的步骤，转换得到 Jigsaw 可以识别和分析的数据。

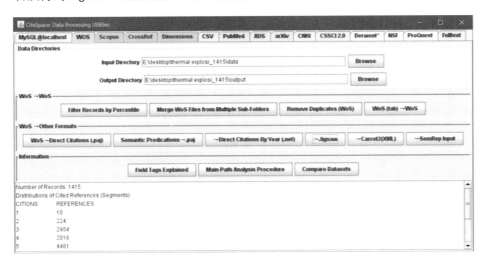

图 7.58　Jigsaw 的数据转换界面 ❶

下面重点说明在 Jigsaw 中数据的分析和可视化过程。

第 1 步：软件启动和导入菜单。

下载 Jigsaw 软件包后，解压后双击 Jigsaw.bat，以启动软件。在软件菜单栏的 File 中，可选择 Import 来导入要分析的数据（图 7.59）。

第 2 步：数据的导入。

点击 Jigsaw Datafiles 后面的 Browse 来加载转换后的 jig 格式数据，数据加载后点击 Import（图 7.60）。最后，再选择 Entity Identification 界面中的 Identify，如图 7.61。

---

❶　Jigsaw 下载地址，http://www.cc.gatech.edu/gvu/ii/jigsaw/

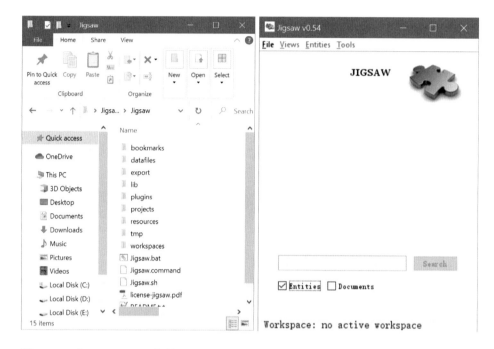

图 7.59 打开 Jigsaw 软件

图 7.60 数据的导入过程

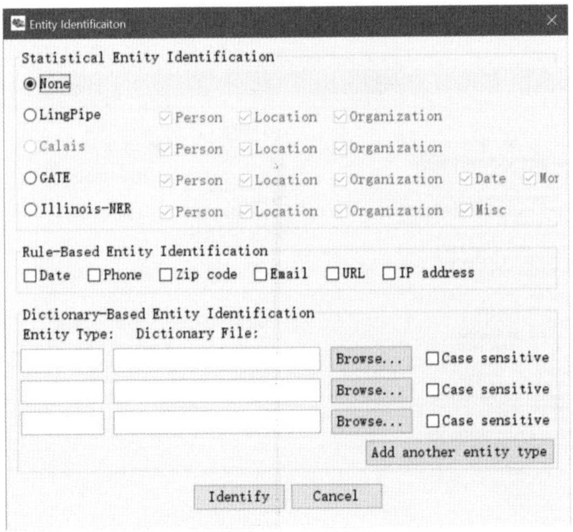

図 7.61　数据的识别

第 3 步：数据可视化。

等待数据加载结束后，在软件界面中会显示所导入数据的基本组成和统计结果。例如，此处的数据中，author 的数量为 2 823 位、indexterm 为 3 267 个、journalTitle 为 384 个、year 的数量为 70 个，如图 7.62。

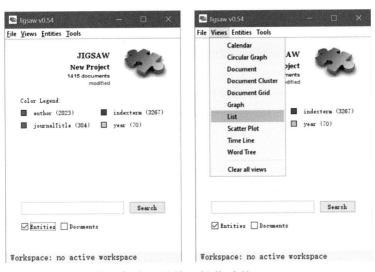

图 7.62　数据的初步结果及其可视化功能

在菜单栏中选择 View，可以进一步对数据进行查询和可视化分析。如点击List，可以对所包含的一个或多个数据单元进行列表查看，也可以对不同知识单元进行关联查看与分析，如图 7.63 所示。

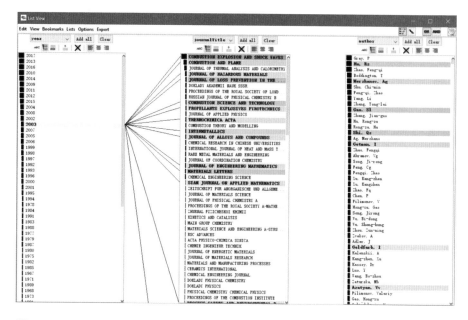

图 7.63　　Web of Science 数据的 List view

Jigsaw 还提供了不同的可视化方式，例如，用户可以通过 Document View（图 7.64）和 Word Tree view（图 7.65）来对文本的内容进行分析。

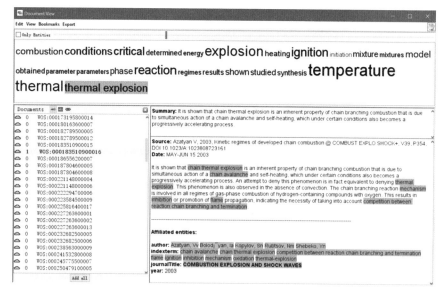

图 7.64　　Jigsaw 软件的 Document View

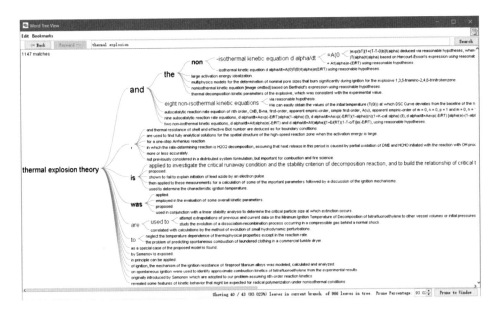

图 7.65 Jigsaw 软件的 Word Tree view

此外，Jigsaw 还提供了 web 版（图 7.66），用户可以在网络上实现数据的上传和分析。

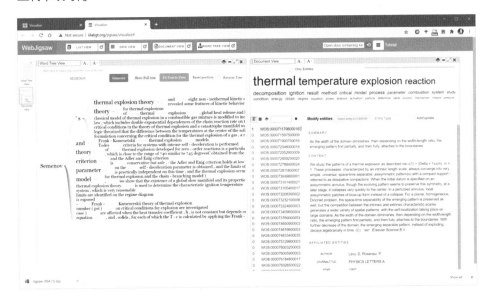

图 7.66 Web 版 Jigsaw 程序

注释：Web 版 Jigsaw 地址：http://www.iilabgt.org/jigsaw/

275

7.6.3　CiteSpace+ 网络可视化软件

本部分主要介绍 Netdraw、Pajek、Gephi 以及 VOSviewer 软件（表 7.1）对 CiteSpace 网络文件的分析。CiteSpace 网络软件的导出功能位于可视化界面的 Export 菜单栏中，进入该菜单栏后依次点击 Network→Pajek（ .net ），保存的 .net 文件就可以导入 Netdraw、Pajek、Gephi 以及 VOSviewer 中进行分析和可视化。

表 7.1　CiteSpace 网络文件的外部可视化软件

软件名称	应用地址	功能
Gephi	http://gephi.github.io/	网络可视化及计算
Netdraw	https://sites.google.com/site/netdrawsoftware/download	网络可视化及计算
Pajek	http://mrvar.fdv.uni–lj.si/pajek/	网络可视化及计算
VOSviewer	http://www.vosviewer.com/Home	科学知识图谱分析
MapEquation	http://www.mapequation.org/	网络可视化与分析

7.6.3.1　CiteSpace+Gephi

（1）Gephi 对 graphml 文件的可视化。

在 CiteSpace 中，点击 GO！进行数据分析后，软件会提示 Visualize、Save As GraphML 或 Cancel。除非点击 Cancel，否则用户的 project 文件夹中会出现一个 graphml 的文件。graphml 文件可以直接被 Gephi 读取，并进行分析和网络可视化。

例如，在《安全疏散研究的科学知识图谱》中 ❶，通过 CiteSpace 对国内安全疏散方面的研究论文进行分析。结果得到包含 1 530 个节点（作者）、2 068 对合作关系、网络密度为 0.001 8 的合作网络。其中，网络的最大子网络包含节点 351 个。在此基础上，用户可以在 project 文件中通过 Gephi 来打开 graphml 文件，对合作网络进行可视化，如图 7.67 所示。

---

❶　李杰,李平,谢启苗,付姗姗.安全疏散研究的科学知识图谱 [J].中国安全科学学报,2018,28(01):1–7.

图 7.67　CiteSpace+Gephi 对安全疏散合作网络的分析

　　在合作的最大子网络中，形成了以中国科学技术大学为中心的安全疏散研究团队，并向周围辐射出了其他多个合作群落。从作者合作的类团划分来看，中国科学技术大学的合作团队又可以划分为三个代表的群落：第一群落位于核心，代表作者有李元洲、霍然、陆守香等；第二群落处于第一群落和第三群落的连接中心，核心作者为姚斌；第三群落的核心作者为宋卫国和张和平。右上侧的群落主要来源于中国安全生产科学研究院和东北大学，其中毕业于中国科学技术大学的史聪灵和钟茂华在疏散领域发表的论文数量显著高于其他作者，来自中国安全生产科学研究院的邓云峰、胥旋、席学军以及盖文姝（北京科技大学）等也表现突出。以上这些主要由来自中国安全生产科学技术研究院的学者与来自东北大学的陈宝智和肖国清等学者组成。在网络左侧的学者主要有南开大学的刘茂、天津城建大学的赵国敏（毕业于南开大学）以及南开大学的张青松，该区域主要由中南大学的徐志胜和姜学鹏构成的团队与核心网络进行联系，南开大学安全疏散研究与其他团队的合作相比要少。来自中国人民武装警察部队学院的魏东连接了中南大学和中国科学技术大学两个群落。位于网络正下方的作者群主要是来自四川师范大学消防工程研究所的朱杰研究团队，位于右下侧的群落由武汉大学方正、公安部四川消防科学研究所胡忠日以及李乐组成。国内安全疏散领域的最大子网络组成了国内最重要的安全疏散学者共同体。

（2）Gephi 对 net 文件的可视化。

在 CiteSpace 中，绘制了安全科学学者 Andrew Hale 的科学合作网络（2002—2013 年）。然后，在可视化界面中导出所分析数据的 net 文件。最后，在 Gephi 中点击 File→Open→xxx.net，读取 net 文件，并进行可视化，结果如图 7.68 所示。

图 7.68　Gephi 对合作网络的可视化

7.6.3.2 Citespace+Netdraw

Netdraw 对 .net 文件的可视化步骤：File→Open→Pajek Text File→Network Data，得到的可视化网络如图 7.69 所示。

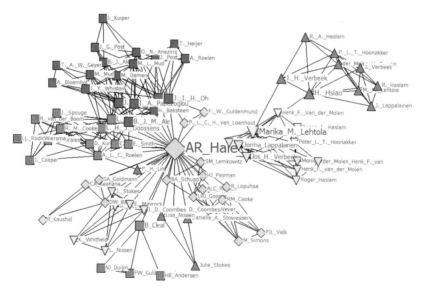

图 7.69　Netdraw 对合作网络的可视化

7.6.3.3 Citespace+Pajek

Pajek 对 net 文件的可视化步骤：File→Network→Read，得到的可视化网络如图 7.70 所示。

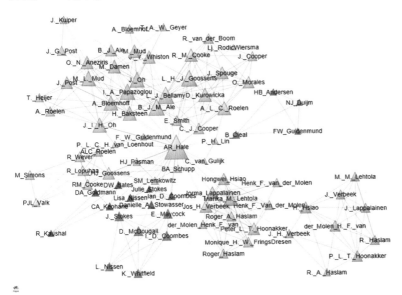

图 7.70 Pajek 对合作网络的可视化

7.6.3.4 Citespace+VOSviewer

VOSviewer 对 net 文件的可视化步骤：Create→Create a Map Based On Network→Pajek，得到的可视化网络如图 7.71 所示。

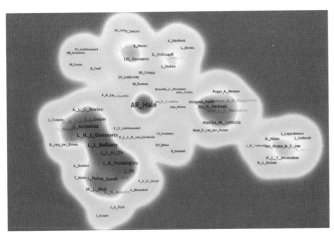

图 7.71 VOSviewer 对合作网络的可视化

最后，在本书附录 1 中总结了 10 余种常用的科学知识图谱工具，读者可以尝试学习和组合使用。

思考题

（1）谈谈你对图层叠加分析（Overlay）的认识（目的、意义以及应用前景等）。

（2）从 Web of Science 数据库检索和下载"人工智能""大数据""物联网""互联网 +""工业 4.0"的主题文献，并将它们一起进行期刊的双图叠加分析。

（3）对 2021 年发表在 Safety Science 和 Journal Safety Research 的论文所引用的期刊以及分布的领域进行比较分析。

（4）比较全球 SARS、埃博拉以及新冠病毒研究的施引期刊和被引期刊的知识流动。

（5）使用 Gephi 对 CiteSpace 生成的文件进行网络和可视化分析。

本章小提示

小提示 7.1：可视化 CiteSpace 网络文件的说明。

要将 CiteSpace 的网络文件导入其他软件中进行分析，首先需要满足这些软件可以读取 CiteSpace 所导出的文件。例如，分析中得到的 graphml 文件，可以导入 Gephi 中进行可视化，且在 Gephi 中保留了节点的属性信息。net 文件则可以导入常见的网络可视化软件中，例如 Pajek、Netdraw 以及 VOSviewer 中，但需要注意，net 文件在导入时会丢失一些参数。

参考文献

[1] Beaver D, Rosen R. Studies in scientific collaboration Part Ⅲ. Professionalization and the natural history of modern scientific co-authorship [J]. Scientometrics, 1979b, 1(3): 231-245.

[2] Beaver D, Rosen R. Studies in scientific collaboration: Part Ⅰ. The professional origins of scientific co-authorship [J]. Scientometrics, 1978, 1(1): 65-84.

[3] Beaver D, Rosen R. Studies in scientific collaboration: Part Ⅱ. Scientific co-authorship, research productivity and visibility in the French scientific elite, 1799 - 1830[J]. Scientometrics, 1979a, 1(2): 133-149.

[4] Boyack, K. W., & Klavans, R. Co - citation analysis, bibliographic coupling and direct citation: Which citation approach represents the research front most accurately? [J]. Journal of the American Society for Information Science and Technology, 2010. 61(12)：2389-404.

[5] Brandes, U. A faster algorithm for betweenness centrality. Journal of Mathematical Sociology, 25, 2 (2001), 163-177.

[6] Bookstein A, Klein S T, Raita T. Clumping Properties of Content-Bearing Words[J]. Journal of the Association for Information ence & Technology, 2010, 49(2):102 - 114.

[7] Chen C M, Ibekwe-Sanjuan F, Hou J H. The Structure and Dynamics of Cocitation Clusters: A Multiple-Perspective Cocitation Analysis [J]. Journal of the American Society for Information Science and Technology, 2010, 61(7): 1386-409.

[8] Chen C M. CiteSpace Ⅱ: Detecting and visualizing emerging trends and transient patterns in scientific literature [J]. Journal of the American Society for Information Science and Technology, 2006, 57(3): 359-77.

[9] Chen C M. Predictive Effects of Structural Variation on Citation Counts [J]. Journal of the American Society for Information Science and Technology, 2012, 63(3): 431–49.

[10] Chen C, Leydesdorff L. Patterns of connections and movements in dual - map overlays: A new method of publication portfolio analysis [J]. Journal of the association for information science and technology, 2014, 65(2): 334–51.

[11] Chen C. Searching for intellectual turning points: Progressive knowledge domain visualization [J]. Proceedings of the National Academy of Sciences, 2004, 101(suppl 1): 5303–10.

[12] De Solla Price D J. Networks of Scientific Papers[J]. Science, 1965, 149(3683): 510–515.

[13] Deerwester S C, Dumais S T, Landauer T K, et al. Indexing by latent semantic analysis[J]. Journal of the American Society for Information Science, 1990, 41(6): 391–407.

[14] Dunning T. Accurate methods for the statistics of surprise and coincidence [J]. Computational linguistics, 1993, 19(1): 61–74.

[15] Eck N J, Waltman L. How to normalize cooccurrence data? An analysis of some well - known similarity measures [J]. Journal of the American Society for Information Science and Technology, 2009, 60(8): 1635–1651.

[16] Freeman, L. C. Centrality in social networks: Conceptual clarification. Social Networks, 1979，(1)：215–239.

[17] Glanzel W, Czerwon H J. A new methodological approach to bibliographic coupling and its application to the national, regional, and institutional level [J]. Scientometrics, 1996, 37(2): 195–221.

[18] Granovetter, M. S. The Strength of Weak Ties. The American Journal of Sociology. 1973，78 (6): 1360 – 1380.

[19] He Q. Knowledge Discovery through Co–Word Analysis [J]. Library trends, 1999, 48(1): 133–59.

[20] Irena Marshakova Shaikevich. System of Document Connections

Based on References". Scientific and Technical Information Serial of VINITI. 1973, 6(2):3 – 8.

[21] Katz J S, Martin B R. What is research collaboration? [J]. Research policy, 1997, 26(1): 1–18.

[22] Kessler M M. Bibliographic coupling between scientific papers [J]. American documentation, 1963, 14(1): 10–25.

[23] Kleinberg J. Bursty and Hierarchical Structure in Streams[C]// Proc. the 8th ACM SIGKDD International Conference on Knowledge Discovery and Data Mining. 2002: 373–397.

[24] Kuhn T S. The Structure of Scientific Revolutions [M]. Chicago: University of Chicago Press. 1962.

[25] Leydesdorff L. Why words and co–words cannot map the development of the sciences [J]. Journal of the American society for information science, 1997, 48(5): 418–427.

[26] McCain K W. Mapping economics through the journal literature: An experiment in journal cocitation analysis [J]. Journal of the American Society for Information Science, 1991, 42(4): 290–296.

[27] Michel Callon,?John Law,?Arie Rip. Mapping the Dynamics of Science and Technology: Sociology of Science in the Real World [M]. Macmillan Press. 1986.

[28] Ping Q, He J, Chen C. How many ways to use CiteSpace? A study of user interactive events over 14 months [J]. J Assoc Inf Sci Technol, 2017, 68(5): 1234–56.

[29] Rousseeuw P. Silhouettes: a graphical aid to the interpretation and validation of cluster analysis [J]. Journal of Computational & Applied Mathematics, 1987, 20(4):53 – 65.

[30] Shannon, Claude E. A Mathematical Theory of Communication [J]. Bell System Technical Journal, 1948, 27 (3): 379 – 423.

[31] Small H. Co–citation in the Scientific Literature: A New Measure of the

Relationship between Two Documents. [J]. Journal of the American Society for Information Science, 1973, 24(4):265 - 269.

[32] Tijssen R, Van Raan A. Mapping co-word structures: A comparison of multidimensional scaling and LEXIMAPPE [J]. Scientometrics, 1989, 15(3-4): 283-295.

[33] Van Raan, Anthony FJ. Advances in bibliometric analysis: Research performance assessment and science mapping. Bibliometrics. Use and Abuse in the Review of Research Performance 2014: 17-28.

[34] Wuchty S, Jones B F, Uzzi B. The Increasing Dominance of Teams in Production of Knowledge[J]. Science, 2007, 316(5827):1036-1039.

[35] White H D, Griffith B C. Author cocitation: A literature measure of intellectual structure [J]. Journal of the American Society for Information Science, 1981, 32(3):163 - 171.

[36] White H D. Combining bibliometrics, information retrieval, and relevance theory, part 1: First examples of a synthesis[J]. Journal of the American Society for Information Science and Technology, 2007,58(4):536-559.

[37] White H D. Combining bibliometrics, information retrieval, and relevance theory, part 2: Some implications for information science. Journal of the American Society for Information Science and Technology[J]. 2007:58(4):583-605.

[38] Whittaker J. Creativity and conformity in science: Titles, keywords and co-word analysis. Social Studies of Science[J]. 1989, 19, 473-496.

[39] Wu, L.,J Wang, D. & Evans, J.A. Large teams develop and small teams disrupt science and technology[J].?Nature?2019, 566,?378 - 382.

[40] Zhang J, Chen C, Li J. Visualizing the intellectual structure with paper-reference matrices [J]. Visualization and Computer Graphics, IEEE Transactions on, 2009, 15(6): 1153-1160.

[41] CALLON M, RIP A, LAW J. Mapping the dynamics of science and technology: Sociology of science in the real world [M]. Springer, 1986.

[42] He Q. Knowledge Discovery through Co-Word Analysis [J]. Library trends, 1999, 48(1): 133-159.

[43] Leydesdorff L. Why words and co-words cannot map the development of the sciences [J]. Journal of the American society for information science, 1997, 48(5): 418-427.

[44] Whittaker, J. Creativity and conformity in science: Titles, keywords and co-word analysis. Social Studies of Science[J]. 1989, 19, 473-496.

[45] 梁立明，武夷山等 . 科学计量学：理论探索与案例研究 [M]. 北京：科学出版社， 2006.

[46] 侯剑华，胡志刚 . CiteSpace 软件应用研究的回顾与展望 [J]. 现代情报，2013, 04): 99-103.

[47] 陈超美，李杰 . 科学知识前沿图谱理论与实践 / 李杰 . CiteSpace 在中文期刊文献的应用现状 [C]. 北京：高等教育出版社， 2018. 5-23.

[48] 陈悦，陈超美，胡志刚等 . 引文空间分析原理与应用 [M]. 北京：科学出版社，2014.

[49] 陈悦，陈超美，刘则渊等 . CiteSpace 知识图谱的方法论功能 [J]. 科学学研究，2015，（02）242-253.

[50] 汪小帆，李翔，陈关荣 . 网络科学导论 [M]. 北京：高等教育出版社， 2012.

[51] 邱均平，文孝庭，宋艳辉等 . 知识计量学 [M]. 北京：科学出版社，2014.

[52] 李杰 . 科学知识图谱原理及应用 [M]. 北京：高等教育出版社，2018.

[53] 李杰 . 科学计量与知识网络分析 [M]. 北京：首都经济贸易大学出版社，2017.

[54] 李杰 . 安全科学知识图谱导论 [M]. 北京：化学工业出版社，2015.

[55] 李杰，陈超美 . CiteSpace 科技文本挖掘及可视化 [M]. 2 版 . 北京：首都经济贸易大学出版社， 2017.

[56] 李杰，陈超美 . CiteSpace 科技文本挖掘及可视化 [M]. 北京：首都经济贸易大学出版社， 2016.

[57] 刘则渊等 . 科学知识图谱方法与应用 [M]. 北京：人民出版社， 2008.

[58] 尹丽春 . 科学学引文网络的结构研究 [D]. 大连：大连理工大学，2006.

附录

附录1　常用科技文本挖掘与可视化工具

编号	软件名称	开发者	功能描述
1	BibExcel	Olle Persson	科学计量与可视化前处理
2	BICOMB	崔雷等	矩阵的提取和统计
3	Carrot2	Audilio Gonzales 等	辅助文本可视化
4	CiteSpace	Chaomei Chen	科学计量与可视化分析
5	CitNetExplorer	Van Eck, N.J 等	引证网络及可视化
6	CRExplorer	Andreas Thor 等	数据转换及文献谱分析
7	Gephi	——	网络可视化分析
8	HistCite	Eugene Garfield	科学计量及引证网络
9	Jigsaw	John Stasko 团队	辅助文本可视化
10	Loet Tools	Loet Leydesdorff	科学计量与可视化前处理
11	Netdraw	Borgatti, S.P	网络可视化分析
12	Pajek	V Batagelj 等	网络可视化分析
13	RPYS i/o	Jordan Comins 等	文献时间谱分析
14	SATI	刘启元	矩阵的提取和统计
15	SCI of SCI	Katy Börner 团队	科学计量与可视化分析
16	SciMAT	M.J.Cobo, A.G 等	科学计量与可视化分析
17	VOSviewer	Van Eck, N.J 等	科学计量与可视化分析

附录 2　CiteSpace 硕士学位论文 100 篇

[1] 王杨小帆 . 2009–2018 年国内外运动心理学研究热点及发展趋势 [D]. 内蒙古师范大学 ,2020.

[2] 程华东 . 我国体育教学模式研究的特征与趋势分析 [D]. 华东交通大学 ,2019.

[3] 王也 . 国内中文 "冬奥会" 研究的可视化分析 [D]. 浙江师范大学 ,2019.

[4] 陈欢欢 . 二十年来我国武术研究的 CiteSpace 分析 [D]. 太原理工大学 ,2019.

[5] 王泽宇 . 基于 CiteSpace 的《山西医科大学学报》2013 年 –2018 年文献计量分析 [D]. 山西医科大学 ,2019.

[6] 金美兰 . 基于 CiteSpace 的我国中医护理教育知识图谱分析 [D]. 延边大学 ,2019.

[7] 李瑞 . 2015–2018 年中学生物学教师教研现状研究 [D]. 华中师范大学 ,2019.

[8] 赵倩 . 久坐行为的 CiteSpace 分析及其实证研究 [D]. 江西师范大学 ,2019.

[9] 高晓晓 . 改革开放四十年我国终身教育研究的发展历程 [D]. 华东师范大学 ,2019.

[10] 胡嘉豪 . 基于 CiteSpace 的互联网医疗知识图谱分析 [D]. 山西医科大学 ,2020.

[11] 罗英杰 . 基于 CiteSpace 的国内外适应体育研究对比分析 [D]. 西南大学 ,2019.

[12] 刘莎莎 . 基于 citespace 的肝郁脾虚证的知识图谱分析 [D]. 华北理工大学 ,2019.

[13] 武正谷 . 基于 CiteSpace 分析的我国图书情报学科发展研究 [D]. 山西医科大学 ,2018.

[14] 何恺 . 商业模式研究热点与发展趋势 [D]. 山东师范大学 ,2018.

[15] 张惠丽 . 基于 CiteSpace 的教育资源知识图谱创建研究 [D]. 中央民族大

学,2018.

[16] 石鑫. 利用 CiteSpace 软件对我国国民体质研究的分析 [D]. 成都体育学院,2018.

[17] 周秀秀. 基于 CiteSpace Ⅴ 下的我国休闲体育学科体系的形成研究 [D]. 云南大学,2018.

[18] 朱利红. 基于知识图谱对中外体育教学领域研究的比较与分析 [D]. 沈阳体育学院,2018.

[19] 许璐. 基于 CiteSpace 的我国高校工程管理专业人才培养研究态势分析 [D]. 福建工程学院,2018.

[20] 陈晨. 国内外运动性疲劳相关研究的 Citespace 知识图谱分析 [D]. 西北师范大学,2018.

[21] 史安祺. 基于 Citespace 的文献可视化分析 [D]. 山西医科大学,2017.

[22] 刘泽. 基于 CiteSpace 的图书馆构建 "众创空间" 的文献计量与可视化分析 [D]. 山西医科大学,2017.

[23] 罗裔泓. 计算机辅助翻译的知识结构与研究热点 [D]. 华中科技大学,2017.

[24] 刘志君. 基于 CiteSpace 的老年人中医护理知识图谱分析 [D]. 湖南中医药大学,2017.

[25] 卞亚楠. 基于 CiteSpace 的转基因大豆研究的知识图谱分析 [D]. 山西医科大学,2017.

[26] 胡晓琳. 基于 CiteSpace 的普通高中通用技术课程研究现状分析 [D]. 西华师范大学,2017.

[27] 李姗姗. 基于 Citespace 的国际奥林匹克运动近十年研究的知识图谱分析 [D]. 浙江师范大学,2017.

[28] 张芳芳. 学校办学理念的文献计量学分析 [D]. 山东师范大学,2016.

[29] 李鑫. 管理科学与工程学科知识图谱构建研究 [D]. 湖北工业大学,2016.

[30] 王一. 基于 CiteSpace 的移动图书馆知识图谱构建研究 [D]. 吉林大学,2016.

[31] 王涛 . 产品平台领域的知识图谱研究 [D]. 哈尔滨工业大学 ,2016.

[32] 李晓 . 基于知识图谱的建筑信息模型知识体系框架研究 [D]. 重庆大学 ,2016.

[33] 代利峰 . 基于文献计量学的我国微灌技术发展阶段和特点分析 [D]. 西北农林科技大学 ,2016.

[34] 刘梦丹 . 我国档案学研究现状的可视化分析 [D]. 安徽大学 ,2016.

[35] 陈露 . 国内外主要农业科研机构作物科学重点研究领域对比分析 [D]. 中国农业科学院 ,2016.

[36] 肖钰琳 . 基于共词分析的微课研究知识图谱分析 [D]. 湖南师范大学 ,2016.

[37] 傅雪 . 吉林省农业信息化知识图谱的构建与分析 [D]. 吉林农业大学 ,2016.

[38] 彭莉 . 基于专利地图的工业机器人产业技术研究 [D]. 辽宁大学 ,2016.

[39] 卢长方 . 黑龙江省抗肿瘤药物专利信息分析 [D]. 吉林大学 ,2015.

[40] 陈金伟 . 国际篮球专利技术领域竞争情报的可视化分析 [D]. 新疆师范大学 ,2015.

[41] 郭津毓 . 战略规划领域的知识图谱研究 [D]. 哈尔滨工业大学 ,2015.

[42] 史海旺 . 国际《体育哲学》（JPS）动态的可视化研究（1998–2014）[D]. 山东师范大学 ,2015.

[43] 朱美玲 . 近十五年来我国高等教育质量研究的可视化分析 [D]. 西北师范大学 ,2015.

[44] 史纪元 . 基于 CiteSpace Ⅲ 输血医学研究领域知识图谱分析 [D]. 第四军医大学 ,2015.

[45] 韩玉亭 . 国际智力障碍研究的知识网络结构分析 [D]. 陕西师范大学 ,2015.

[46] 王金利 . 基于知识图谱的体育赛事国际研究可视化分析 [D]. 华中师范大学 ,2015.

[47] 杨筠 . 图书馆学可视化分析引导的第四军医大学图书馆知识服务评价 [D].

第四军医大学,2015.

[48] 段秋月.我国干细胞领域研究状况的计量分析[D].河南师范大学,2015.

[49] 杜羽洁.《中国图书馆学报》载文变化的文献计量分析[D].河北大学,2015.

[50] 张雅君.CiteSpace在光电技术预见计量分析中的应用研究[D].中南民族大学,2015.

[51] 王小云.新世纪以来国内外市场营销研究的知识图谱分析[D].华东师范大学,2015.

[52] 白星星.中国式管理研究的Citespace分析[D].东北财经大学,2015.

[53] 赵一洁.基于CiteSpace的建筑业职业安全健康研究现状与趋势[D].重庆大学,2014.

[54] 潘德政.2000年来国外速度训练研究发展历程分析[D].聊城大学,2014.

[55] 赵培文.基于科学知识图谱的我国体育教学评价研究[D].聊城大学,2014.

[56] 郭颖涛.21世纪我国情报学研究知识图谱[D].湘潭大学,2014.

[57] 王学琴.我国公共文化服务绩效评估指标体系研究[D].南京大学,2014.

[58] 汤澈.基于知识图谱的国际管理学研究进展分析[D].南京大学,2014.

[59] 段晓敏.21世纪以来美国教育管理研究的可视化分析[D].浙江师范大学,2014.

[60] 李嵬.鼻咽癌研究的科学知识图谱分析[D].中南大学,2014.

[61] 桑静.基于知识图谱的我国农业信息化研究回顾与展望[D].华中师范大学,2014.

[62] 朱宏.基于知识图谱的我国高等教育研究进展可视化分析[D].西北师范大学,2014.

[63] 辛刚.国内外电子政务可视化比较研究[D].安徽大学,2014.

[64] 翟思卿.近十五年来我国教育评价研究的演进分析[D].河南大学,2014.

[65] 苏同华.基于知识图谱的我国政府信息服务研究进展分析[D].福州大

学 ,2014.

[66] 刘莹莹 . 21 世纪以来我国高考研究的热点领域、前沿主题和学术团体分析 [D]. 辽宁师范大学 ,2014.

[67] 方旭 . 基于 Web of Science 的国际危机管理可视化研究 [D]. 安徽大学 ,2014.

[68] 杜文龙 . 引文分析软件的应用比较分析研究 [D]. 西北大学 ,2013.

[69] 辛伟 . 知识图谱在军事心理学研究中的应用 [D]. 第四军医大学 ,2014.

[70] 陈姗 . 国内外教学设计研究的可视化比较分析 [D]. 河南师范大学 ,2013.

[71] 刘健 . 国外元数据研究前沿与热点可视化探讨 [D]. 南京大学 ,2013.

[72] 孙晓宁 . 国内知识管理学科体系结构可视化研究 [D]. 安徽大学 ,2013.

[73] 张鹏 . 我国图书馆联盟研究的知识图谱分析 [D]. 曲阜师范大学 ,2013.

[74] 周序 . 基于 SCI 的视网膜脱离文献计量学分析 [D]. 浙江大学 ,2013.

[75] 阚振 . 美国情报学前沿热点的可视化分析 [D]. 苏州大学 ,2013.

[76] 张斯龙 . 科技期刊文献计量中可视化技术的应用研究 [D]. 杭州电子科技大学 ,2013.

[77] 刘昆 . 中国教育经济学研究前沿的知识图谱分析 (1980–2010)[D]. 长沙理工大学 ,2012.

[78] 马瓛 . 国内外用户信息行为研究对比分析 [D]. 河北大学 ,2012.

[79] 孙新宇 . 基于知识图谱的高等教育科研立项管理研究 [D]. 东北大学 ,2012.

[80] 刘志强 . 基于信息可视化方法的城市规划理论演化研究 [D]. 东北师范大学 ,2012.

[81] 刘英佳 . 国内外脑功能 MRI 领域的文献计量及可视化分析 [D]. 天津医科大学 ,2012.

[82] 梁洁 . 教育技术学 CSSCI 来源期刊的引文网络结构分析 [D]. 山东师范大学 ,2012.

[83] 张振 . 基于知识图谱的海外高层次科技人才引进的岗位测算研究 [D]. 山

东财经大学,2012.

　[84] 陈升远.幼儿教育软件理论演进与前沿热点可视化研究 [D].河南大学,2012.

　[85] 刘奎盼.基于文献共被引分析的组织变革的知识图谱研究 [D].东北财经大学,2011.

　[86] 颜廷芳.组织变革领域机构合作研究的知识图谱分析 [D].东北财经大学,2011.

　[87] 姜阳阳.基于共词分析的组织变革知识图谱研究 [D].东北财经大学,2011.

　[88] 龙震海.中国管理理论（TCM）的可视化分析 [D].东北财经大学,2011.

　[89] 孙鲁敏.组织变革领域的可视化研究 [D].东北财经大学,2011.

　[90] 张建东.基于知识图谱的国内外知识管理研究领域对比分析 [D].东北大学,2011.

　[91] 张淙.Military Medicine 及相关期刊分析与启示 [D].中国人民解放军军事医学科学院,2011.

　[92] 覃云飞.《Journal of Sports Sciences》研究动态的识别与可视化研究 [D].上海体育学院,2011.

　[93] 严少彪.基于文献计量学的 HIFU 发展与演进研究 [D].重庆医科大学,2011.

　[94] 路春婷.基于文献计量的科斯与威廉姆森比较分析 [D].大连理工大学,2010.

　[95] 刘晓婷.肿瘤疫苗领域的信息分析 [D].中国协和医科大学,2010.

　[96] 杨莹.国内外机器人研究领域的知识计量 [D].大连理工大学,2009.

　[97] 杨虹.基于知识图谱的知识管理研究进展 [D].大连理工大学,2008.

　[98] 许侃.基于 CSSCI 的管理学引文可视化研究 [D].大连理工大学,2008.

　[99] 侯剑华.工商管理学科主干理论的演进 [D].大连理工大学,2008.

　[100] 李淑丽.信息可视化工具的比较研究 [D].黑龙江大学,2006.

后　记

《CiteSpace：科技文本挖掘及可视化》自 2016 年 1 月出版以来，得到了广泛关注和应用。截至 2020 年 5 月，先后印刷了 10 次，累计 10 000 余册。在中国知网的引文数据库中，该书的被引频次也达到了 1 200 多次（截至 2020 年 10 月 1 日）。CiteSpace 的广泛应用与持续开发，促进了 CiteSpace 功能的不断完善。在该书第一版和第二版中，我们分别以 CiteSpace 3.9. R9（64-bit）和 CiteSpace 5.0. R3（64-bit）为核心版本，对软件使用进行了详细的讲解和演示。随着 CiteSpace 的不断更新，目前的 5.7. R1（64-bit）版本在 5.0. R3（64-bit）版本的基本上又进行了 193 次的更新。虽然最新版的 CiteSpace 在核心功能和用法上与老版本相差不大，但是界面的变化和功能的调整使得读者很难同时结合软件和《CiteSpace：科技文本挖掘及可视化》（第一版、第二版）进行学习。

表 1《CiteSpace 科技文本挖掘及可视化》历次版本比较

版次	出版时间	对应 CiteSpace 主要版本	软件发布日期	间隔更新次数	累积更新次数
第一版	2016 年 1 月	3.9. R9（64-bit）	2015-06-06	——	288
第二版	2017 年 8 月	5.0. R3（64-bit）	2017-01-30	94	382
第三版	2021 年 5 月	5.7. R1（64-bit）	2020-06-21	193	575

注：更新间隔为书稿中所使用软件版本间隔更新次数，累积更新次数是 2003 年 9 月 25 日 CiteSpace 发布以来的总累积更新次数。

为了满足广大读者学习 CiteSpace 的需求，我们在 2020 年年初启动了《CiteSpace：科技文本挖掘及可视化》（第三版）的撰写工作。

这一版本相比之前有一些新变化：

（1）功能参数区。所分析数据的时间切片可以按照月份来进行设置，这是在新冠疫情爆发背景下，我们对短期内论文急剧增长的主题或领域进行分析所做的补充：在 NodesTypes 中，补充了对 Source 的分析；将节点 Paper 修改为 Article。

在新建项目的界面中，提供了 UseAuthors'Fullnames 功能；在作者合作分析中，用户可以使用作者全称来构建合作网络。

（2）可视化区域。对可视化界面中的菜单栏和功能位置进行了重新设计，将菜单的数量由原来的 9 个增加到了 15 个。在可视化的快捷图标区域，增加了图形的旋转、压缩与舒展、聚类的刷新、从 CR（参考文献）和 SC（研究领域）中提取聚类标签的功能。在新版的控制面板中，提供了多种图谱的主题颜色方案。

此外，CiteSpace 还提供了项目列表的清单查看、Dimensions 数据的 Cascading Citation Expansion 分析、WoS 数据的有向引文网络分析等功能。

本书第三版上述这些新补充的功能，用户需要在掌握全书的基础内容之后，进一步深入学习和实践。

著者

2021 年 2 月